U0363961

Office

办公应用非常之旅

○ 陈晓颖　向萍　编著

PowerPoint 2010
商务办公应用典型实例

清华大学出版社

北　京

内容简介

本书以目前主流的 PowerPoint 2010 版本为例，由浅入深地讲解了 PowerPoint 的相关知识。以初学 PowerPoint 在办公领域中的应用开始，一步步讲解了演示文稿和幻灯片的基本操作、幻灯片基本对象的编辑、多媒体幻灯片的制作、动画设计以及输出幻灯片等知识。本书实例丰富，包含了 PowerPoint 应用的方方面面，如企业培训、公司宣传、教师教学和产品推广等，可帮助读者快速上手，并将其应用到实际的工作领域中。

本书案例丰富、实用且简单明了，可作为广大初、中级用户自学 PowerPoint 的参考用书。同时，本书知识全面，安排合理，也可作为大中专院校相关专业及职场人员的教材使用。

本书封面贴有清华大学出版社防伪标签，无标签者不得销售。
版权所有，侵权必究。侵权举报电话：010-62782989　13701121933

图书在版编目（CIP）数据

PowerPoint 2010商务办公应用典型实例/陈晓颖，向萍编著 . —北京：清华大学出版社，2015
（Office办公应用非常之旅）
ISBN 978-7-302-36431-3

I．①P… II．①陈… ②向… III．①图形软件 IV．①TP391.41

中国版本图书馆CIP数据核字（2014）第096122号

责任编辑：朱英彪
封面设计：刘　超
版式设计：文森时代
责任校对：马子杰
责任印制：沈　露

出版发行：清华大学出版社
　　　网　　　址：http://www.tup.com.cn，http://www.wqbook.com
　　　地　　　址：北京清华大学学研大厦 A 座　　　　邮　　编：100084
　　　社 总 机：010-62770175　　　　　　　　　　邮　　购：010-62786544
　　　投稿与读者服务：010-62776969，c-service@tup.tsinghua.edu.cn
　　　质 量 反 馈：010-62772015，zhiliang@tup.tsinghua.edu.cn
印　刷　者：清华大学印刷厂
装　订　者：北京市密云县京文制本装订厂
经　　销：全国新华书店
开　　本：185mm×260mm　　　印　张：27.25　　　字　数：675 千字
　　　　　（附 DVD 光盘 1 张）
版　　次：2015 年 1 月第 1 版　　　　　　　　　　印　次：2015 年 1 月第1 次印刷
印　　数：1～4000
定　　价：65.00 元

产品编号：048479-01

◎ 前言

1. 这是一本什么书? .... ○

亲爱的朋友，感谢您从茫茫书海中将我捧起，从此，我将带您开启一扇学习的大门，也从这里出发送您远航。希望在您人生远航的路上，我能带给您更多的知识和经验，使您顺利到达理想的彼岸。为了让您的学习过程更加轻松，本书采用了清新、淡雅的色调，同时在排版和设计上也努力营造出一种平和、和谐的氛围。本书采用立体化设计，全方位考虑各知识点，旨在打造一本"您理想中的书"。

❖ 这是一本实例为主导的书

本书以实例为主导，讲解了 PowerPoint 2010 在商务办公中的使用，涉及的实例非常广泛，包含了日常办公的大多数领域，如员工培训、工作总结、产品推广、课件教学、工作分析、工作报告、求职竞聘和公司宣传等。只要是您在工作中可能遇到的问题，书中几乎都包含了，并且在讲解时尽可能以一种比较简便、易行的方式进行操作，以提高您在实际工作时的文件制作速度。

❖ 这是一本知识讲解的书

虽然本书以实例为主导，但并未因此忽略了知识讲解，反而在涉及知识时尽可能注意知识的系统性及全面性。首先，本书在前两章中讲解了 PowerPoint 2010 的基础知识以及使用这个软件制作文件的一般方法；其次，在实例讲解过程中，以"关键知识点"的形式在实例前先列出完成本例必须掌握的知识点，在实例完成后再对这些知识点进行解析，使您不仅能完成当前实例，还可以对相关知识有一个深入的理解和掌握；最后，在每章最后将与本章实例相关且有所提高的知识以"高手过招"的形式列出。

为了方便读者查阅本书讲解的知识点，对 PowerPoint 2010 进行更加系统的学习，本书还以"知识点索引"方式将书中讲解和涉及的知识以目录的形式列出。

❖ 这是一本告诉您操作真相的书

学习的目的在于理解和应用，而不是合上书本后的一脸茫然。所以本书不仅可教会您制作各种文件，还通过"为什么这么做"等版块告诉您这样操作的理由所在，使您可以举一反三，知道操作背后的"秘密"。

❖ 这是一本结合实际的超值办公图书

本书实例丰富，在每个实例开始制作前先列出该实例的效果，让读者直观地知道制作的内容；然后讲解了该实例的制作背景，使读者在实际工作时明白该类例子的设计要点和注意事项。为了帮助读者更好地学习和掌握书中的知识，本书还附带了一张光盘，其中包含了书中所有实例的素材文件、效果文件以及视频演示文件，保证读者可以跟着本书做出相同的实例效果。

2. 本书的结构如何？

本书共分为 14 章，由基础知识和实例制作两部分组成，其分别介绍如下。

⊃ **基础知识（第 1~2 章）：** 以"知识讲解 + 高手过招"的形式，讲解了 PowerPoint 2010 的一般操作方法。

⊃ **实例制作（第 3~14 章）：** 每章分布多个实例，PowerPoint 2010 的知识灵活、有序地分布在各个实例中。每个实例均以"效果图展示 + 光盘引用 + 案例背景 + 关键知识点 + 操作步骤 + 关键知识点解析"的方式进行讲解，使读者能更加立体地了解实例的制作方法及其关键知识点的使用目的。同时在每一章最后也通过"高手过招"提高读者的操作技能。

3. 学习过程中应注意什么？

读者要想从书中更快学到自己需要的知识，在学习的过程中应注意如下几点。

⊃ **注意书中小版块的功能：** 书中的"关键提示"、"技巧秒杀"和"为什么这样做" 3 个版块在每一章"不定时"出现，或解决当前读者的疑问，或讲出更简便的操作方法。合理使用这些小版块，可更快提升自己的软件应用能力。

⊃ **注意光盘的使用：** 书中配套了学习光盘，由于光盘易损，同时也为了保护您的光驱，建议在使用光盘时先将光盘中的内容复制到硬盘中，然后再从硬盘中调阅素材和观看视频演示。

⊃ **注意合理寻求帮助：** 在学习本书的过程中如果遇到什么困难或疑惑，除了可以"百度一下"，还可以通过网站（http://www.jzbooks.com）或 QQ 群（122144955、120241301）联系我们。请只选择一个 QQ 群加入，不要重复加入多个群。

4. 本书由谁编著？

本书由九州书源组织编写，为了保证实例的实用性和知识的精炼性，使每位读者都能学有所用，参与本书编写的人员都是一线的职场办公人员，在 Office 软件应用方面有着较高的造诣。他们是陈晓颖、向萍、李星、刘霞、何晓琴、董莉莉、廖宵、杨明宇、蔡雪梅、彭小霞、包金凤、尹磊、简超、陈良、曾福全和何周。

目录

知识点索引

操作图片

操作形状和 SmartArt

操作表格和图表

表格的编辑和应用

图表的编辑和应用

母版的应用

编辑母版

美化母版

多媒体的应用

声音文件的应用

视频文件的应用

动画的应用

放映和输出幻灯片

放映幻灯片

Index

电脑办公在日常工作中的应用范围越来越广，PowerPoint 作为 Office 办公软件中的常用组件之一，在各个行业均有较高的使用率，部分行业甚至需时刻与其为伍。本章将主要介绍 PowerPoint 2010 的一些基本操作，为用户制作幻灯片打好基础。

PowerPoint 2010

第1章
Chapter

认识和操作 PPT 中的各对象

1.1 认识 PowerPoint 2010

PowerPoint 又称 PPT，与 Word、Excel 等常用办公软件一样，是 Office 办公软件系列中的一个重要组件，其功能非常强大，主要用于制作演示文稿，在产品展示与宣传、讨论发布会、竞标提案、演讲报告、主题会议及教学等各领域的应用均非常广泛。为了让用户更好地认识和使用 PowerPoint 2010 进行办公，下面将对演示文稿和幻灯片的区别、PowerPoint 2010 的工作界面以及自定义其工作界面的方法进行介绍。

1.1.1 认识演示文稿和幻灯片

演示文稿由"演示"和"文稿"两个词语组成，这说明它是用于演示而制作的文档，它能将文档、表格等枯燥的东西，结合图片、图表、声音、影片和动画等多种元素生动地展示给观众，还能通过电脑、投影仪等设备放映出来。演示文稿不仅可以表达演讲者的想法和观点，还可用于传授知识、促进交流以及宣传文化等。

一个完整的演示文稿，通常是由多张幻灯片组成的，每张幻灯片都是演示文稿中既相互独立又相互联系的部分，演示文稿和幻灯片之间是说明与被说明的关系。

演示文稿

幻灯片

1.1.2 认识 PowerPoint 工作界面

PowerPoint 2010 的启动方式与其他软件基本类似，安装好 PowerPoint 2010 后，可通过单击"开始"按钮，在打开的面板中选择【所有程序】/【Microsoft Office】/【Microsoft PowerPoint 2010】命令启动 PowerPoint 2010。PowerPoint 2010 的工作界面主要包括标题栏、快速访问工具栏、功能选项卡、功能区、幻灯片编辑区、"大纲/幻灯片"窗格、"备注"窗格、视图切换按钮和状态栏等部分。

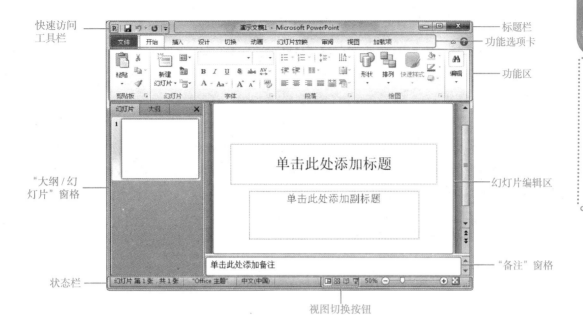

PowerPoint 2010 工作界面中各组成部分的作用介绍如下。

⊃ **标题栏**：位于 PowerPoint 2010 工作界面右上方，用于显示演示文稿名称和程序名称，最右侧的 ▭、▢ / ▢、 ✖ 按钮分别用于对窗口执行最小化、还原（最大化）和关闭等操作。

⊃ **快速访问工具栏**：提供了"保存"、"撤销"、"恢复"等常用快捷按钮，单击对应的按钮即可执行相应操作。如需在快速访问工具栏中添加其他快捷按钮，可单击其后的▼按钮，在弹出的下拉列表中选择所需的选项。

⊃ **功能选项卡**：是 PowerPoint 2010 的重要组成部分，它将 PowerPoint 2010 的大部分常用命令全部集成在这几个功能选项卡中，选择某个功能选项卡可切换到相应的功能区。

⊃ **功能区**：是功能选项卡中的命令集合，其中放置了与相应功能选项卡相关的大部分命令按钮或列表框。

⊃ **"大纲/幻灯片"窗格**：用于显示演示文稿的幻灯片数量及位置，通过它可更加方便地掌握整个演示文稿的结构。"幻灯片"窗格中显示了整个演示文稿中幻灯片的编号及缩略图，"大纲"窗格中列出了当前演示文稿中各张幻灯片中的文本内容。

⊃ **幻灯片编辑区**：是整个工作界面的核心区域，用于显示和编辑幻灯片，在其中可输入文字内容、插入图片表格或设置动画效果等，是使用 PowerPoint 制作演示文稿的操作平台。

⊃ **"备注"窗格**：位于幻灯片编辑区下方，在其中可添加幻灯片的说明和注释，以供幻灯片制作者或幻灯片演讲者查阅。

⊃**状态栏**：位于工作界面最下方，用于显示演示文稿中当前所选幻灯片、幻灯片总张数、幻灯片采用的模板类型、视图切换按钮以及页面显示比例等内容。

1.1.3 自定义 PowerPoint 工作界面

在一般情况下，PowerPoint 2010 的工作界面均为默认状态，若是该默认界面与个人工作或使用习惯不相符，可根据需要将其设置成方便自己操作的界面，如自定义快速访问工具栏、最小化功能区、调整工具栏位置等。下面将对 PowerPoint 2010 的工作界面进行自定义设置，使其界面颜色显示为黑色，然后更改快速访问工具栏的位置及其中的命令，并将标尺和网格线显示出来，最后再将整个功能区隐藏起来。其具体操作如下：

示例文件　光盘\实例演示\第 1 章\自定义 PowerPoint 工作界面

STEP 01 选择"选项"命令

选择【开始】/【所有程序】/【Microsoft Office】/【Microsoft PowerPoint 2010】命令，启动 PowerPoint 2010，在其工作界面中选择【文件】/【选项】命令。

STEP 02 更改界面颜色

① 打开"PowerPoint 选项"对话框，选择"常规"选项。
② 在"配色方案"栏中单击按钮，在弹出的下拉列表中选择"黑色"选项。
③ 单击 确定 按钮。

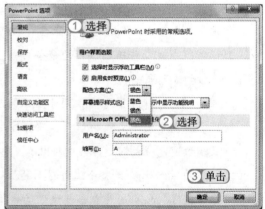

关键提示——统一更改 Office 2010 各组件的界面颜色

在默认情况下，调整了 PowerPoint 2010 的界面颜色后，Office 2010 其他组件的界面颜色也会随之发生变化。

STEP 03 更改快速访问工具栏的位置

① 返回 PowerPoint 2010 工作界面，单击"自定义快速访问工具栏"右侧的▼按钮。

② 在弹出的下拉列表中选择"在功能区下方显示"选项。

STEP 04 选择"其他命令"选项

① 再次单击"自定义快速访问工具栏"右侧的▼按钮。

② 在弹出的下拉列表中选择"其他命令"选项。

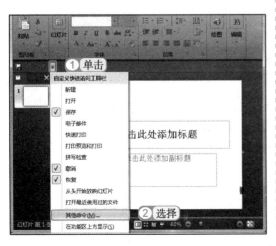

STEP 05 添加命令按钮

① 打开"PowerPoint 选项"对话框，在"从下列位置选择命令"下拉列表框中选择"常用命令"选项。

② 在其下的列表框中选择"快速打印"选项。

③ 单击 添加(A) >> 按钮，将该选项添加到右侧列表框中。

STEP 06 查看效果

操作完成后，即可在快速访问工具栏中查看到添加的"快速打印"功能按钮。

STEP 07 ▶ 显示标尺和参考线

① 在 PowerPoint 2010 工作界面中选择【视图】/【显示】组。

② 选中 ☑标尺 和 ☑参考线 复选框，将标尺和参考线显示出来。

STEP 08 ▶ 隐藏功能区

在功能选项卡上单击鼠标右键，在弹出的快捷菜单中选择"功能区最小化"命令，将功能区隐藏起来。

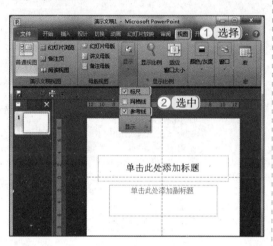

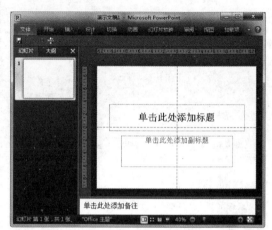

技巧秒杀——删除命令按钮

若是快速访问工具栏中放置了工作中使用频率较低的按钮，也可根据需要将其删除。其方法为：打开"PowerPoint 选项"对话框，在"自定义快速访问工具栏"栏下方的列表框中选择需要删除的命令按钮选项，然后依次单击 《删除(R) 和 确定 按钮即可。

技巧秒杀——显示功能区

为了增加编辑区的大小，以方便浏览幻灯片的效果，用户经常会将功能区隐藏起来。隐藏后，若需单击功能区中的某个按钮，可将鼠标光标移动到相应功能选项卡上并单击，即可弹出该功能选项卡下对应的功能区。若是需要将隐藏的功能区完全显示出来，可单击功能选项卡区后的 ♡ 按钮，或在功能选项卡上单击鼠标右键，在弹出的快捷菜单中取消选择"功能区最小化"命令。

‖1.2 演示文稿的基本操作

在使用 PowerPoint 2010 制作幻灯片之前，首先应了解演示文稿的基本操作知识，包括演示文稿的新建、保存、打开和关闭等。下面将依次对这些知识进行讲解。

1.2.1 创建演示文稿

创建演示文稿是制作幻灯片的第一步，启动 PowerPoint 2010 后，系统会自动新建一个空白演示文稿，除此之外，用户还可通过命令创建空白演示文稿。下面将创建一个演示文稿，其具体操作如下：

光盘 \ 实例演示 \ 第 1 章 \ 创建演示文稿

STEP 01 创建演示文稿

① 启动 PowerPoint 2010，在其工作界面中选择【文件】/【新建】命令。

② 在"可用的模板和主题"栏中单击"空白演示文稿"按钮 。

③ 单击"创建"按钮 。

STEP 02 查看创建的演示文稿

即可完成空白演示文稿的创建，且创建后的演示文稿中，默认仅有一张空白幻灯片。

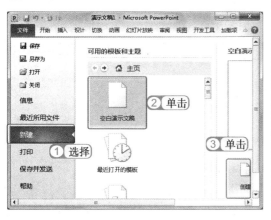

技巧秒杀——通过快捷键创建演示文稿

在当前已打开的 PowerPoint 2010 窗口中，按 "Ctrl+N" 快捷键即可快速创建一个新的空白演示文稿。

1.2.2 保存演示文稿

对于制作好的演示文稿，需要及时将其保存在电脑中，以免在电脑断电、死机时发生幻灯片内容遗失的情况。下面即对常用的保存演示文稿的方法进行介绍。

◯ 通过命令按钮进行保存：单击快速访问工具栏中的"保存"按钮 。

◯ 通过命令进行保存：选择【文件】/【保存】命令。

◯ 通过快捷键进行保存：按 "Ctrl+S" 快捷键。

　　第一次对演示文稿执行以上保存操作后，都将打开"另存为"对话框，在其中进行相关设置，即可完成演示文稿的保存操作。下面将演示文稿保存到 E 盘，其具体操作如下：

光盘\实例演示\第 1 章\保存演示文稿

STEP 01▶ 单击命令按钮

在需要保存的演示文稿界面中单击快速访问工具栏中的"保存"按钮 🔲。

STEP 02▶ 设置保存参数

① 打开"另存为"对话框，在左侧导航窗格中选择 E 盘。

② 在"文件名"文本框中输入演示文稿的名称，这里输入"入职培训"文本。

③ 单击 保存(S) 按钮即可。

关键提示——直接保存演示文稿

　　若所需保存的演示文稿并非新创建的演示文稿，或之前已对该演示文稿执行过保存操作，则在保存演示文稿时，将不会再次打开"另存为"对话框，而是直接在该演示文稿已有内容的基础上进行保存。

1.2.3　打开演示文稿

　　当需要对现有的演示文稿进行编辑和查看时，就需将其打开。打开演示文稿的方法有多种，最常用的方法是直接双击需打开的演示文稿图标。除此之外，还可通过以下几种方式来打开演示文稿。

◐ 打开一般演示文稿：启动 PowerPoint 2010 后，选择【文件】/【打开】命令，打开"打开"对话框，在其中选择需要打开的演示文稿，单击 打开(O) ▼ 按钮，即可打开选择的演示文稿。

◐ 打开最近使用的演示文稿：PowerPoint 2010 提供了记录最近打开的演示文稿保存路径的功能，如果想打开刚关闭的演示文稿，可选择【文件】/【最近所用文件】命令，在打开的页面中将显示最近使用的演示文稿名称和保存路径，选择需打开的演示文稿即可。

技巧秒杀——只读方式打开

以只读方式打开的演示文稿只能进行浏览，不能更改演示文稿中的内容。其打开方法是：选择【文件】/【打开】命令，打开"打开"对话框，选择需打开的演示文稿，单击 打开(O) 按钮右侧的 ▼ 按钮，在弹出的下拉列表中选择"以只读方式打开"选项，此时，在打开的演示文稿的标题栏中将显示"只读"字样。

技巧秒杀——修复演示文稿

在"打开"对话框中单击 打开(O) ▼ 按钮右侧的 ▼ 按钮，在弹出的下拉列表中提供了多种演示文稿的打开方式，若选择"打开并修复"选项，可对存在错误的演示文稿进行修复。

1.2.4 关闭演示文稿

完成对演示文稿的编辑操作后，若不再需要对其进行其他操作，可将其关闭。常用的关闭演示文稿的方法主要有以下几种。

◐ 通过快捷菜单关闭：在 PowerPoint 2010 工作界面标题栏上单击鼠标右键，在弹出的快捷菜单中选择"关闭"命令，在关闭演示文稿的同时会退出程序。

◐ 通过应用程序按钮关闭：在 PowerPoint 2010 工作界面中的"应用程序"按钮 P 上单击鼠标右键，在弹出的快捷菜单中选择"关闭"命令。

◐ 单击按钮关闭：单击 PowerPoint 2010 工作界面标题栏右上角的 X 按钮。

⊃通过命令关闭：在打开的演示文稿中选择【文件】/【关闭】命令。

1.3 幻灯片的基本操作

一个完整的演示文稿是由多张幻灯片所组成的，在编辑演示文稿的过程中，幻灯片的数量或顺序可能会不符合用户的需要，此时就可通过对幻灯片进行选择、新建、删除、移动等操作来使其满足需要。下面将对幻灯片的基本操作进行具体讲解。

1.3.1 选择幻灯片

在新建的空白演示文稿中，默认只包含一张用于输入标题内容的幻灯片，用户需根据需要进行添加。在添加新的幻灯片之前，还需先了解如何选择幻灯片。在 PowerPoint 2010 中选择幻灯片的方法主要有以下几种。

⊃选择单张幻灯片：在"大纲/幻灯片"窗格或幻灯片浏览视图中，单击幻灯片缩略图，可选择单张幻灯片。

⊃选择多张连续的幻灯片：在"大纲/幻灯片"窗格或"幻灯片浏览"视图中，单击要连续选择的第1张幻灯片，按住"Shift"键不放，再单击需选择的最后一张幻灯片并释放"Shift"键，两张幻灯片之间的所有幻灯片均被选择。

⊃选择全部幻灯片：在"大纲/幻灯片"窗格或"幻灯片浏览"视图中任意选择一张幻灯片，然后按"Ctrl+A"快捷键，即可选择当前演示文稿中所有的幻灯片。

⊃选择多张不连续的幻灯片：在"大纲/幻灯片"窗格或"幻灯片浏览"视图中按住"Ctrl"键不放，并依次单击所需选择的幻灯片，然后再释放"Ctrl"键即可选择单击的幻灯片。

关键提示——幻灯片视图模式

　　为了满足不同场合的使用需求，PowerPoint 2010 提供了多种视图模式供用户编辑和查看幻灯片，其中包括普通视图、幻灯片浏览视图、阅读视图和幻灯片放映视图等。切换幻灯片视图一般可通过位于状态栏右侧的幻灯片视图切换按钮来实现。在其中单击视图切换按钮中的任意一个按钮，即可切换到相应的视图模式下。

1.3.2　插入幻灯片

　　当演示文稿中的幻灯片数量无法满足用户的需要时，即可通过新建幻灯片功能，为演示文稿添加新的幻灯片。下面将对常见的新建幻灯片的方法进行介绍。

⊃ **通过功能区新建幻灯片**：选择【开始】/【幻灯片】组，单击"新建幻灯片"按钮下方的 ▼ 按钮，在弹出的下拉列表中选择所需选项即可。

⊃ **通过快捷键新建幻灯片**：在"幻灯片"窗格中选择已有幻灯片，然后按"Enter"键。

⊃ **通过快捷菜单新建幻灯片**：在"幻灯片"窗格中选择已有的幻灯片，单击鼠标右键，在弹出的快捷菜单中选择"新建幻灯片"命令。

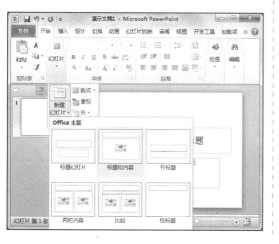

1.3.3　复制和移动幻灯片

　　在制作演示文稿的过程中，当幻灯片顺序不正确或不符合逻辑时，可将其移动到正确位置上。若需制作的幻灯片与某张幻灯片版式相似，则可通过 PowerPoint 的幻灯片复制功能对其进行复制操作。下面将对移动和复制幻灯片的方法进行介绍。

⊃ **通过鼠标移动和复制幻灯片**：选择需移动的幻灯片，按住鼠标左键不放将其拖动到目标位置，待其出现一条黑色横线时释放鼠标，即可完成幻灯片的移动操作；选择幻灯片后，将幻灯片拖动到目标位置，然后按住"Ctrl"键，此时鼠标旁将出现黑色的加号，释放鼠标即可完成幻灯片的复制操作。

○ **通过菜单命令移动和复制幻灯片**：选择需移动或复制的幻灯片，在其上单击鼠标右键，在弹出的快捷菜单中选择"剪切"或"复制"命令，将鼠标光标定位到目标位置，单击鼠标右键，在弹出的快捷菜单中选择"粘贴"子菜单中的所需选项，即可完成移动或复制幻灯片的操作。

1.3.4　删除幻灯片

当演示文稿中的空白幻灯片数量过多或存在不需要的幻灯片时，可将其删除。在"幻灯片/大纲"窗格和"幻灯片浏览"视图中都可对幻灯片进行删除操作。常用的删除幻灯片的方法主要有以下几种。

○ **通过鼠标右键**：选择需删除的幻灯片，在其上单击鼠标右键，在弹出的快捷菜单中选择"删除幻灯片"命令。

○ **通过快捷键**：选择需删除的幻灯片，按"Delete"或"Backspace"键。

1.4　文本的应用

在 PowerPoint 2010 中，输入文字是最基本的操作，而在各种输入文本的方法中，使用占位符和文本框输入文字是最常用的方法。下面将分别来学习和认识占位符和文本框，以及在幻灯片中输入文字的方法。

1.4.1　认识占位符和文本框

占位符和文本框都是在幻灯片中输入文字的重要场所，但是各自的性质并不相同。在使用占位符和文本框输入文字之前，首先来认识一下占位符和文本框。

1.　占位符

在空白的幻灯片中可以看到"单击此处添加标题"、"单击此处添加文本"等有虚线边框的文本框，这些文本框就被称为占位符。占位符是 PowerPoint 中特有的对象，通过它可以输入文本、插入对象等。

PowerPoint 2010 中包含 3 种占位符，即标题占位符、副标题占位符和对象占位符，其中标题占位符和副标题占位符用于输入演

示文稿的标题和单张幻灯片的标题，对象占位符用于输入正文文本或插入图片、图形、图表等对象。

2．文本框

每张幻灯片中预设的占位符是有限的，如果需要在幻灯片的其他位置输入文本，就可以使用文本框。

在文本框中输入文本之前，须先绘制文本框。文本框包括横排文本框和垂直文本框两种，其中，在横排文本框中输入的文本将以横排方式显示，而在垂直文本框中输入的文本将以垂直方式显示。

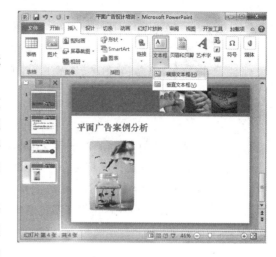

在幻灯片中绘制文本框的方法为：选择【插入】/【文本】组，单击"文本框"按钮 下方的 · 按钮，在弹出的下拉列表中选择"横排文本框"或"垂直文本框"选项，然后将鼠标光标移动到幻灯片编辑区，按住鼠标左键不放进行拖动，即可绘制文本框，绘制完成后释放鼠标即可。

1.4.2 输入文本

由于占位符中已经预设了文字的属性和样式，所以大部分用户会选择直接在占位符中输入文本。不管是标题幻灯片还是内容幻灯片，其输入文本的方法都相同。其方法是：将鼠标光标定位到占位符中，切换到常用的输入法，然后输入所需的文本即可。

 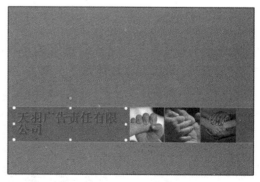

1.4.3 文本的基本操作

在幻灯片中输入文本内容后，如发现输入的内容有误或遗漏，此时就需要对其文本内容再次进行编辑。编辑文本主要包括选择、修改、移动、复制、查找和替换文本等。下面将在"公司基本信息简介 .pptx"演示文稿中对文本内容执行删除、移动和替换操作，其具体操作如下：

光盘 \ 素材 \ 第 1 章 \ 公司基本信息简介 .pptx
光盘 \ 效果 \ 第 1 章 \ 公司基本信息简介 .pptx
光盘 \ 实例演示 \ 第 1 章 \ 编辑幻灯片文本

STEP 01 删除文本

打开"公司基本信息简介 .pptx"演示文稿，选择第 3 张幻灯片，将鼠标光标定位于"公司"文本前，按住鼠标左键不放拖动鼠标至"："后选择"公司的基本情况："文本，按"Backspace"键删除选择的文本。

STEP 02 移动文本

选择第 3 张幻灯片中的"本公司"文本，然后在所选择的文本上按住鼠标左键不放，将其拖动到段首后释放鼠标，移动该文本。

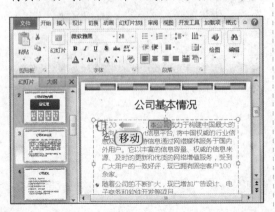

STEP 03 替换文本

① 将鼠标光标定位到文本占位符中，选择【开始】/【编辑】组，单击 替换 按钮，打开"替换"对话框，在"查找内容"文本框中输入"Internet"，在"替换为"文本框中输入"因特网"。

② 单击 查找下一个(F) 按钮，查找所需内容，再单击 全部替换(A) 按钮完成所有文本的替换。

③ 单击 关闭 按钮关闭该对话框。

STEP 04 查看效果

返回幻灯片编辑区，即可查看到第 3 张幻灯片编辑后的效果。

公司基本情况

• 本公司于2000年建立，致力于构建中国最大的外向型因特网信息平台，将中国权威的行业信息及文化、旅游信息通过网络媒体服务于国内外用户。它以丰富的信息容量、权威的信息来源、及时的更新和优质的网络增值服务，受到广大用户的一致好评，现已拥有固定客户100余家。

• 随着公司的不断扩大，现已增加广告设计、电子商务和软件开发等项目。

1.5 图片的应用

图片是演示文稿中不可或缺的重要元素，合理添加图片不仅可以为演示文稿增色，还可以起到辅助文字说明的作用。在 PowerPoint 2010 中，可供插入的图片格式有很多种，无论是位图、矢量图，还是带有动画效果的 GIF 图片都可以插入。同时为了方便幻灯片制作，用户还可以直接在其中插入系统自带的剪贴画和屏幕截图。

1.5.1 插入剪贴画

剪贴画是 PowerPoint 2010 自带的图片类型，包括人物、动植物、运动、商业和科技等种类，用户可以根据自己的需要进行选择。下面将在"业务员培训 .pptx"演示文稿中插入人物剪贴画，其具体操作如下：

示例文件

光盘 \ 素材 \ 第 1 章 \ 业务员培训 .pptx
光盘 \ 效果 \ 第 1 章 \ 业务员培训 .pptx
光盘 \ 实例演示 \ 第 1 章 \ 插入剪贴画

STEP 01 插入剪贴画

① 打开"业务员培训 .pptx"演示文稿，选择第 7 张幻灯片，选择【插入】/【图像】组，单击"剪贴画"按钮。

② 打开"剪贴画"窗格，在"搜索文字"文本框中输入"人物"文本，单击 搜索 按钮。

③ 开始搜索剪贴画，搜索完成后，将在下方的列表框中选择需插入的剪贴画。

STEP 02 查看效果

操作完成后，即可将剪贴画插入幻灯片中。

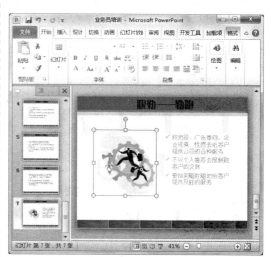

技巧秒杀——查看更多剪贴画

在"剪贴画"窗格中拖动右侧的滚动条，可以查看更多符合条件的剪贴画。

1.5.2 插入本地图片

为了让幻灯片更具个性化，很多用户在制作幻灯片时，会选择插入本地图片。较之插入系统自带的剪贴画，其灵活度更高，且可以选择更适合幻灯片内容的素材，以提高幻灯片的专业度。下面将在"业务员培训 1.pptx"演示文稿中插入本地图片，其具体操作如下：

光盘\素材\第 1 章\业务员培训 1.pptx
光盘\效果\第 1 章\业务员培训 1.pptx
光盘\实例演示\第 1 章\插入本地图片

STEP 01 单击"图片"按钮

打开"业务员培训 1.pptx"演示文稿，选择第 7 张幻灯片，选择【插入】/【图像】组，单击"图片"按钮■。

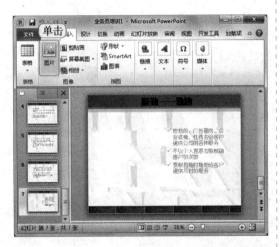

STEP 02 选择图片

① 打开"插入图片"对话框，在左侧的导航窗格中选择图片的位置，在右侧列表框中选择图片"起跑.jpg"。

② 单击 插入(S) 按钮。

STEP 03 查看效果

返回幻灯片编辑区，查看插入图片后的效果。

技巧秒杀——图片其他插入方法

在对象占位符中单击"插入来自文件的图片"按钮■，也能打开"插入图片"对话框，在其中选择所需插入的图片，单击 插入(S) ▼按钮，也可插入图片。除此之外，选择需要插入的图片，按住鼠标左键不放，直接将图片拖动到 PowerPoint 2010 工作界面中，可快速插入图片。

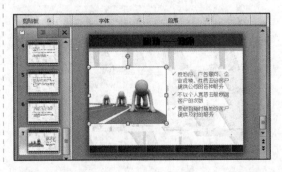

1.6 形状和 SmartArt 图形的应用

在制作演示文稿时，经常需在幻灯片中插入关系图、流程图等，此时，可直接通过 PowerPoint 2010 来完成。使用 PowerPoint 2010 不仅可以制作出专业的图片效果，还能将文本信息图形化，通过形象的图形来提升演示文稿的整理质量，让观众更易理解。

1.6.1 插入形状

形状在演示文稿中能起到解释说明的作用，在日常办公中，如需制作各种示意图都可通过 PowerPoint 2010 的形状功能来完成。下面在"品牌市场分析.pptx"演示文稿中插入圆角矩形形状，其具体操作如下：

示例文件　光盘\素材\第1章\品牌市场分析.pptx
光盘\效果\第1章\品牌市场分析.pptx
光盘\实例演示\第1章\插入圆角矩形

STEP 01 ▶ 选择命令

① 打开"品牌市场分析.pptx"演示文稿，选择第 2 张幻灯片，选择【插入】/【插图】组，单击"形状"按钮。

② 在弹出的下拉列表中选择"矩形"栏中的"圆角矩形"选项。

STEP 02 ▶ 绘制形状

此时鼠标光标将变为十形状，在需绘制形状的位置按住鼠标左键不放进行拖动，至合适大小，释放鼠标完成形状的绘制。

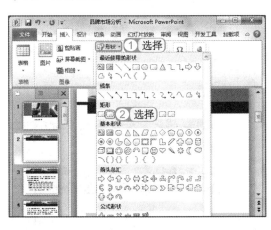

关键提示——复制形状

复制形状的方法与复制文本一样，可以使用快捷键，也可使用功能面板。

1.6.2 插入 SmartArt 图形

SmartArt 图形能清楚地表明某一组织结构，或某一阶段流程各个部分之间的关系，在演示文稿中的使用非常广泛，很多办公领域的演示文稿中都会应用到该功能。PowerPoint 2010 中提供了种类非常齐全的 SmartArt 图形样式，并对每一种 SmartArt 图形进行了详细的分类，用户可根据需要选择所需分类和所需样式。下面将在"品牌市场分析 1.pptx"演示文稿中插入齿轮图形，其具体操作如下：

示例 文件

光盘 \ 素材 \ 第 1 章 \ 品牌市场分析 1.pptx
光盘 \ 效果 \ 第 1 章 \ 品牌市场分析 1.pptx
光盘 \ 实例演示 \ 第 1 章 \ 插入齿轮 SmartArt 图形

STEP 01 ▶ 单击"SmartArt"按钮

打开"品牌市场分析 1.pptx"演示文稿，选择第 2 张幻灯片，选择【插入】/【插图】组，单击"SmartArt"按钮 。

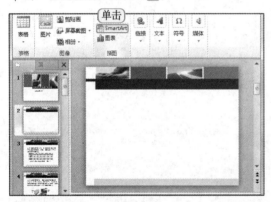

关键提示——SmartArt 图形的使用

为了满足不同场合的使用需求，PowerPoint 2010 提供了多种 SmartArt 图形样式，其中包括列表、流程、循环、层次结构、关系、矩阵、棱锥图和图片等，不同的分类，在办公环境中使用的场合均不一样，如层次结构适用于列举组织结构图，列表适用于列举不同要点和条款，用户应注意选择。

STEP 02 ▶ 选择 SmartArt 图形

① 打开"选择 SmartArt 图形"对话框，在左侧列表框中选择"关系"选项，在中间列表框中选择"齿轮"选项。

② 单击 确定 按钮。

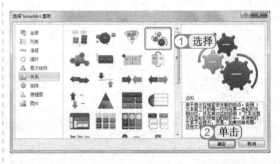

STEP 03 ▶ 查看效果

返回幻灯片编辑区，查看插入 SmartArt 图形后的效果。

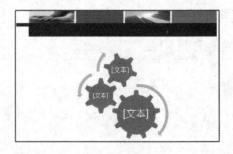

1.6.3 在形状中添加文本

与文本框一样，在幻灯片中插入了形状和 **SmartArt** 图形后，每个形状中是不包含文本的，用户需要在文本框中手动添加所需的文本内容。在形状和 **SmartArt** 图形中添加文本的方法与在文本框中添加文本的方法一样，只需单击需添加文本的形状，将鼠标光标定位于形状中，然后输入所需内容即可。

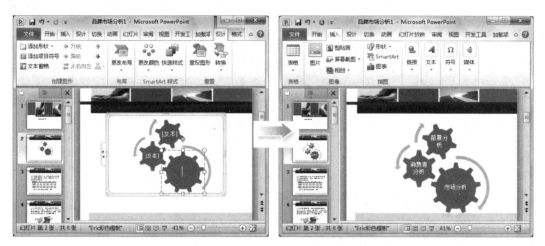

1.7 表格与图表的应用

在制作销售数据报告、生产记录统计等演示文稿时，经常需要通过数据信息来表达。在信息或数据比较繁多的情况下，若是仍旧使用文字内容来阐述这些数据，就会显得非常繁琐，不利于观众查看和理解。此时，可以采用表格和图表的形式，将数据分门别类地归纳起来，使数据信息一目了然。

1.7.1 插入表格

若需通过表格数据来达到说明幻灯片内容的目的,就需先在幻灯片中插入表格。下面在"楼盘销售调查 .pptx"演示文稿中插入 5 行 4 列的表格，其具体操作如下：

光盘 \ 素材 \ 第 1 章 \ 楼盘销售调查 .pptx
光盘 \ 效果 \ 第 1 章 \ 楼盘销售调查 .pptx
光盘 \ 实例演示 \ 第 1 章 \ 插入表格

STEP 01 选择"插入表格"选项

① 打开"楼盘销售调查.pptx"演示文稿，选择第3张幻灯片，选择【插入】/【表格】组，单击"表格"按钮。

② 在弹出的下拉列表中选择"插入表格"选项。

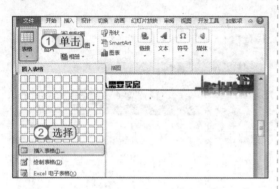

STEP 02 设置插入的行列数

① 打开"插入表格"对话框，在"行数"和"列数"数值框中分别输入"5"和"4"。

② 单击 确定 按钮。

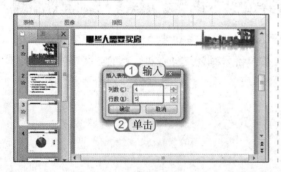

STEP 03 查看插入的表格效果

返回幻灯片编辑区，即可查看插入表格后的效果。

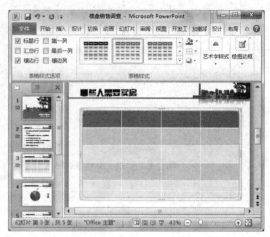

技巧秒杀——快速插入表格

除了例子中讲解的插入表格的方法外，还有其他方法快速插入表格。如选择【插入】/【表格】组，单击"表格"按钮，在弹出的下拉列表中按住鼠标左键不放，拖动鼠标选择表格的行数和列数，选择完成后释放鼠标，即可插入表格。此外，还可通过单击对象占位符中的"插入表格"按钮，打开"插入表格"对话框，在其中输入行数和列数来插入表格。

1.7.2 选择单元格

在对表格进行编辑操作前，须先选择单元格。在默认情况下，被选择的单元格一般呈蓝色底纹显示。在PowerPoint 2010中常用的选择单元格的方法如下。

- 选择单个单元格：将鼠标光标移动到需选择的单元格的左侧，当其变为一个指向右上的黑色箭头时，单击即可。
- 选择连续单元格：将鼠标光标移到需选择的单元格区域左上角，拖动鼠标到该区域右下角，释放鼠标可选择该单元格区域。

○ **选择整行或整列**：将鼠标光标移到表格边框的左侧，当其变为 ➡ 形状时，单击即可选择该行；将鼠标光标移到表格边框的上方，当其变为 ⬇ 形状时，单击即可选择该列。

○ **选择整个表格**：将鼠标光标移动到任意单元格中单击，然后按"Ctrl+A"快捷键即可选择整个表格。

1.7.3 输入表格数据

表格是一种用于表现数据信息的常用工具，它不仅可以简洁地将复杂的数据展示出来，还可对所展示的数据进行分析和计算。在表格中输入文本和数据的方法为：单击需输入文本或数据的单元格，将鼠标光标定位到其中，即可输入所需的文本或数据。完成对一个单元格中输入后，再重新将鼠标光标定位到另一个单元格即可继续输入。

被调查人年龄	调查人数	购买人数	所占比例
20~25	100	18	18%
25~30	100	35	35%
30~40	100	36	36%
40~55	100	11	

技巧秒杀——切换单元格

在表格中输入数据时，除了可通过鼠标选择单元格进行输入外，还可通过小键盘区中的方向键切换单元格。

1.7.4 插入图表

图表是指以数据对比的方式来显示数据，它可轻松地体现数据之间的关系。在演示文稿中，使用表格表现数据有时会显得比较抽象，为了更直观、形象地表现数据，可使用图表对数据进行分析。下面将在"楼盘销售调查 1.pptx"演示文稿中插入饼图，其具体操作如下：

示例文件

光盘\素材\第 1 章\楼盘销售调查 1.pptx
光盘\效果\第 1 章\楼盘销售调查 1.pptx
光盘\实例演示\第 1 章\插入图表

STEP 01 ▶ 选择图表类型

① 打开"楼盘销售调查 1.pptx"演示文稿，选择第 4 张幻灯片，选择【插入】/【插图】组，单击"图表"按钮📊，打开"插入图表"对话框，

② 在左侧选择"饼图"选项，在右侧的"饼图"栏中选择"三维饼图"选项。

③ 单击 确定 按钮。

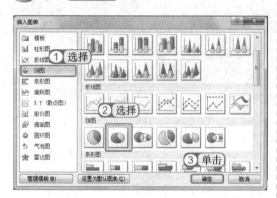

STEP 02 ▶ 输入数据

① 此时，系统将自动启动 Excel 2010，在蓝色框线内的相应单元格中输入需在图表中表现的数据。

② 输入完成后单击 ✕ 按钮，退出 Excel 2010。

STEP 03 ▶ 查看效果

返回到幻灯片编辑区，可看到插入的图表。

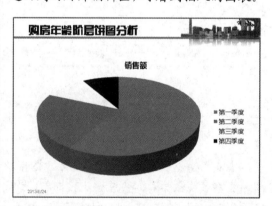

关键提示——图表的选择和使用

　　PPT 中的图表分类众多，可分为很多种类，如饼图、柱形图、折线图等，不同类别的图表其使用场所也不同，如饼图主要用于表现单个数据之间、单个数据与整个数据之间的比例，折线图主要用于表现数据在某一阶段的变化趋势。合理选用图表可以让 PPT 在数据表达上更加形象、生动。

‖1.8 高手过招

1. 通过网络收集素材

　　网络是一个巨大的资源宝库，人们在生活工作中需要使用的大多数资料都可以直接通过网络进行查询和下载。

而在制作演示文稿时，为了提高工作效率，节约制作时间，也可通过网络收集所需素材，如幻灯片模板、图片和案例等。

网络中有很多提供素材下载服务的网站，如下载图片素材、案例素材、图示图表等，网站上的素材分类很广，资源量也很大。在收集图片时，可以去素材中国（www.sccnn.com）和三联素材（www.3lian.com）等网站进行下载。

素材的收集并非一朝一夕就可完成，它需要平时的大量积累，而且在积累素材的过程中，应注意对素材进行归纳整理。文字案例、相关图片和各类型的模板，每个种类的素材都要仔细地分门别类，以便使用时快速查看和提取。

2. 演示文稿制作流程

演示文稿的种类较多，制作不同的演示文稿，其使用的制作方法和元素也不一样。但无论要制作什么类型的演示文稿，过程都是类似的。在制作演示文稿之前，应先对演示文稿进行策划，确定演示文稿的主题和风格，搭建好演示文稿的框架，并收集到足够的素材。

前期准备完毕后，就可以使用 PowerPoint 2010 制作演示文稿了，包括制作幻灯片母版、添加文本内容、插入图片和表格等，在制作过程中，还需要对各个对象进行设计美化。当制作完成后，还要测试演示文稿的放映效果，对不足之处进行修改，以避免在实际演示过程中出现意外情况。

正确的制作流程不仅可以让演示文稿在制作中快速无误，还能提高演示文稿的质量，达到更好的宣传说明效果。

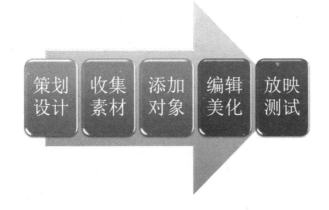

3. 插入屏幕截图

在 PowerPoint 2010 中，不仅可以插入剪贴画和本地图片，还可根据需要将当前屏幕截图插入到幻灯片中。屏幕截图是指通过截图功能将图片插入到幻灯片中，其操作比较简单。如用户需将网页中的某图片或某画面插入幻灯片中时，即可直接使用屏幕截图功能，而不需再次下载图片。

插入屏幕截图的方法是：选择需插入截图的幻灯片，选择【插入】/【图像】组，单击"屏幕截图"按钮，在弹出的下拉列表中选择"屏幕剪辑"选项。此时，窗口以灰色状显示，将鼠标光标移动到所需图片区域的左上角，拖动鼠标到所需图片区域的右下角，选择完成后释放鼠标，所选图片区域将以图片的形式插入到幻灯片中。

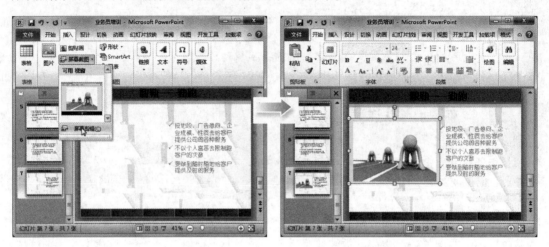

演示文稿是用于演示的文档。在演示文稿中，多媒体是一种非常重要的元素，它是让演示文稿真正"动"起来的关键。本章将主要介绍多媒体元素在演示文稿中的应用，如在幻灯片中添加影音文件、添加动画效果，以及输出和放映演示文稿的方法。

PowerPoint 2010 ▶

Chapter 第2章

多媒体幻灯片的制作和输出

║2.1 声音文件的应用

　　声音可以使演示文稿的内容更加丰富、生动，是演示文稿中使用频率较高的一个对象元素。在 PowerPoint 2010 中，用户可以根据需要插入各种声音文件，如剪辑管理器中自带的声音、本地电脑中保存的声音以及录制的声音。

2.1.1　插入剪贴画音频

　　PowerPoint 2010 的剪辑管理器中提供了部分声音文件，用户可以根据需要将剪辑管理器中的声音插入演示文稿中。下面将在"圣诞节日活动 .pptx"演示文稿中插入剪贴画音频中的"Claps Cheers"音频选项，其具体操作如下：

光盘\素材\第 2 章\圣诞节日活动 .pptx
光盘\效果\第 2 章\圣诞节日活动 .pptx
光盘\实例演示\第 2 章\插入剪贴画音频

STEP 01▶ 选择所需选项

① 打开"圣诞节日活动 .pptx"演示文稿，选择第 4 张幻灯片，选择【插入】/【媒体】组，单击"音频"按钮 🔊。

② 在弹出的下拉列表中选择"剪贴画音频"选项。

STEP 02▶ 插入剪辑管理器中的音频

① 打开"剪贴画"窗格，在下方列表框中选择需插入幻灯片的声音"Claps Cheers"选项，将其插入幻灯片中。

② 此时，即可在幻灯片中看到一个音频图标。

2.1.2　插入本地声音

PowerPoint 2010 提供的剪贴画音频比较有限，很多时候无法满足用户需要，此时，用户可将本地电脑中保存的音频文件插入幻灯片中。需要注意的是，插入电脑中自带的声音时，如果换一台电脑，将无法实现播放，解决的方法是将插入的声音和视频与演示文稿放在一个文件夹中。下面将在"圣诞节日活动 1.pptx"演示文稿中插入"圣诞歌曲 .mp3"声音文件，其具体操作如下：

> 光盘 \ 素材 \ 第 2 章 \ 圣诞节日活动 1.pptx、圣诞歌曲 .mp3
> 光盘 \ 效果 \ 第 2 章 \ 圣诞节日活动 1.pptx
> 光盘 \ 实例演示 \ 第 2 章 \ 插入本地声音

STEP 01 打开"插入音频"对话框

① 打开"圣诞节日活动 1.pptx"演示文稿，选择第 1 张幻灯片，选择【插入】/【媒体】组，单击"音频"按钮。

② 在弹出的下拉列表中选择"文件中的音频"选项。

STEP 02 插入声音文件

① 在该对话框中选择"圣诞歌曲 .mp3"音频文件。

② 单击 插入(S) 按钮，即可将该音频文件插入幻灯片中。

2.1.3　录制声音

在制作幻灯片时，不仅可以插入剪贴画音频和本地音频文件，还可以对声音进行录制，并将录制的声音插入幻灯片中。当需要对幻灯片添加解说词时，就可使用该方法插入录制声音。

插入录制声音的方法是：选择需插入声音的幻灯片，选择【插入】/【媒体】组，单击"音频"按钮🔊，在弹出的下拉列表中选择"录制音频"选项，打开"录音"对话框，在"名称"文本框中输入录制的声音名称，单击◉按钮开始录音，录制完成后单击■按钮，然后单击 确定 按钮完成录制。此时，返回幻灯片编辑窗口，即可发现录音图标已添加到幻灯片中，表示声音已添加成功。

技巧秒杀——删除声音

在 PowerPoint 2010 中，无论是插入剪辑管理器中的声音、本地声音还是录制的声音文件，在所插入的幻灯片中都将出现一个声音图标。若是在插入声音文件后发现插入错误，或不需要插入声音文件，可直接选择该声音文件图标，按"Delete"或"Backspace"键将其删除。

2.2 视频文件的应用

与声音文件一样，PowerPoint 2010 也支持插入一部分视频文件，如 PowerPoint 2010 自带的影片、电脑中的影片、网上视频和 Flash 等。相比声音文件来说，视频的表现力更为丰富、直观，且更容易被观众所理解和接受。

2.2.1 插入剪辑管理器中的影片

在 PowerPoint 2010 中，系统自带了一些剪贴画视频供用户使用。其方法是：选择需插入视频的幻灯片，选择【插入】/【媒体】组，单击"视频"按钮🎬，在弹出的下拉列表中选择"剪贴画视频"选项，打开"剪贴画"窗格，选择其中的视频图标，即可将所选视频插入到当前幻灯片中。

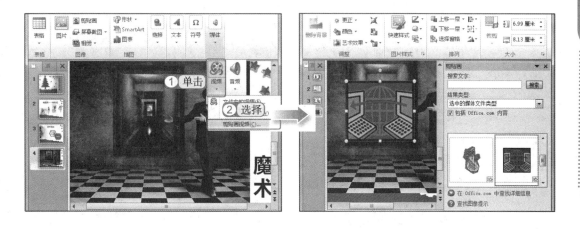

2.2.2 插入本地视频

PowerPoint 自带的剪贴画视频均为 Flash 动画，数量和内容非常有限，很难完全契合幻灯片的内容。此时，可将本地电脑中相关的视频文件插入幻灯片。下面将在"景区宣传和介绍.pptx"演示文稿中插入"九寨沟.wmv"视频文件，其具体操作如下：

> 光盘\素材\第 2 章\景区宣传和介绍 .pptx、九寨沟 .wmv
> 光盘\效果\第 2 章\景区宣传和介绍 .pptx
> 光盘\实例演示\第 2 章\插入本地视频

STEP 01 ▶ 选择"文件中的视频"选项

① 打开"景区宣传和介绍 .pptx"演示文稿，选择第 6 张幻灯片中，选择【插入】/【媒体】组，单击"视频"按钮🎞。

② 在弹出的下拉列表中选择"文件中的视频"选项。

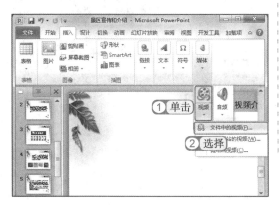

STEP 02 ▶ 插入视频

① 打开"插入视频文件"对话框，在其中选择"九寨沟 .wmv"选项。

② 单击 插入(S) ▼ 按钮。

STEP 03 查看效果

操作完成后，稍等片刻，即可将该视频插入幻灯片中。

技巧秒杀——取消插入视频

　　在插入较大的视频时，一般等待时间会比较长。此时若需取消视频的插入，可直接按"Esc"键进行取消。

关键提示——影片文件的位置

　　如果视频文件过大，则一般需要单独进行保存。此时，若是更改了视频文件的位置或名称，则幻灯片中的视频将无法正常放映。

2.2.3　插入网上视频

　　若是电脑处于联网状态，用户还可在演示文稿中插入网站中的视频。网络中的视频资源非常丰富，相比于本地视频，其灵活性更强。插入网上视频的方法是：选择【插入】/【媒体】组，单击"视频"按钮，在弹出的下拉列表中选择"来自网站的视频"选项，打开"从网站插入视频"对话框，在其文本框中输入视频网址的 html 代码，然后单击 插入(S) 按钮，即可将网上视频插入幻灯片。

2.2.4　插入 Flash 文件

　　PowerPoint 2010 的剪辑管理器中的视频文件，其实是动态的 GIF 格式的图片。Flash 文件也是视频文件的一种，它的应用范围非常广，通过 Flash 不仅可以制作 MTV、广告宣传片和教学课件等，还可以制作各类小游戏。在 PowerPoint 2010 中，也提供了插入 Flash 文件的功能。

在幻灯片中插入 Flash 文件时，需要使用"开发工具"功能组，在默认状态下，"开发工具"功能组并未显示出来，需用户进行设置。下面将在"商场导购手册.pptx"演示文稿中插入 Flash 动画文件，其具体操作如下：

示例
文件

光盘 \ 素材 \ 第 2 章 \ 商场导购手册 .pptx、商品广告 .swf
光盘 \ 效果 \ 第 2 章 \ 商场导购手册 .pptx
光盘 \ 实例演示 \ 第 2 章 \ 插入 Flash 文件

STEP 01 显示"开发工具"功能组

① 打开"商场导购手册.pptx"演示文稿，选择【开始】/【选项】命令，打开"PowerPoint 选项"对话框，选择"自定义功能区"选项。

② 在右侧的"主选项卡"列表框中选中 ☑开发工具复选框。

③ 单击 确定 按钮。

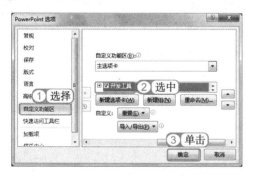

STEP 02 单击"其他控件"按钮

选择第 5 张幻灯片，选择【开发工具】/【控件】组，单击"其他控件"按钮 🔧。

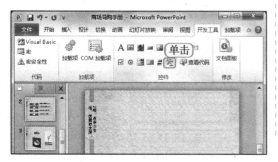

STEP 03 打开"其他控件"对话框

① 在打开的"其他控件"对话框的列表框中选择"Shockwave Flash Object"选项。

② 单击 确定 按钮。

STEP 04 绘制播放区域

此时，鼠标光标将变为＋形状，在需插入 Flash 的位置拖动鼠标绘制一个播放 Flash 动画的区域，并在其上单击鼠标右键，在弹出的快捷菜单中选择"属性"命令。

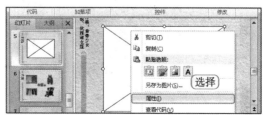

STEP 05 设置动画路径

① 打开"属性"对话框，在"Movie"文本框中输入 Flash 动画的保存路径"G:\PPT 办公之旅\光盘\素材\第 2 章\商品广告.swf"。

② 单击 ▣ 按钮关闭对话框。

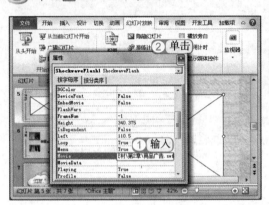

STEP 06 查看放映效果

返回幻灯片编辑区，放映幻灯片，查看插入的 Flash 动画。

▌2.3 动画效果的应用

幻灯片动画是指在幻灯片放映过程中，幻灯片和幻灯片中各对象进入屏幕时显示的动画效果。在 PowerPoint 2010 中提供了多种动画效果，此外，用户不仅可设置各种对象的动画效果，还可对幻灯片切换动画进行设置。

2.3.1 动画效果的分类和作用

通过 PowerPoint 2010 中的"添加动画"下拉列表和动画效果对话框，可以为幻灯片中的各对象添加进入、退出、强调以及动作路径等动画。下面分别对不同类型的动画效果进行介绍。

⊃ 进入动画：是指对象进入幻灯片的动画效果。进入动画是使用频率非常高的一种动画效果，它可以让文本或其他对象以出现、淡入、飞入以及浮入等多种动画效果显示在幻灯片放映屏幕中。

◌ **退出动画**：是指设置幻灯片中的对象退出放映屏幕时的动画效果，即在放映幻灯片时对象以指定方式从幻灯片中消失。在制作较复杂的动画效果或特效动画时，退出动画的作用非常大。与进入动画一样，退出动画也包括消失、淡出、飞出等多种效果。

◌ **强调动画**：是指对幻灯片中的某对象进行强调显示的动画效果。为对象设置强调动画后，放映动画时对象就将以指定方式显示在幻灯片中，如陀螺旋、跷跷板、变大/缩小、脉冲、补色等。强调动画的动画效果比较突出，在使用时需合理搭配其他动画，以免破坏整体动画效果的和谐。

◌ **动作路径动画**：设置动作路径动画效果是指为幻灯片中的某个对象设置动画后，放映幻灯片时该对象将沿指定路径在幻灯片的相应位置运行。路径动画是PowerPoint中灵活性最高的一种动画效果，在制作特效动画时使用频率非常高，用户可以根据自己的需要自定义设置幻灯片对象的动作路径和运动位置。

2.3.2　添加动画

根据幻灯片的实际需要，用户可以分别为其添加各类不同的动画效果。在PowerPoint 2010中，动画效果可以单独使用，也可以组合使用。下面将在"生态旅游论述.pptx"演示文稿中为第1张幻灯片中的标题占位符添加进入和退出动画，其具体操作如下：

光盘\素材\第2章\生态旅游论述.pptx
光盘\效果\第2章\生态旅游论述.pptx
光盘\实例演示\第2章\添加动画

STEP 01 添加进入动画

① 打开"生态旅游论述.pptx"演示文稿，选择第1张幻灯片中的标题文本框。

② 选择【动画】/【动画】组，单击"动画样式"按钮★。

③ 在弹出的下拉列表中选择"进入"栏中的"飞入"选项。

STEP 02 添加退出动画

① 选择【动画】/【高级动画】组，单击"添加动画"按钮★。

② 在弹出的下拉列表中选择"退出"栏中的"收缩并旋转"选项，即可为该对象添加退出动画效果。

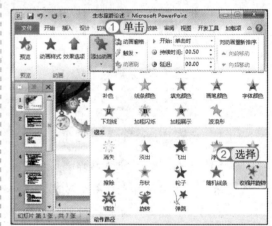

关键提示——动画效果前的数字

在为某幻灯片对象添加了动画效果后，该对象前将出现一个数字，表示该对象的动画顺序。同理，若是为同一对象应用了多个动画效果，则该对象前将出现多个数字。

2.3.3　添加幻灯片切换动画

幻灯片切换效果是指整张幻灯片切换时的动画效果，在默认状态下，上一张幻灯片和下一张幻灯片之间没有切换动画，需用户根据需要手动进行设置。PowerPoint 2010中提供了多种预设的幻灯片切换效果供用户选择，包括细微型、华丽型以及动态效果等。下面将在"生态旅游论述1.pptx"演示文稿中为幻灯片设置切换动画，其具体操作如下：

光盘\素材\第2章\生态旅游论述 1.pptx
光盘\效果\第2章\生态旅游论述 1.pptx
光盘\实例演示\第2章\添加幻灯片切换动画

STEP 01 添加翻转切换动画

① 打开"生态旅游论述 1.pptx"演示文稿，选择第 1 张幻灯片。

② 选择【切换】/【切换到此幻灯片】组，单击"切换方案"按钮，在弹出的下拉列表框中选择"华丽型"栏中的"翻转"选项。

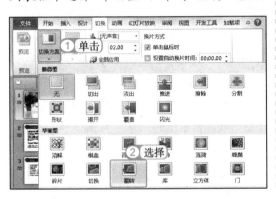

STEP 02 为所有幻灯片添加切换动画

选择【切换】/【计时】组，单击 全部应用 按钮，将该切换效果应用到所有幻灯片中。

技巧秒杀——删除切换动画

　　在添加了切换动画效果后，若需删除，可选择需删除切换动画效果的对象，在"切换方案"下拉列表中选择"无"选项。删除动画的方法与删除切换动画的方法类似。

2.4　放映幻灯片

　　放映幻灯片是制作演示文稿的最终目的，PowerPoint 2010 提供了多种不同的放映类型，以供用户在不同场合进行选择和使用。

2.4.1　认识放映类型

　　根据演示文稿放映场合的不同，放映方式也应有所不同。PowerPoint 2010 提供了演讲者放映、观众自行浏览和在展台放映 3 种方式供用户选择和使用，各种放映类型的特点如下。

⊃ 演讲者放映（全屏幕）：是 PowerPoint 默认的放映类型，也是使用频率非常高的一种放映方式。演讲者放映是以全屏幕的状态进行放映的，在演示文稿放映过程中，演讲者具有完全的控制权，演讲者可手动切换幻灯片和动画效果，也可以将演示文稿暂停，进行中场休息。

⊃ 观众自行浏览（窗口）：此类型主要是以窗口形式放映演示文稿，在放映过程中可利用滚动条、"PageDown"键、"PageUp"键来对放映的幻灯片进行切换,但不能通过单击鼠标控制放映。观众自行浏览放映模式一般适用于宣传会、展销会等场合。

⊃ 在展台放映（全屏幕）：这是放映类型中最简单的一种，不需要人控制，即会自动全屏循环放映演示文稿。使用这种放映类型时，不能单击鼠标切换幻灯片，但可以通过单击幻灯片中的超链接和动作按钮来进行切换，按"Esc"键可结束放映。

2.4.2 设置放映方式

设置幻灯片的放映方式包括设置幻灯片的放映类型、放映选项、放映幻灯片的范围以及换片方式等。下面将在"生态旅游论述 2.pptx"演示文稿中将幻灯片放映类型设置为"演讲者放映"模式，并将放映范围设置为"1 ~ 5"页，其具体操作如下：

光盘 \ 素材 \ 第 2 章 \ 生态旅游论述 2.pptx
光盘 \ 效果 \ 第 2 章 \ 生态旅游论述 2.pptx
光盘 \ 实例演示 \ 第 2 章 \ 设置放映方式

STEP 01 打开"设置放映方式"对话框

打开"生态旅游论述 2.pptx"演示文稿,选择【幻灯片放映】/【设置】组,单击"设置幻灯片放映"按钮 🖳 。

STEP 02 设置放映类型和范围

① 打开"设置放映方式"对话框,选中"放映类型"栏中的 ⦿ 演讲者放映(全屏幕) (P) 单选按钮。

② 在"放映幻灯片"栏中选中 ⦿ 从 (F): 单选按钮,在其后的数值框中输入"1"和"5"。

③ 单击 确定 按钮。

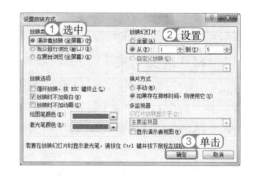

2.4.3　放映幻灯片

　　要想把制作好的演示文稿展示给观众欣赏,必须通过放映来实现。直接放映是放映演示文稿最常用的方式,设置好放映类型后即可开始放映。PowerPoint 2010 提供了从头开始放映和从当前幻灯片开始放映两种放映方式,其操作基本类似。选择【幻灯片放映】/【开始放映幻灯片】组,单击"从头开始"按钮 🖳 或"从当前幻灯片开始"按钮 🖳 ,即可进入幻灯片放映状态进行放映。

2.5 打包和输出幻灯片

在完成幻灯片的制作后，除了可进行放映外，还可以根据需要将其以其他形式输出。在 PowerPoint 2010 中，常用的输出幻灯片的方式主要有打包幻灯片、输出幻灯片和打印幻灯片等。

2.5.1 打包幻灯片

打包演示文稿分为打包成文件夹和打包成 CD 两种，对演示文稿进行打包操作后，即使是在未安装 PowerPoint 2010 的电脑上也能正常播放。

1. 打包成文件夹

一般来说，使用 PowerPoint 2010 制作的演示文稿，也需使用 PowerPoint 2010 才能进行放映。为了避免在未安装 PowerPoint 2010 的电脑上无法播放演示文稿的情况出现，用户可将演示文稿打包成文件夹。其方法是：在打开的演示文稿中选择【文件】/【保存并发送】命令，在"文件类型"栏中选择"将演示文稿打包成 CD"选项，单击"打包成 CD"按钮，打开"打包成 CD"对话框。单击 复制到文件夹(F)... 按钮，打开"复制到文件夹"对话框，在其中设置文件保存的位置和名称，然后单击 确定 按钮。打包完成后，打开打包的文件夹，双击 PowerPoint 文件即可放映演示文稿。

2. 打包成 CD

在将演示文稿打包成 CD 之前，必须先在电脑中安装刻录光驱。打包成 CD 的方法与打包成文件夹类似，在需打包的演示文稿中选择【文件】/【保存并发送】命令，在"文件类型"栏中选择"将演示文稿打包成 CD"选项，单击"打包成 CD"按钮，打开"打包成 CD"对话框，在"将 CD 命名为"文本框中输入演示文稿名称，单击 复制到 CD(C) 按钮，将演示文稿压缩到 CD 中，即可完成打包。

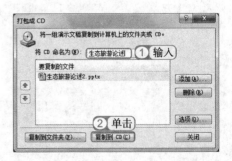

2.5.2 输出幻灯片

在 PowerPoint 2010 中，可以将演示文稿输出为多种形式的文件，如图片、大纲等，同时还能将幻灯片以附件形式发送或保存到网页中。下面将对输出为大纲文件和图片的方法进行讲解。

1. 输出为大纲文件

如果需要将演示文稿中的文本内容提取出来，可将演示文稿中的幻灯片输出为大纲文件，生成的大纲 RTF 文件中将不包含幻灯片中的图形、图片等内容。将演示文稿输出为大纲文件的方法是：在打开的演示文稿中选择【文件】/【另存为】命令，在打开的"另存为"对话框的"保存位置"下拉列表框中选择输出文件的保存位置，在"保存类型"下拉列表框中选择"大纲/RTF 文件"选项，单击 保存(S) 按钮，即可将其输出为大纲文件。双击输出的大纲文件，即可使用 Word 将其打开，查看效果。

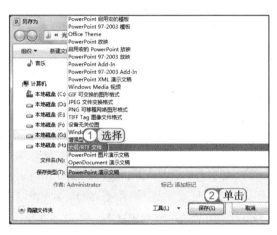
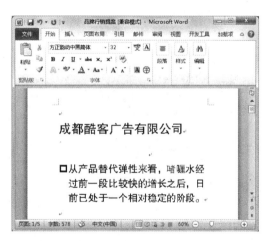

2. 输出为图片

PowerPoint 2010 提供了将演示文稿输出为图片的功能，可供输出的图片格式较丰富，包括 JPG、PNG、TIF 等，将演示文稿输出为图片的方法与输出为大纲类似，在打开的演示文稿中选择【文件】/【另存为】命令，在打开的"另存为"对话框的"保存位置"下拉列表框中选择输出文件的保存位置，在"保存类型"下拉列表框中选择所需的图片格式选项，然后单击 保存(S) 按钮即可。

技巧秒杀——作为附件发送

　　若需将制作完成的演示文稿发送给其他人，可直接在 PowerPoint 2010 中进行。其方法是：
选择【文件】/【保存并发送】命令，在"使用电子邮件发送"栏中单击"作为附件发送"按
钮，系统即进入邮件发送页面，并分别在"主题"和"附件"文本框中自动输入相应信息，
这时只需填写收件人和邮件正文，然后发送即可。

2.5.3　打印幻灯片

　　与 Word 文档一样，制作完成的演示文稿不仅可以进行现场演示，还可以将其打印在纸张
上。为了避免打印出错误的内容，在打印之前可先对幻灯片的效果进行预览，同时还可对打
印参数进行设置。下面将在"品牌行销提案.pptx"演示文稿中进行打印预览，并打印幻灯片，
其具体操作如下：

光盘\素材\第 2 章\品牌行销提案.pptx

STEP 01 预览打印效果

① 打开"品牌行销提案.pptx"演示文稿，
选择【文件】/【打印】命令，在打开的页
面右侧预览打印的效果。
② 在左侧打印属性设置栏的"份数"数
值框中输入"1"。

STEP 02 进行打印设置并打印

① 在"打印机"栏中选择当前打印机，
在"设置"栏中选择"打印全部幻灯片"选项。
② 在"幻灯片"栏中选择"4 张水平放置
的幻灯片"选项，
③ 单击"打印"按钮。

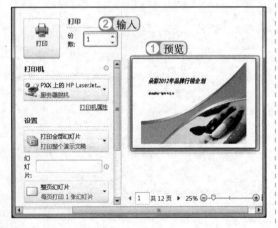

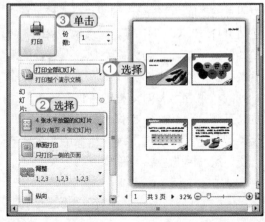

||2.6 高手过招

1. PPT 制作要领

PPT 作为一种多媒体演示文稿，其最大的特点就是形象、直观，它可以让枯燥的内容变得生动起来，以提升观众的注意力和专注度，达到更好的传播效果。

随着 PPT 应用的不断普及，几乎各行各业都需用到 PPT。很多人制作 PPT 只靠个人感觉，在思路和制作上走了很多弯路。其实，制作 PPT 有很多捷径和技巧可循，掌握了这些要领之后，PPT 的制作就将清晰、简单得多。下面介绍制作 PPT 时需掌握的一些要领。

- 优秀的策划和设计：策划是指对 PPT 结构和内容进行安排，设计则主要是指对幻灯片版面进行设计，以达到美观的目的。在制作前，对演示文稿进行一次整体规划非常重要，规划的内容主要包括演示文稿由哪些内容组成，切入点是什么，用哪种方式表达，要达到什么效果等。

- 符合思维逻辑的构架：演示文稿切忌结构混乱，让观众不知所云。演讲者在注意幻灯片结构合理的前提下，还可事先将结构整理打印出来分发给观众。

- 精炼简洁的文字：PPT 不是作文，也不是演讲稿，大段晦涩枯燥的文字不仅无法为 PPT 加分，反而会使观众的视觉和思维产生疲惫感。

- 图片图表的巧妙运用：图片是幻灯片最重要的元素之一，图片的排列方法及内容会直接影响到幻灯片的效果。商务办公类演示文稿中，数据非常多，此时图表的使用显得非常重要，它可以让你的 PPT 更加精美、清晰。

- 动画效果的设计：动画是 PPT 的灵魂，只有美观的排版而没有合适的动画，也会使观赏者在观赏幻灯片时缺乏兴趣。为了活跃演讲气氛，就需要增加 PPT 的动感效果。此外，好的动画效果还能提高幻灯片的专业度。

- 多媒体效果的运用：PPT 的多媒体演示效果可以让 PPT 告别静默的无声模式，也是为幻灯片加分的一大元素。

2. PowerPoint 2010 支持的图片和影音文件格式

PowerPoint 2010 支持大部分常用的图片和影音格式，下面分别对其所支持的格式进行介绍。

- PowerPoint 2010 支持的图片格式：PowerPoint 2010 支持的图片文件格式较多，如 .wmf、.jpg、.tif、.png、.bmp 和 .gif 等，不同格式的图片，其特点和应用场合有所不同。如 JPG 图片，它是幻灯片中最常用的位图图片格式，该格式的图片在保存时经过压缩，可使图像文件变小。PNG 是目前最为流行的图像文件格式，常说的 PNG 图标便是指该格式的图片，其文件容量较小，清晰度较高，还可以使背景变得透明，在幻灯片中一般作为装饰或项目列表符号使用。

○ **PowerPoint 2010 支持的声音格式**：在 PowerPoint 2010 中，并不是所有的音频格式都可以插入或播放。PowerPoint 支持插入的声音文件类型主要包括 .wav 声音文件、.wma 媒体播放文件、MP3 音频文件（.mp3、.m3u 等）、AIFF 音频文件（.aif、.aiff 等）、AU 音频文件（.au、.snd 等）和 MIDI 文件（.midi、.mid 等）。

○ **PowerPoint 2010 支持的视频格式**：PowerPoint 2010 支持的视频格式主要包括 .avi、.wmv、.asf 和 .mpeg 等。其他格式的视频文件可以通过插入控件的方法，使用 Media Player 进行播放。也就是说，Media Player 支持播放的视频格式，均可插入到 PowerPoint 2010 中。

制作培训类演示文稿，是 PowerPoint 的一大特色。本章将详细介绍使用 PowerPoint 2010 制作入职培训类演示文稿的方法，并通过 3 个不同性质的实例，让用户对输入和编辑文本、编辑占位符、图片的基本操作、影音文件的使用等知识有进一步的了解，并能将其运用到实际工作中。

PowerPoint 2010 ▶

C第3章
Chapter

新进员工培训

3.1 入职培训

本例将制作入职培训演示文稿，主要用于对公司新进职员的工作态度、职业修养等进行培训。通过本例，用户可以基本了解演示文稿最基本的几大要素的使用方式和使用场合，并对入职员工培训的方向和重点有所把握，其最终效果如下图所示。

光盘 \ 素材 \ 第 3 章 \ 入职培训图片素材
光盘 \ 效果 \ 第 3 章 \ 入职培训 .pptx
光盘 \ 实例演示 \ 第 3 章 \ 入职培训

◎ 案例背景 ◎

新员工培训是员工进入企业工作的第一个环节，又被称为入职培训，是企业将聘用的员工从社会人转变成为企业人的过程。通常来说，虽然不同企业对员工培训的重点和内容并不一样，但其最终目的都基本一致，都是为了让新员工能尽快了解公司的工作流程，融入公司团队，适应公司的环境和文化，明确自身的角色定位，以便更好地规划职业生涯，发挥自己的才能，从而推动企业的发展。此外，根据公司的具体情况不同，部分培训还有减少员工流失率、减少新员工适应岗位的时间、增强企业的稳定程度等目的，同时，入职培训也是培训者发掘新员工职业特征的一大机会。

完整的入职培训应该分为不同的阶段，除了要增强员工的归属感之外，还要对公司概况、员工福利、职位分工等进行详细介绍。当然，具体的培训流程可以由培训者依据公司现状进行制定。

本例将使用文本、图片等幻灯片基本元素制作入职培训演示文稿，内容则主要是对员工的思想和态度进行培训，通过模板、文本、图片和动画等对象的运用，使企业培训人员能快速准确地把握培训类演示文稿的制作方法。

◎ 关键知识点 ◎

要完成本例的制作，需要掌握几个关键知识点。这几个关键知识点的内容以及其难易程度如下。

⊃ 应用模板（★★）　　　　　　⊃ 文本框的基本操作（★★）

⊃ 节的编辑和管理（★★★）　　　⊃ 编辑文本（★★★）

⊃ 图片的基本操作（★★★）

3.1.1 新建演示文稿

制作本例前需先基于模板新建一个演示文稿，直接使用模板制作幻灯片可以免去很多操作，节约编辑时间。其具体操作如下：

STEP 01 ▶ 选择模板

① 单击"开始"按钮 ，在打开的菜单中选择【所有程序】/【Microsoft Office】/【Microsoft PowerPoint 2010】命令，打开PowerPoint 2010，选择【文件】/【新建】命令。

② 在"可用的模板和主题"栏中单击"样本模板"按钮 ，在打开的面板中双击"培训"选项。

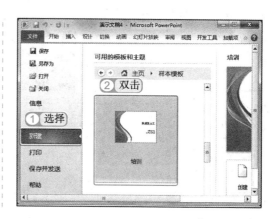

STEP 02 查看效果

此时，PowerPoint 在新窗口中创建一个基于"培训"模板的演示文稿。

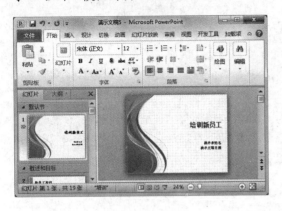

3.1.2　编辑幻灯片和文本

　　新建的演示文稿，其中的幻灯片数量、文本内容等往往不符合制作需要。下面将对"培训"模板中的幻灯片的数量、节、文本框和文本等内容进行编辑，其具体操作如下：

STEP 01 删除多余的节

① 选择"标题1"节标题，在其上单击鼠标右键，在弹出的快捷菜单中选择"删除节"命令。

② 依照该方法，依次删除其余多余的节标题，只需留下任意3个作为本演示文稿的节标题。

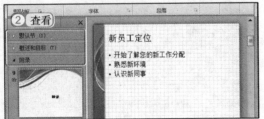

STEP 02 重命名节

① 选择"默认节"节标题，在其上单击鼠标右键，在弹出的快捷菜单中选择"重命名节"命令，打开"重命名节"对话框，在"节名称"文本框中输入"标题页"文本。

② 单击 重命名(R) 按钮。

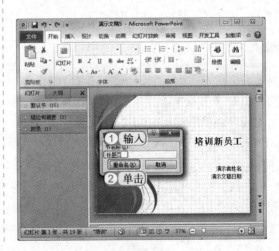

STEP 03 重命名所有节

按照该方法依次将其余节分别命名为"概述和讨论"、"感谢"。

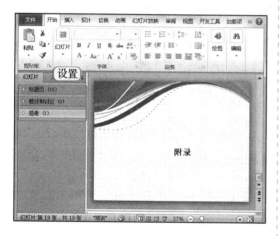

STEP 04 删除不需要的幻灯片版式

按住"Ctrl"键，选择第 3 ~ 6 张幻灯片。在所选择的幻灯片上单击鼠标右键，在弹出的快捷菜单中选择"删除幻灯片"命令。

STEP 05 选择"垂直文本框"选项

① 选择第 2 张幻灯片，选择【插入】/【文本】组，单击"文本框"按钮Ａ。

② 在弹出的下拉列表中选择"垂直文本框"选项。

STEP 06 绘制文本框

此时鼠标光标变为┼形状，按住鼠标左键不放绘制一个文本框。

STEP 07 在文本框中输入文本

将鼠标光标定位于文本框中，切换到常用输入法，在其中输入"思想修养篇"文本。

STEP 08 调整文本框的位置

将鼠标光标移动到文本框上，当其变为形状时，按住鼠标左键不放进行拖动，将其拖动到幻灯片左下方处。

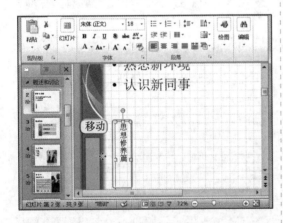

技巧秒杀——移动文本框

在 PowerPoint 2010 中，除了可使用鼠标拖动的方式移动文本框外，还可以选择需要移动的文本框，按小键盘区的方向键，对文本框进行移动。

STEP 09 复制文本框

选择"思想修养篇"文本框，在其上单击鼠标右键，在弹出的快捷菜单中选择"复制"命令。在此后的几张幻灯片中单击鼠标右键，在弹出的快捷菜单中选择"粘贴"命令。

STEP 10 设置标题页的文本格式

① 选择第1张幻灯片，在其中输入文本，然后选择"演示者"占位符中的文本内容，选择【开始】/【字体】组，在"字体"下拉列表框中选择"微软雅黑"选项。

② 在"字号"下拉列表框中选择"28"选项。

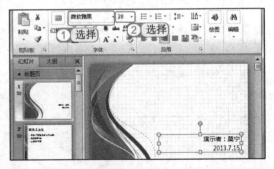

技巧秒杀——复制文本框

由于需同时插入多个"思想修养篇"文本框，依次绘制会非常浪费时间，此时，用户可选择复制的方式对文本框进行复制。其方法是：选择文本框，按"Ctrl+C"快捷键，切换到需复制到的地方，按"Ctrl+V"快捷键。

STEP 11 设置字体颜色

① 依次在第 2、3 张幻灯片中输入文本并设置文本格式，然后选择第 4 张幻灯片，更改占位符中的文本内容，并将其字体格式设置为"微软雅黑"、"40"。

② 选择【开始】/【字体】组，单击"字体颜色"按钮▲·右侧的·按钮，在弹出的下拉列表中选择"蓝色"选项。

STEP 12 加粗字体

保持选择状态不变，选择【开始】/【字体】组，单击"加粗"按钮 **B**。

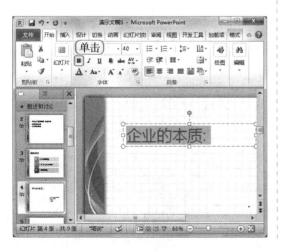

STEP 13 设置其他字体的格式

依次选择每张幻灯片，在其中输入所需的文本，并对其字体、字号、颜色、文本框的大小和位置等进行设置和调整，然后删除不需要的幻灯片，完成后的效果如下图所示。

STEP 14 将幻灯片调整到相应节

在幻灯片窗格中，按住"Ctrl"键依次选择第 2 ~ 8 张幻灯片，将其拖动到"概述和讨论"节中，如下图所示。

3.1.3 插入和编辑图片

图片是幻灯片中非常重要且常用的要素。下面将讲解插入图片的方法，以及图片的基础操作知识，其具体操作如下：

STEP 01 单击"图片"按钮

选择第1张幻灯片，选择【插入】/【图像】组。单击"图片"按钮 。

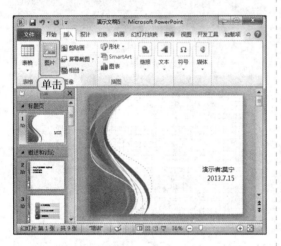

STEP 02 插入图片

① 打开"插入图片"对话框，在其中选择"图片6"选项。

② 单击 插入(S) 按钮。

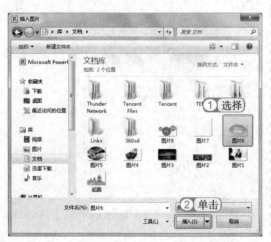

STEP 03 调整图片大小

选择插入的图片，将鼠标光标移动到图片边缘处，当其变为 、 形状时，按住鼠标左键不放进行拖动，调整图片的大小。

STEP 04 调整图片位置

将鼠标光标移动到图片上，当其变为 形状时，按住鼠标左键不放进行拖动，移动图片的位置。

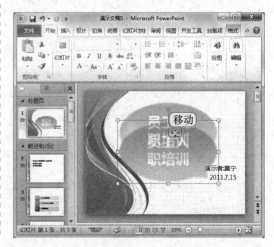

STEP 05 插入剪贴画

① 选择第2张幻灯片，选择【插入】/【图像】组，单击"剪贴画"按钮。

② 打开"剪贴画"窗格，单击 搜索 按钮。

③ 在列表框中选择所需剪贴画选项，将其插入幻灯片中。

STEP 07 插入其他图片

按照该方法，将其他图片插入幻灯片中，然后调整图片大小，并将图片移动到合适位置，效果如下图所示。

STEP 06 编辑剪贴画

选择剪贴画，拖动鼠标调整其大小。将鼠标光标移动到剪贴画上，按住鼠标左键不放进行拖动，移动剪贴画的位置。

技巧秒杀——插入多张图片

打开"插入图片"对话框，在其中按住"Ctrl"或"Shift"键选择多张图片，然后单击 插入(S) 按钮，即可将选择的多张图片同时插入到当前幻灯片中。

技巧秒杀——保存图片

若用户需要将幻灯片中的图片或剪贴画保存下来，可在图片上单击鼠标右键，在弹出的快捷菜单中选择"另存为图片"命令，然后在打开的对话框中设置图片的保存位置和保存名称即可。

3.1.4 添加动画

一个完整的演示文稿，动画也是其中不可或缺的元素。下面将为幻灯片中的各对象添加动画效果和幻灯片切换效果，其具体操作如下：

STEP 01 为图片添加动画

① 选择第 1 张幻灯片中的图片，选择【动画】/【动画】组，单击"动画样式"按钮★。

② 在弹出的下拉列表中选择"进入"栏中的"随机线条"选项。

STEP 02 选择相应选项

选择"演示者"文本框，选择【动画】/【动画】组，在"动画样式"下拉列表中选择"更多进入效果"选项。

STEP 03 为文本框应用动画

① 打开"更改进入效果"对话框，选择"基本型"栏中的"切入"选项。

② 单击 确定 按钮。

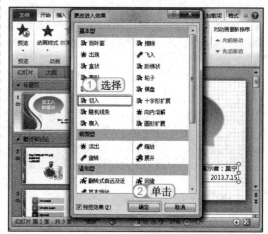

STEP 04 设置动画效果选项

① 保持选择"演示者"文本框，选择【动画】/【动画】组，单击"效果选项"按钮★。

② 在弹出的下拉列表中选择"自右侧"选项。

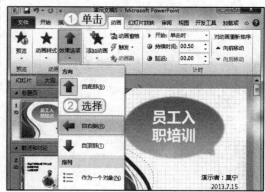

STEP 05 设置幻灯片切换动画

① 选择第1张幻灯片，选择【切换】/【切换到此幻灯片】组，单击"切换方案"按钮■。

② 在弹出的下拉列表中选择"华丽型"栏中的"库"选项。

STEP 06 设置切换效果选项

① 选择【切换】/【切换到此幻灯片】组，单击"效果选项"按钮■。

② 在弹出的下拉列表中选择"自左侧"选项。依照该方法，依次为每张幻灯片中的对象添加动画效果和切换效果。

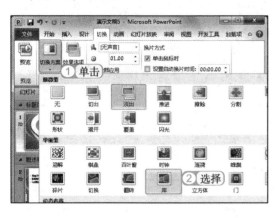

3.1.5 保存和放映演示文稿

完成了对幻灯片的操作之后，为了防止幻灯片内容的更改和丢失，下面将把演示文稿保存到电脑中，并对其效果进行放映，其具体操作如下：

STEP 01 设置保存参数

① 选择【文件】/【另存为】命令，打开"另存为"对话框，在导航窗格中选择"桌面"选项，在"文件名"文本框中输入"入职培训"。

② 单击 保存(S) 按钮。

STEP 02 查看保存后的效果

完成文档的保存操作后，即可发现文档标题栏中的名称已经更改为保存后的名称。

STEP 03 ▶ 单击"从头开始"按钮

选择【幻灯片放映】/【开始放映幻灯片】组，单击"从头开始"按钮。

STEP 04 ▶ 查看放映效果

此时，演示文稿即进入放映状态，效果如下图所示。

技巧秒杀——单击放映幻灯片

在 PowerPoint 2010 中，动画效果默认的放映方式是单击，所以未更改放映方式时，要触发下一个动画效果，需单击。

3.1.6 关键知识点解析

1. 应用模板

模板是已设置好字体格式和主题格式的演示文稿。在 PowerPoint 2010 中，提供了多种模板供用户选择，每一种模板都根据其名称添加了相关内容，初学用户直接使用模板制作演示文稿，可以节约制作时间。

应用模板的方法很简单，选择【文件】/【新建】命令，在"可用的模板和主题"栏中单击"可用模板"按钮，并在其下的列表框中进行选择即可。

除直接使用模板之外，用户还可通过一些网站下载演示文稿模板，如"锐普 PPT"、"无忧 PPT"等网站均提供模板下载服务。

若是用户自己手动设计制作的演示文稿，也可以将其保存为模板，以供自己下次制作演示文稿时使用。保存模板的方法是：选择【文件】/【另存为】命令，打开"另存为"对话框，在"保存类型"下拉列表框中选择"PowerPoint 模板"选项，其他保持默认设置不变，然后单击 保存(S) 按钮即可。

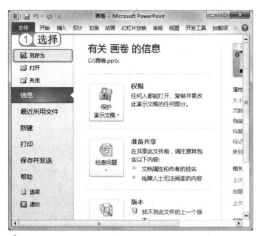

技巧秒杀——使用保存的模板

对模板进行保存后，即可对其进行使用。使用已保存模板的方法是：选择【文件】/【新建】命令，在"可用的模板和主题"栏中选择"我的模板"选项，打开"新建演示文稿"对话框，在其中选择所需模板，并单击 确定 按钮即可。

2. 文本框的基本操作

在 PowerPoint 2010 中，文本框主要用于输入文本，它的大小主要由文本内容的多少而决定。若是文本框中已经输入了文本内容，则在设置文本格式时，可直接选择整个文本框进行设置。

在幻灯片中绘制了文本框后，经常需对其位置进行调整，或需根据排版需要对文本框进行旋转。下面对文本框的基本操作进行介绍。

⊃ 调整大小：选择文本框，将鼠标光标移动到文本框四周的圆形控制点上，当其变为 、 形状时，按住鼠标左键不放进行拖动，即可调整文本框的长宽比。

⊃ 调整位置：选择文本框，将鼠标光标移动到文本框边框上，当其变为 形状时，按住鼠标左键不放进行拖动，移动文本框的位置。

○**旋转**：选择文本框，将鼠标光标移动到文本框上方的绿色控制点上，当其变为🔄形状时，按住鼠标左键不放，向左或向右拖动，即可改变文本框的旋转角度。

○**删除文本框**：选择文本框，按"Backspace"或"Delete"键，即可删除文本框及其中的文本内容。

关键提示——文本框和占位符

在 PowerPoint 2010 中，大部分对象的操作基本都是通用的，如可对文本框进行旋转、复制、移动、调整位置和调整大小等操作，这些操作同样也适用于占位符。

3. 节的编辑和管理

在 PowerPoint 2010 中，样本模板中几乎都自带节标题，然而新建的空白演示文稿却没有节标题。当幻灯片内容较多、数量较大时，为了使幻灯片结构更清晰，即可为演示文稿添加节标题。下面对添加节、重命名节、删除节和调整节顺序等知识进行介绍。

○**添加节**：将鼠标光标定位到"幻灯片"窗格中需要添加节的位置，选择【开始】/【幻灯片】组，单击🔲节按钮，在弹出的下拉列表中选择"新增节"选项，即可在鼠标光标所在位置新增一个节。

○**重命名节**：选择节，然后选择【开始】/【幻灯片】组，单击🔲节按钮，在弹出的下拉列表中选择"重命名节"选项，打开"重命名节"对话框，在其中输入节名称并单击 重命名(R) 按钮即可。

○ 删除节：选择节，然后选择【开始】/
【幻灯片】组，单击节按钮，在弹
出的下拉列表中选择"删除节"或"删
除所有节"选项，即可删除节。

○ 调整节顺序：选择需调整顺序的节，
在其上单击鼠标右键，在弹出的快捷
菜单中选择"向上移动节"或"向下
移动节"命令，即可调整节的顺序。

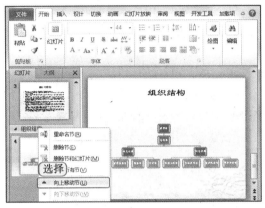

4. 编辑文本

与文本框一样，在输入文本的过程中会出现各种状况，如输入了错误的文本、漏输了文本、执行了错误的操作等。下面将对常用的文本编辑方法进行介绍。

○ 选择文本：将鼠标光标定位于要选择的文字开始位置，按住鼠标左键不放拖动到要选
择的文字结束位置后释放鼠标，被选择的文本将呈高亮显示状态。

○ 删除文本：将鼠标光标定位到文本中，按"Backspace"键可删除光标前的文本；按"Delete"
键可删除光标后的文本；若选择需删除的文本内容后，再按删除键，则可删除所选文本。

○ 移动文本：选择要移动的文本，在其上按住鼠标左键不放，拖动到目标位置后再释放
鼠标即可；或按"Ctrl+X"快捷键对文本进行剪切，将鼠标光标定位到目标位置，按
"Ctrl+V"快捷键；也可选择文本，选择【开始】/【剪贴板】组，单击剪切按钮，将
鼠标光标定位到目标位置，再选择【开始】/【剪贴板】组，单击"粘贴"按钮。

○ 复制文本：复制文本与移动文本类似，选择要复制的文本，按住"Ctrl"键，将其拖
动到目标位置后再释放鼠标即可；或按"Ctrl+C"快捷键对文本进行复制，将鼠标光
标定位到目标位置，再按"Ctrl+V"快捷键进行粘贴。

○ 撤销操作：撤销文本是指撤销上一步的操作，若输入了错误文本，可单击快速访问工
具栏中的"撤销"按钮，可撤销前一步操作。

○ 恢复操作：若是执行了错误的撤销操作，单击快速访问工具栏中的"恢复"按钮，
可恢复到上一步的撤销操作。

在 PowerPoint 2010 中，默认情况下可以撤销前 20 步的操作，此数值可以在"PowerPoint 选项"对话框中进行修改，但不宜将其设置过大，否则会占用较大的系统内存，影响 PowerPoint 运行速度。设置撤销次数的方法是：打开"PowerPoint 选项"对话框，选择"高级"选项，在"编辑选项"栏的"最多可取消操作数"数值框中进行设置即可。

5. 图片的基本操作

直接插入幻灯片中的图片，其大小、位置、角度等都几乎不满足幻灯片版面的要求，所以需要用户对其进行编辑。下面将对图片的基本操作知识进行介绍。

- **调整大小**：选择需调整大小的图片，将鼠标光标移动到图片四角的圆形控制点上，按住鼠标左键不放进行拖动，即可调整图片的整体大小。将鼠标光标移动到图片四边的方形控制点上，按住鼠标左键不放进行拖动，即可调整图片的高度或宽度。
- **移动图片**：选择图片，将鼠标光标移动到图片上，按住鼠标左键不放进行拖动，即可调整图片的位置。
- **复制图片**：选择图片，按住鼠标左键不放拖动到所需位置，同时在移动图片的过程中按住"Ctrl"键不放，可复制图片。
- **旋转图片**：选择图片，将鼠标光标移动到图片上方的绿色控制点上，当其变为 形状时，拖动鼠标可旋转图片。
- **翻转图片**：选择图片，选择【格式】/【排列】组，单击 旋转 按钮，在弹出的下拉列表中选择"水平翻转"或"垂直翻转"选项，可将图片向该方向进行对称翻转。

除了可使用鼠标拖动的方法来调整图片大小外，也可在【格式】/【大小】组的"高度"和"宽度"数值框中输入相应数值，再按"Enter"键确认即可。

3.2 企业文化培训

本例将制作企业文化培训演示文稿，通过设置占位符格式、设置文本格式、设置文本效果、插入和裁剪图片、应用项目符号等知识，对企业文化培训演示文稿进行编辑，最后再为演示文稿添加动画效果并进行放映，其最终效果如下图所示。

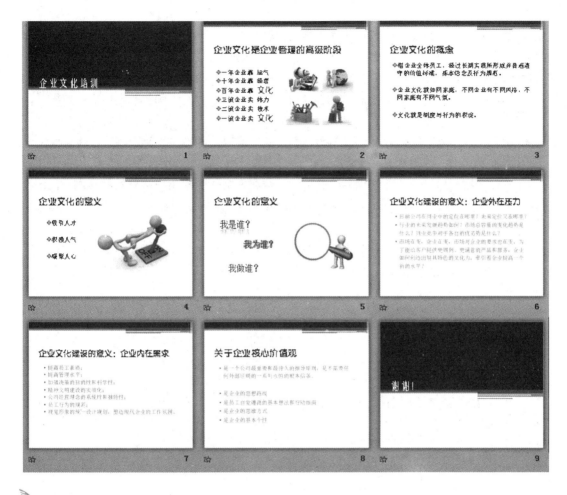

光盘\素材\第3章\企业文化培训图片素材
光盘\效果\第3章\企业文化培训.pptx
光盘\实例演示\第3章\企业文化培训

◎案例背景◎

　　企业文化培训演示文稿属于培训类演示文稿的一种，也是员工入职后必经的培训过程。每个公司都非常重视新员工入职后的培训，所以该类培训演示文稿的使用频率也很高。

　　企业文化主要是以价值观塑造为核心，以提升企业绩效和管理水平为目的。优秀的企业文化必须包含两个要素：一是核心理念是否正确、清晰与卓越，二是这种理念是否能够宣传贯彻下去，让每个员工认同并且体现在自己的实际工作中。

　　很多企业其实并不缺乏优秀的文化理念，核心理念在不同企业间没有本质差别，但若体现在方法和行为上，却存在非常大的差异。对于培训人员来说，要想让企业文化培训达到良好的效果，就必须建立完整的培训体系，让全体员工了解企业理念是什么，如何将企业理念与自己的实际工作结合起来。

当然，企业文化培训并不是仅依靠培训者的口头或书面培训即可收到良好的效果，培训者所培训的企业文化只是在第一时间为员工树立一种为公司服务、理解公司文化制度的意识。制作员工问卷、加强管理层与员工的交流以及制作员工手册等，都是企业文化培训的手段。

培训者在制作企业文化培训演示文稿时，应突出文化的作用与文化建设的重点，最好让员工在第一时间就对公司的文化有一个比较系统的认识，并让他们能在行动、思想上与公司保持一致。

本例制作的企业文化培训演示文稿将使用设置占位符格式、设置文本格式、设置文本效果、插入和裁剪图片、应用项目符号等知识，对培训内容进行编辑，最后再为演示文稿添加动画和切换效果。

◎ 关键知识点 ◎

要完成本例的制作，需要掌握几个关键知识点。这几个关键知识点的内容以及其难易程度如下。

⊃ 主题的应用（★★）　　　　　　⊃ 项目符号和编号的应用（★★）

⊃ 图片的裁剪（★★★）　　　　　⊃ 幻灯片定位技巧（★★★）

3.2.1　新建和保存幻灯片

本例首先将基于 PowerPoint 2010 自带的主题样式新建一个空白幻灯片，并将其保存为"企业文化培训"，其具体操作如下：

STEP 01 新建演示文稿

① 选择【文件】/【新建】命令，在"可用的模板和主题"栏中单击"主题"按钮。

② 在打开的页面中双击"都市"选项。

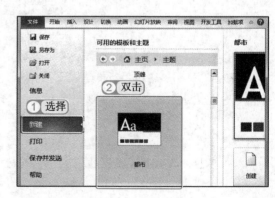

STEP 02 保存演示文稿

① 选择【文件】/【另存为】命令，打开"另存为"对话框，在"文件名"文本框中输入"企业文化培训"文本。

② 单击 保存(S) 按钮，完成演示文稿的新建。

技巧秒杀——预览模板

新建演示文稿时，在"可用的模板和主题"栏中，用户可以根据需要自行选择模板和主题，同时可在右侧的列表框中预览模板和主题的样式。此外，若是在选择了模板和主题后，需退回或前进到上一步，可单击 ← 或 → 按钮；若直接单击 ⌂ 主页按钮，返回"可用的模板和主题"栏开始页面中。

3.2.2 编辑占位符

新建了演示文稿后，下面将在幻灯片中添加占位符，并对占位符的格式进行设置，为后面添加文本内容做好准备，其具体操作如下：

STEP 01 删除占位符

选择第 1 张幻灯片，选择副标题占位符，按"Delete"键将其删除，然后在标题占位符中输入文本。

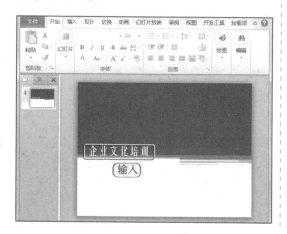

STEP 02 新建幻灯片

① 选择【开始】/【幻灯片】组，单击"新建幻灯片"按钮 下方的 ▼ 按钮。

② 在弹出的下拉列表中选择"标题和内容"选项。

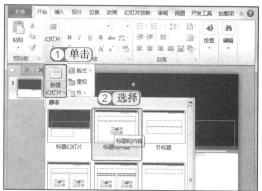

STEP 03 ▶ 设置标题占位符格式

① 在第 2 张幻灯片中选择标题占位符，选择【开始】/【字体】组，在"字体"下拉列表框中选择"方正水黑简体"选项。

② 在"字号"下拉列表框中选择"40"选项。

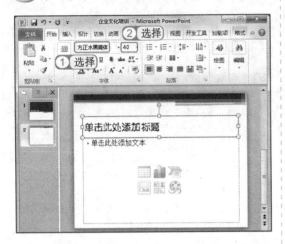

STEP 04 ▶ 设置内容占位符格式

① 选择内容占位符，选择【开始】/【字体】组，在"字体"下拉列表框中选择"汉仪细中圆简"选项。

② 在"字号"下拉列表框中选择"28"选项。

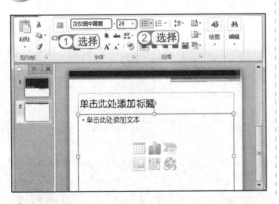

STEP 05 ▶ 输入文本

将鼠标光标定位于内容占位符中，在其中输入文本内容，输入完成后的效果如下图所示。

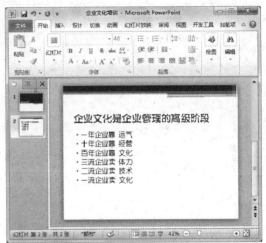

STEP 06 ▶ 编辑其他幻灯片

复制第 2 张幻灯片，依次将企业文化培训的所需文本输入幻灯片中，效果如下图所示。

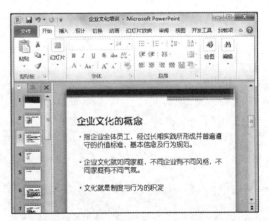

关键提示——新建幻灯片

按"Enter"键，可基于主题或模板的样式，快速新建一个默认或与上一幻灯片版式相同的幻灯片，因此，在新建最后一张幻灯片时，由于不适用"标题和内容"版式，所以需手动选择幻灯片版式。

3.2.3 设置文本格式和效果

为了突出重点，可为个别文本设置不同的格式和效果。下面讲解为文本设置格式和效果的方法，其具体操作如下：

STEP 01▶ 设置文本格式和颜色

① 选择第 2 张幻灯片，按住"Ctrl"键拖动选择两处"文化"文本，选择【开始】/【字体】组，分别将其字体、字号设置为"方正细珊瑚简体"、"36"。

② 单击"字体颜色"按钮 **A** 右侧的 ▼ 按钮，在弹出的下拉列表中选择"蓝 - 灰，强调文字颜色 6，深色 50%"选项。

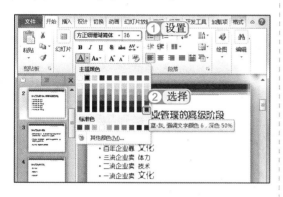

STEP 02▶ 绘制文本框并输入文本

选择第 5 张幻灯片，在其中绘制文本框，并输入文本，效果如下图所示。

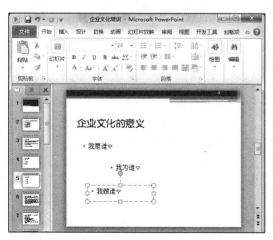

STEP 03▶ 设置文本格式

① 按住"Shift"键选择 3 个占位符，将其字号设置为"36"。

② 单击"字体颜色"按钮 **A** 右侧的 ▼ 按钮，在弹出的下拉列表中选择"青色，强调文字颜色 2，深色 25%"选项。

STEP 04▶ 设置文本映像效果

① 选择"我是谁"占位符，选择【格式】/【艺术字样式】组，单击 **A** 文本效果 ▼ 按钮。

② 在弹出的下拉列表中选择"映像"栏中的"全映像，8pt 偏移量"选项。

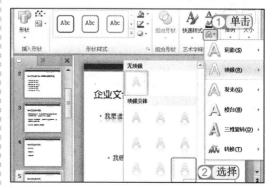

STEP 05 设置文本发光效果

① 选择"我为谁"占位符,单击 文本效果▼ 按钮。

② 在弹出的下拉列表中选择"发光"栏中的"橙色,11pt发光,强调文字颜色4"选项。

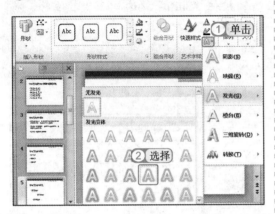

STEP 06 设置文本阴影效果

① 选择"我做谁"占位符,单击 文本效果▼ 按钮。

② 在弹出的下拉列表中选择"阴影"栏中的"左上斜偏移"选项。

STEP 07 设置其他文本的格式

选择第6~8张幻灯片,选择内容占位符,将其字号设置为"24",将其字体颜色设置为"靛蓝,强调文字颜色1"。

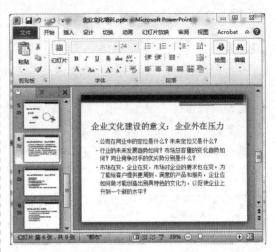

关键提示——艺术字效果

在为演示文稿设置艺术字效果时,用户可根据需要分别设置艺术字的"阴影"、"映像"、"发光"、"棱台"、"三维旋转"和"转换"等效果。其中,"阴影"指为文本添加阴影效果;"映像"指为文本设置倒影效果;"发光"指为文本设置发光效果;"棱台"指为文本添加立体效果;"三维旋转"指对文本进行旋转;"转换"指对文本进行变形。在PowerPoint 2010中,可以为文本设置一种艺术效果,也可以对各个艺术效果进行叠加使用。

3.2.4　设置项目符号

在制作演示文稿时，为了避免出现内容冗长繁杂的情况，演示者都会将文本内容逐条概括列举出来。此时，就需为文本添加项目符号，以便区分。下面将讲解设置项目符号的方法，其具体操作如下：

STEP 01▶ 选择所需选项

① 选择第 2 张幻灯片，选择内容占位符。选择【开始】/【段落】组，单击"项目符号"按钮▤▾右侧的▾按钮。

② 在弹出的下拉列表中选择"项目符号和编号"选项。

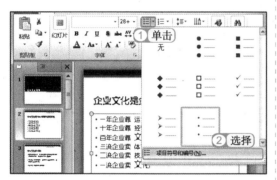

STEP 02▶ 打开"符号"对话框

打开"项目符号和编号"对话框，选择"项目符号"选项卡，单击 自定义(U)... 按钮。打开"符号"对话框。

STEP 03▶ 选择项目符号

① 在"字体"下拉列表框中选择"Wingdings"选项。

② 在其下的列表框中选择"❖"项目符号。

③ 单击 确定 按钮。

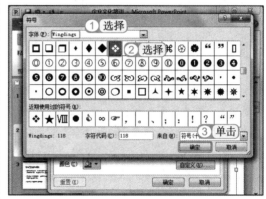

STEP 04▶ 设置项目符号格式

① 返回"项目符号和编号"对话框，单击"颜色"按钮▨▾。

② 在弹出的下拉列表中选择"橙色，强调文字颜色 4"选项。

③ 单击 确定 按钮。

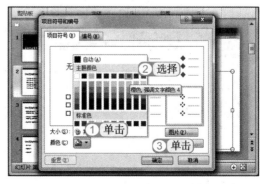

STEP 05 ▶ 查看效果

返回幻灯片编辑区，即可查看到添加并设置项目符号后的效果。

STEP 06 ▶ 设置其他幻灯片的项目符号

分别选择第 3、4 张幻灯片，为其添加并设置项目符号。选择第 5 张幻灯片，单击"项目符号"按钮，取消其项目符号格式。

为什么这么做？

在 PowerPint 2010 中，选择已设置了项目符号的文本后，则"项目符号"按钮呈高亮显示，单击该按钮，可取消项目符号格式。本例第 5 张幻灯片中的文本并不需要设置项目符号，所以要单击"项目符号"按钮进行取消。

3.2.5 插入并编辑图片

下面将在幻灯片中分别插入图片，并对图片进行裁剪，其具体操作如下：

STEP 01 ▶ 单击"图片"按钮

选择第 2 张幻灯片，选择【插入】/【图像】组，单击"图片"按钮。

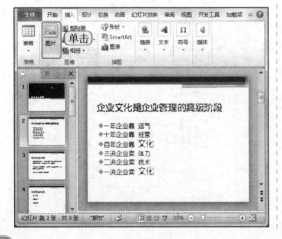

STEP 02 ▶ 选择并插入图片

① 打开"插入图片"对话框，在其中选择"图片 1"选项。

② 单击 插入(S) 按钮。

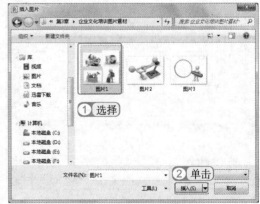

STEP 03 ▶ 裁剪图片

① 选择插入的图片，选择【格式】/【大小】组，单击"裁剪"按钮。

② 此时图片四周将出现黑色控制点，将鼠标光标移动到控制点上，按住鼠标左键不放进行拖动，即可进行裁剪。

STEP 04 ▶ 插入并裁剪其他图片

按照该方法依次为第4、5张幻灯片插入图片，并对图片进行裁剪，效果如下图所示。

3.2.6 添加动画并放映幻灯片

完成对幻灯片各元素的编辑后，即可开始为幻灯片添加动画效果，并进行放映测试，其具体操作如下：

STEP 01 ▶ 为标题占位符添加进入动画

① 选择第1张幻灯片，选择标题占位符，选择【动画】/【动画】组，单击"动画样式"按钮。

② 在弹出的下拉列表中选择"进入"栏中的"飞入"选项。

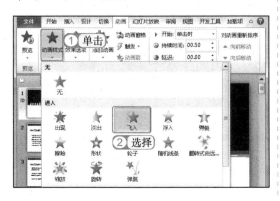

STEP 02 ▶ 添加幻灯片切换动画

① 选择第1张幻灯片，选择【切换】/【切换到此幻灯片】组，单击"切换方案"按钮。

② 在弹出的下拉列表中选择"华丽型"栏中的"百叶窗"选项。

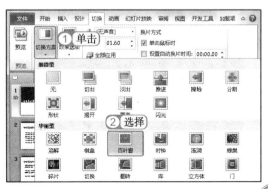

STEP 03 为结束页幻灯片添加动画

按照该方法依次为每张幻灯片及其中的对象添加动画效果和切换效果。选择最后一张幻灯片中的标题占位符，为其应用"缩放"进入动画。

STEP 04 增加退出动画

① 保持选择状态不变，选择【动画】/【高级动画】组，单击"添加动画"按钮。
② 在弹出的下拉列表中选择"退出"栏中的"淡出"选项。

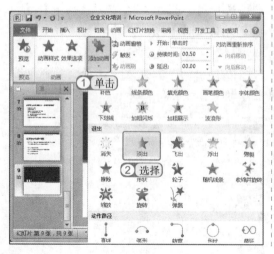

STEP 05 放映幻灯片

选择【幻灯片放映】/【开始放映幻灯片】组，单击"从头开始"按钮。

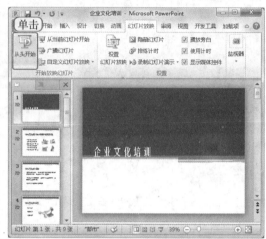

STEP 06 切换幻灯片

单击即可查看标题占位符的动画效果。在幻灯片放映界面单击鼠标右键，在弹出的快捷菜单中选择"下一张"命令。

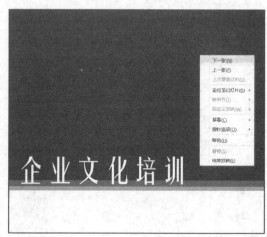

STEP 07 ▶ 切换后效果

此时，即可切换到下一张幻灯片中，继续单击，可查看当前页中各对象的动画效果。

STEP 08 ▶ 结束放映

完成幻灯片的放映后，在幻灯片放映界面单击鼠标右键，在弹出的快捷菜单中选择"结束放映"命令，即可退出放映状态。

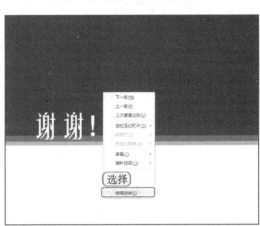

关键提示——添加多个动画

在 PowerPoint 2010 中，若只需对一个幻灯片对象使用一个动画效果，直接应用动画效果即可。若需对同一对象使用多个动画效果，则需要单击"添加动画"按钮 ⭐，在原有动画保持不变的基础上添加新的动画，否则应用的动画将替代先应用的动画。

3.2.7 关键知识点解析

1. 主题的应用

主题与模板类似，已经对文本格式、字体颜色、幻灯片背景等进行了预设，用户可直接调用主题来制作演示文稿。在 PowerPoint 2010 中，主要可以通过两种方法来应用主题，下面分别进行介绍。

- ● **通过主题新建文档**：新建主题的方法与新建模板一样，本例中使用的新建主题的方法具体是：选择【文件】/【新建】命令，在"可用的模板和主题"栏中单击"主题"按钮 ，在打开的面板中选择所需主题样式即可。

- ● **应用主题**：是指在完成演示文稿的新建后，再为演示文稿应用主题样式。具体是：选择【设计】/【主题】组，在该功能组的列表框中选择所需的主题选项即可，效果如下图所示。

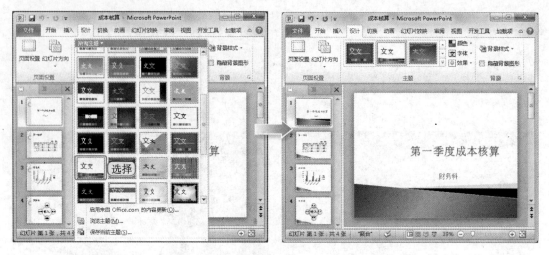

2. 项目符号和编号的应用

在 PowerPoint 2010 中，项目符号和编号的使用频率非常高。项目符号的使用场合一般为并列的文本内容前，编号则主要用于分条列举观点。默认状态下的项目符号为实心小圆点，默认状态下的编号为阿拉伯数字的"1、2、3……"。

在 PowerPoint 2010 中，项目符号和编号的操作方法基本类似，其添加方法是：选择需添加项目符号和编号的文本，选择【开始】/【段落】组，单击"项目符号"按钮 ⊞ ·或"编号"按钮 ⊞ ·右侧的 · 按钮，在弹出的下拉列表中选择所需选项即可，如下图所示。

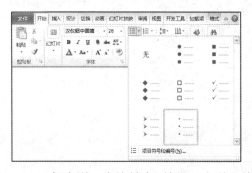

一般来说，直接单击 · 按钮，在弹出的下拉列表中的选项均为常用选项或最近使用过的选项。若是这些选项无法满足用户的需要，还可选择"项目符号和编号"选项，在打开的对话框中进行更多的选择，本例中采用该方法对项目符号进行编辑和设置。

除此之外，根据并列内容的级别不同，用户还可在不同级别的文本内容前使用不同的项目符号或编号，以进行区分。下面将以设置多级项目符号为例，具体讲解设置多级项目符号的方法，其具体操作如下：

示例
文件

光盘\素材\第 3 章\楼盘销售调查 .pptx
光盘\效果\第 3 章\楼盘销售调查 .pptx

STEP 01 ▶ 选择项目符号

① 打开"楼盘销售调查.pptx"演示文稿，选择第4张幻灯片，选择内容占位符。

② 单击"项目符号"按钮 ⊞·右侧的·按钮，在弹出的下拉列表中选择"◆"选项。

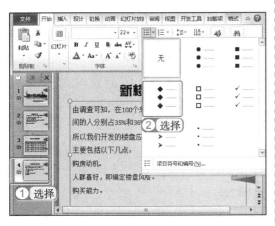

STEP 02 ▶ 设置项目符号格式

① 选择内容占位符，单击"项目符号"按钮 ⊞·右侧的·按钮，在弹出的下拉列表中选择"项目符号和编号"选项。在打开的对话框的"大小"数值框中输入"80"。

② 单击"颜色"按钮 ⚫·，在弹出的下拉列表中选择"深蓝，文字2"选项。

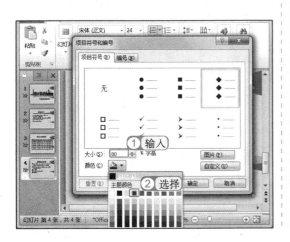

STEP 03 ▶ 对项目符号进行降级

将鼠标光标定位于"购房动机"文本前，按"Tab"键，对项目符号进行降级。

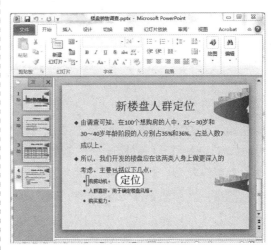

STEP 04 ▶ 设置下一级项目符号的格式

① 对"购房动机"文本后的两个并列文本进行降级操作，然后拖动鼠标选择后3个并列文本。

② 单击"项目符号"按钮 ⊞·右侧的·按钮，在弹出的下拉列表中选择"●"选项，以更改下一级项目符号的样式，如下图所示。

┌─ **关键提示——设置项目符号基本技巧** ─┐

在设置项目符号时，若是选择整个文本框，表示对整个文本框内的项目符号进行统一设置；若是将鼠标光标定位于某一项目符号后，则表示仅对当前行的项目符号进行设置。另外，在项目符号后按一次"Tab"键，表示项目符号在前一项目符号的基础上降一级，按两次则表示降两级，依次类推。同理，按住"Shift"键不放再按"Tab"键，即可对项目符号进行升级。

3. 图片的裁剪

插入到幻灯片中的图片，若是在取景范围上不符合要求，可使用 PowerPoint 2010 的图片裁剪功能，对图片进行裁剪。下面对裁剪图片的方法进行介绍。

⊃ **直接裁剪**：选择图片，选择【格式】/【大小】组，单击"裁剪"按钮🔲下方的 ▾ 按钮，在弹出的下拉列表中选择"裁剪"选项，此时，图片四周将出现黑色的控制点，将鼠标光标移动到控制点上，当其变为┏或┳形状时，按住鼠标左键不放进行拖动，即可裁剪图片。裁剪完成后，单击🔲按钮或在幻灯片中单击，即可退出图片裁剪状态。

⊃ **通过移动图片进行裁剪**：选择图片，选择【格式】/【大小】组，单击"裁剪"按钮🔲，此时，图片四周将出现黑色的控制点，将鼠标光标移动到图片中，当其变为✛形状时，按住鼠标左键不放进行拖动，即可通过移动图片的位置裁剪图片，其中灰色图片区域表示将被裁剪的区域。裁剪完成后，单击🔲按钮或在幻灯片中单击，即可退出图片裁剪状态。

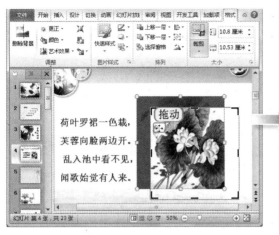 

技巧秒杀——取消裁剪

完成对图片的裁剪后，若需取消裁剪，使图片还原到最初状态，可选择图片，选择【格式】/【大小】组，单击"裁剪"按钮，在图片四周出现控制点后，将其向灰色图片区域方向进行拖动，即可还原裁剪。

4. 幻灯片定位技巧

在默认情况下，演示文稿会按幻灯片的顺序进行播放，但在实际放映过程中，演示者需要根据情况选择放映幻灯片，若采用单击鼠标播放既影响速度也影响播放效果，这时，可使用快速定位幻灯片的功能在幻灯片间进行切换。下面对定位幻灯片的常用方法进行介绍。

● 通过快捷菜单定位：在放映的幻灯片上单击鼠标右键，在弹出的快捷菜单中选择"定位至幻灯片"命令，再在弹出的子菜单中选择目标幻灯片。

● 通过输入数字进行定位：在当前幻灯片中输入所需定位的幻灯片的页码，然后按"Enter"键即可。

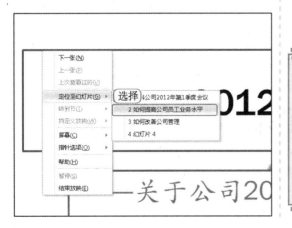

技巧秒杀——幻灯片的切换

在放映幻灯片时，除可通过单击鼠标左键切换到下一个动画或下一张幻灯片外，还可通过按小键盘区的"←"和"→"方向键，或"PageUp"键、"PageDown"键来切换幻灯片。需要注意的是，上述方法均只能按顺序切换单张幻灯片，无法对幻灯片进行自由定位。

▌3.3 礼仪培训

　　本例将制作礼仪培训演示文稿，通过对文本、文本框、幻灯片主题、项目符号和视频文件等进行编辑，制作一个视频文件与演讲内容相结合的演示文稿，最后再对幻灯片的动画效果进行设置，并测试放映效果，其最终效果如下图所示。

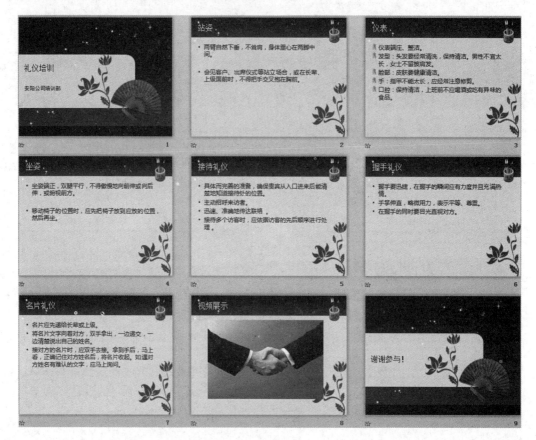

光盘\素材\第3章\礼仪培训素材
光盘\效果\第3章\礼仪培训.pptx
光盘\实例演示\第3章\礼仪培训

◎案例背景◎

　　礼仪是社会人在进行社交活动时常进行的一种行为。礼仪包含的内容非常广，从广义上来讲，大致可以分为个人礼仪和商务礼仪两类。个人礼仪是指个人的礼仪行为，如着装、手势、谈吐用语等。商务礼仪则是人们在商务活动中，为了维护企业形象或个人形象，对交往对象表示尊重和友好的行为规范和惯例。简单地说，就是人们在商务场合适用的礼仪规范和交往艺术。较之个人礼仪，商务礼仪的分类更为广泛细致，如仪表、着装、面部表情、手势、致礼、接收名片、握手、接待等都属于商务礼仪的范畴。

本例制作的演示文稿就是商务礼仪培训类的演示文稿，主要是对商务礼仪的相关知识和注意事项进行说明。

随着商业活动越来越全球化，商务礼仪扮演着越来越重要的角色。商务礼仪已经成为现代商务活动中必不可少的交流工具，越来越多的企业都把商务礼仪培训作为员工的基础培训内容。对于现代企业来说，商务礼仪培训，是现代企业提高美誉度、提升核心竞争力的重要手段，甚至部分公司或网站还提供专业的礼仪培训服务。

本例将主要使用编辑文本和文本框、设置幻灯片主题样式、设置项目符号等知识，结合商务礼仪培训视频的添加和设置技巧，对礼仪培训类演示文稿的制作方法进行讲解。

◌关键知识点◌

要完成本例的制作，需要掌握几个关键知识点。这几个关键知识点的内容以及其难易程度如下。

⊃ 编辑幻灯片主题（★★★★）　　　⊃ 将图片用作项目符号（★★★）
⊃ 设置动画播放方式（★★★）

 关键提示——商务礼仪的作用

商务礼仪，并不仅仅是独立作用在商务活动中的一种礼仪行为，对于学习商务礼仪的人员来说，它主要起到内强素质、外强形象的作用，具体体现在提高个人素质、提高人际沟通能力和有助于维护企业形象等方面。

3.3.1　新建并保存演示文稿

在制作演示文稿之前，首先需要新建一个空白演示文稿，并为其应用模板样式。其具体操作如下：

STEP 01 选择"浏览主题"选项

启动 PowerPoint 2010，选择【设计】/【主题】组，单击▾按钮，在弹出的下拉列表中选择"浏览主题"选项。

STEP 02 选择模板

① 打开"选择主题或主题文档"对话框，在其中选择"模板"选项。
② 单击 应用(P) ▾ 按钮。

STEP 03 保存演示文稿

① 返回幻灯片编辑区，选择【文件】/【另存为】命令，打开"另存为"对话框。在左侧导航窗格中选择文档保存的位置，在"文件名"文本框中输入"礼仪培训"文本。
② 单击 保存(S) 按钮。

STEP 04 查看效果

返回 PowerPoint 2010 工作界面，即可查看标题栏中的文档名称已经变为"礼仪培训"，其模板效果如下图所示。

3.3.2 新建幻灯片并输入文本

完成演示文稿的新建后，由于演示文稿中只有一张标题幻灯片，所以接下来需对幻灯片进行创建。其具体操作如下：

STEP 01 选择幻灯片版式

① 选择【开始】/【幻灯片】组，单击"新建幻灯片"按钮下方的▾按钮。

② 在弹出的下拉列表中选择"标题和内容"选项。

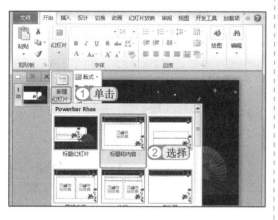

STEP 03 输入文本

选择第 1 张幻灯片，将鼠标光标定位于标题占位符和副标题占位符中，切换到常用输入法，分别输入"礼仪培训"和"安阳公司培训部"文本。

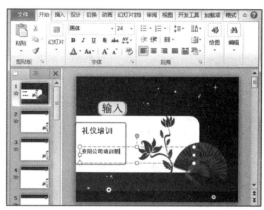

STEP 02 完成新建并查看效果

按照该方法，再新建 6 张"标题和内容"幻灯片，1 张"标题幻灯片"，效果如下图所示。

STEP 04 输入其他文本

按照该方法，依次在其他幻灯片中输入文本，效果如下图所示。

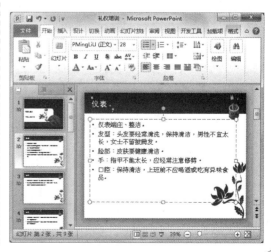

3.3.3 编辑幻灯片主题样式

对于应用的模板，若是对主题颜色和主题字体不满意，可对其进行修改和设置。其具体操作如下：

STEP 01 选择"新建主题颜色"选项

① 选择【设计】/【主题】组，单击 ■颜色▾按钮。

② 在弹出的下拉列表中选择"新建主题颜色"选项。

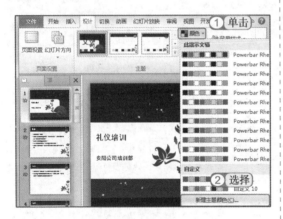

STEP 02 设置主题颜色

① 打开"新建主题颜色"对话框，单击"文字/背景-浅色1"按钮□▾，在弹出的下拉列表中选择"白色，文字1，深色15%"选项。

② 单击 保存(S) 按钮。

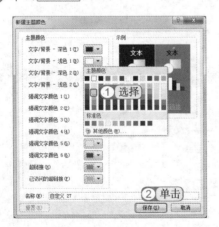

STEP 03 选择"新建主题字体"选项

① 选择【设计】/【主题】组，单击 文字体▾按钮。

② 在弹出的下拉列表中选择"新建主题字体"选项。

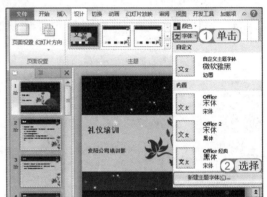

STEP 04 设置主题字体

① 打开"新建主题字体"对话框，在"中文"栏的"标题字体（中文）"下拉列表框中选择"方正粗倩简体"选项，在"正文字体（中文）"下拉列表框中选择"微软雅黑"选项。

② 单击 保存(S) 按钮。

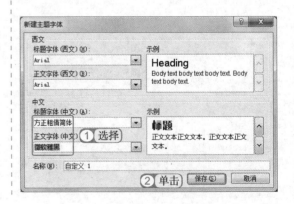

3.3.4　设置图片项目符号

　　由于演示文稿的项目符号均为默认格式，用户也可根据自己的需求对其进行更改，还可将图片设置为项目符号。其具体操作如下：

STEP 01 选择所需选项

① 选择第 2 张幻灯片的标题占位符，选择【开始】/【段落】组，单击"项目符号"按钮 ≡ 右侧的 · 按钮。

② 在弹出的下拉列表中选择"项目符号和编号"选项。

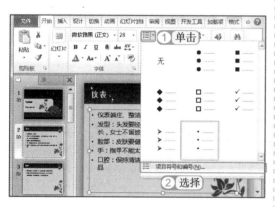

STEP 02 打开"图片项目符号"对话框

① 打开"项目符号和编号"对话框，选择"项目符号"选项卡，单击 图片(P)... 按钮，打开"图片项目符号"对话框。

② 单击 导入(I)... 按钮。

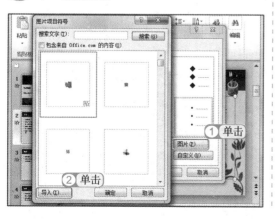

STEP 03 添加图片

① 打开"将剪辑添加到管理器"对话框，在其中选择"礼仪 .jpg"选项。

② 单击 添加(A) · 按钮。

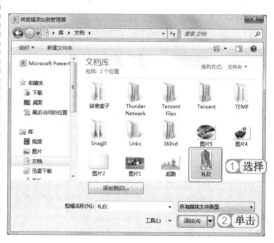

STEP 04 选择图片项目符号

① 返回"图片项目符号"对话框，在列表框中选择"礼仪 .jpg"图片选项。

② 单击 确定 按钮。

STEP 05 设置项目符号格式

① 保持选择状态不变，打开"项目符号和编号"对话框，在"大小"数值框中输入"140"。

② 单击 确定 按钮。

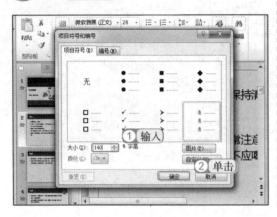

STEP 06 查看效果

设置完成后，即可查看到应用图片的项目符号效果，如下图所示。

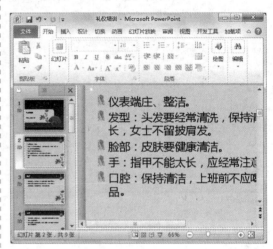

3.3.5 添加并编辑视频文件

在制作培训类演示文稿时，灵活地运用影音文件，可以让演示文稿内容更丰富，让观众更容易理解和接受。下面介绍在幻灯片中添加和编辑视频文件的方法，其具体操作如下：

STEP 01 选择视频文件

① 选择第8张幻灯片，选择【插入】/【媒体】组，单击"视频"按钮，打开"插入视频文件"对话框，在其中选择"礼仪.avi"选项。

② 单击 插入(S) 按钮。

STEP 02 查看效果

完成操作后，稍等片刻，即可查看到视频文件插入到幻灯片中的效果。

STEP 03 ▶ 播放视频

选择插入的视频文件，此时视频文件下方将出现播放控制条，单击▶按钮，即可开始播放视频文件。

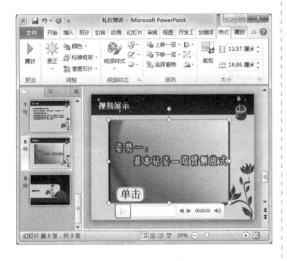

STEP 04 ▶ 调节音量

将鼠标光标移到播放控制条的 ◀》 按钮上，上下拖动滑块即可调整音量。

STEP 05 ▶ 添加视频书签

在视频播放到 00:34:17 时，选择【播放】/【书签】组，单击"添加书签"按钮 ，在此处添加一个视频书签。

STEP 06 ▶ 查看标签效果

此时，单击第一个视频书签，即可直接从 00:34.17 处开始播放视频。

技巧秒杀——播放控制

播放影片时，▶按钮将变为 ❚❚ 按钮，单击该按钮可暂停播放。此外，单击音频控制条上的 ▶ 或 ◀ 按钮，可将视频进度向后或向前移动 0.25 秒。

STEP 07 设置视频样式

选择视频文件，选择【格式】/【视频样式】组，单击 按钮，在弹出的下拉列表中选择"矩形投影"选项。

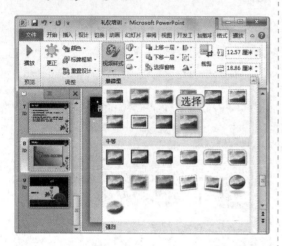

STEP 08 设置标牌框架

① 选择【格式】/【调整】组，单击"标牌框架"按钮 。

② 在弹出的下拉列表中选择"文件中的图像"选项。

STEP 09 选择图片

① 打开"插入图片"对话框，选择所需图片"握手.jpg"。

② 单击 插入(S) 按钮。

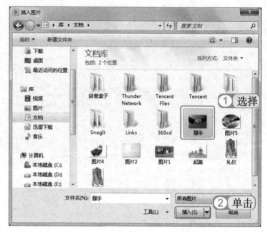

STEP 10 查看标牌框架效果

即可将该图片插入幻灯片中用作视频的封面，效果如下图所示。

技巧秒杀——链接影片

插入影片时，单击 插入(S) 右侧的 按钮，在弹出的下拉列表中选择"链接到文件"选项，可将影片直接链接到幻灯片中。需要注意的是，链接的文件不可随意移动位置，否则无法播放。

STEP 11 设置视频播放属性

① 选择【播放】/【视频选项】组，在"开始"下拉列表框中选择"单击时"选项。

② 选中 ☑ 全屏播放 和 ☑ 未播放时隐藏 复选框。

STEP 12 设置淡入、淡出播放效果

选择【播放】/【编辑】组，在"淡入"和"淡出"数值框中分别输入"1"。

3.3.6 添加动画并放映幻灯片

完成幻灯片的制作后，还需为幻灯片添加动画效果，并对幻灯片进行放映测试，测试无误后，即完成幻灯片的制作。下面将讲解添加动画和放映幻灯片的方法，其具体操作如下：

STEP 01 添加进入动画

① 选择第1张幻灯片，选择标题占位符，选择【动画】/【动画】组，单击"动画样式"按钮★。

② 在弹出的下拉列表中选择"进入"栏中的"随机线条"选项。

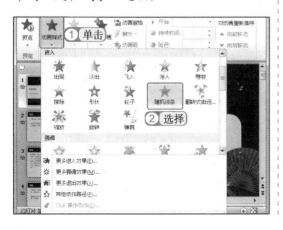

STEP 02 设置动画效果选项

① 保持选择状态不变，选择【动画】/【动画】组，单击"效果选项"按钮★。

② 在弹出的下拉列表中选择"垂直"选项。

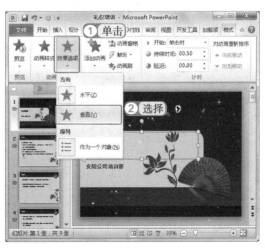

STEP 03 设置动画播放方式

① 选择标题文本框，选择【动画】/【计时】组，在"开始"下拉列表框中选择"上一动画之后"选项。

② 在"持续时间"数值框中输入"1"。依照该方法，依次为每个幻灯片对象添加动画效果，并设置动画播放方式。

STEP 04 应用幻灯片切换效果

① 选择第 1 张幻灯片，选择【切换】/【切换到此幻灯片】组，单击"切换方案"按钮 。

② 在弹出的下拉列表中选择"华丽型"栏中的"库"选项。

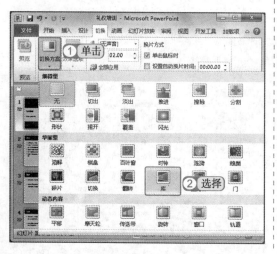

STEP 05 设置幻灯片切换效果

① 选择【切换】/【切换到此幻灯片】组，单击"效果选项"按钮 。

② 在弹出的下拉列表中选择"自左侧"选项。依照该方法，依次为每张幻灯片添加切换效果。

STEP 06 放映幻灯片

选择【幻灯片放映】/【开始放映幻灯片】组，单击"从头开始"按钮 ，进入幻灯片放映状态。

STEP 07 ▶ 查看放映效果

单击，切换并查看动画效果，效果如下图所示。

STEP 08 ▶ 结束放映

继续单击查看其他放映效果，完成放映测试后，在幻灯片放映界面单击鼠标右键，在弹出的快捷菜单中选择"结束放映"命令，退出放映状态。

技巧秒杀——进入和退出放映

在幻灯片编辑状态下，按"F5"键，可快速进入幻灯片放映状态，并默认从第一张幻灯片开始放映，在放映幻灯片时，除了可通过单击鼠标右键，在弹出的快捷菜单中选择"退出"命令退出幻灯片放映状态外，还可直接按"Esc"键退出幻灯片放映状态。

3.3.7　关键知识点解析

1. 编辑幻灯片主题

在 PowerPoint 2010 中，不同主题之间的配色方案和字体方案均可以共用，若是当前模板中的主题方案不符合需要，即可对其进行更改。此外，用户还可将更改后的主题方案保存在 PowerPoint 中，以供下次使用。下面将对应用和编辑主题颜色方案、应用和编辑主题字体方案的方法进行详细介绍。

⮕ 编辑并保存主题颜色方案：选择【设计】/【主题】组，单击"颜色"按钮█，在弹出的下拉列表中选择所需选项，可直接应用 PowerPoint 2010 自带颜色方案；选择"新建主题颜色"选项，在打开的"新建主题颜色"对话框中对主题颜色进行自定义设置，设置完成后，在"名称"文本框中输入新建的配色方案的名称，完成后单击 保存(S) 按钮，即可新建并保存幻灯片颜色方案。再次单击"颜色"按钮█，在弹出的下拉列表中即可查看到新建的颜色方案。

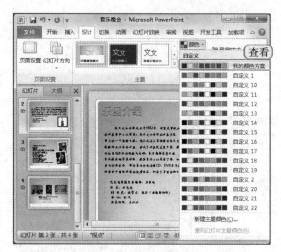

⊃ **编辑并保存主题字体方案**：选择【设计】/【主题】组，单击图字体▾按钮，在弹出的下拉列表中选择所需选项，可直接应用 PowerPoint 2010 自带字体方案；选择"新建主题字体"选项，在打开的"新建主题字体"对话框中可对正文和内容的字体格式进行设置，设置完成后，在"名称"文本框中输入新建的字体方案的名称，完成后单击 保存(S) 按钮，即可新建并保存幻灯片字体方案。再次单击图字体▾按钮，在弹出的下拉列表中即可查看到新建的字体方案。

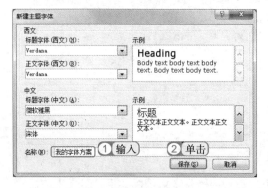

2. 将图片用作项目符号

相较于 PowerPoint 2010 自带的项目符号格式，将任意图片用作项目符号显得更加灵活方便。如在制作宣传类演示文稿时，将自己公司的商标图片添加到项目符号中，可以起到更好的宣传作用。

将图片用作项目符号的方法是：打开"项目符号和编号"对话框，选择"项目符号"选项卡，单击 图片(P)… 按钮，打开"图片项目符号"对话框，单击 导入(I)… 按钮，打开"将剪辑添加到管理器"对话框，在其中选择所需的图片选项，然后单击 添加(A) ▾按钮。返回"图片项目符号"对话框，在列表框中选择导入的图片选项，再单击 确定 按钮即可。

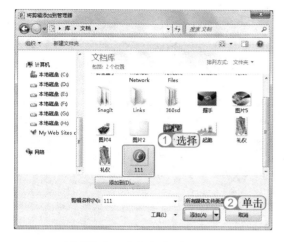

3. 设置动画播放方式

在 PowerPoint 2010 中，主要有 3 种动画开始方式，分别是"单击时"、"与上一动画同时"和"上一动画之后"。为了让动画效果更自然流畅，在设置动画效果时，需灵活使用这 3 种开始方式。3 种动画开始方式的应用方法是：在【动画】/【计时】组的"开始"下拉列表框中选择所需选项。为了加深了解，下面分别对这 3 种动画开始方式的作用和效果进行介绍。

- ⊃ 单击时：是指单击鼠标时放映动画，是 PowerPoint 默认的动画开始方式，一般适用于课堂、演讲等需要演示者对某内容进行详细讲解的场合。
- ⊃ 与上一动画同时：表示两个或两个以上动画同时放映，当需制作整齐、宏大、积极等组合动画时，则可使用该开始方式。
- ⊃ 上一动画之后：表示依次按顺序播放动画。在选择了"上一动画之后"选项后，为了适应动画效果，一般还需要用户根据需要对动画持续时间和延迟时间进行控制。

> **技巧秒杀——预览动画效果**
>
> 在添加了动画效果后，若是想预览动画效果，可选择【动画】/【预览】组，单击"预览"按钮★进行预览。也可单击"幻灯片"窗格中当前幻灯片前的☆图标。

‖3.4 高手过招

1. 显示和隐藏幻灯片

在制作好演示文稿进行放映时，如果有部分幻灯片是当前不需要放映出来的，可将暂时不需要的幻灯片隐藏起来。隐藏幻灯片的方法是：在"幻灯片/大纲"窗格中选择需隐藏的幻灯片，在其上单击鼠标右键，在弹出的快捷菜单中选择"隐藏幻灯片"命令，即可隐藏该幻灯片，隐藏后幻灯片缩略图前将出现▨图标。

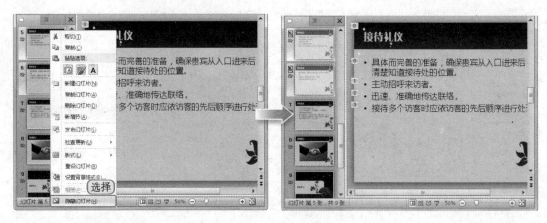

2. 使用格式刷复制格式

在编辑演示文稿的过程中，经常需要为不同的文本重复设置相同的文本格式，依次设置文本格式的步骤较繁琐，其实大可不必依次设置，用户可以通过格式刷的复制功能，快速将一段文本的格式应用到另一段文本中，不仅可以提高速度，而且还避免了格式漏设或误设的情况。

使用格式刷复制格式的方法是：选择已设置好文本格式的文本，选择【开始】/【剪贴板】组，单击 格式刷按钮，此时，鼠标光标即变为 形状，将光标移动到需复制格式的文本处，按住鼠标左键不放进行拖动，拖动至合适位置后松开鼠标即可应用复制的文本格式。

技巧秒杀——格式刷的使用

在应用格式刷效果时，在需要复制文本格式的文本内容中单击两次鼠标左键，可为单击处的一个词语复制格式，单击 3 次鼠标左键，可为整行文本内容复制格式。此外，若是单击两次 格式刷按钮，则可进行重复复制操作，再次单击该按钮可退出重复复制状态。

3. 自动保存演示文稿

在制作演示文稿的过程中，若是电脑忽然断电或死机，很可能会让当前正在编辑的演示文稿内容出现缺失和损坏，为了减少不必要的损失，可将演示文稿设置为定时自动保存。

设置定时自动保存演示文稿的方法是：在打开的 PowerPoint 2010 界面中选择【文件】/【选项】命令，打开"PowerPoint 选项"对话框，选择"保存"选项，在"保存演示文稿"栏中选中 ☑ 保存自动恢复信息时间间隔(A) 和 ☑ 如果我没保存就关闭，请保留上次自动保留的版本 复选框，在其后的数值框中输入自动保存的时间，并单击 确定 按钮即可。

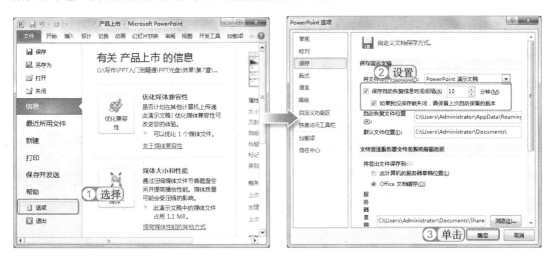

关键提示——自动保存演示文稿的注意事项

自动保存演示是指 PowerPoint 2010 根据用户设定的时间，定时对演示文稿进行保存，需要注意的是，自动保存演示文稿的时间不宜设置得过于频繁，否则 PowerPoint 2010 在频繁地对演示文稿进行自动保存时，会不停占用电脑内存，影响电脑处理速度，甚至可能出现死机的情况。

4. 裁剪视频

大部分用户在为幻灯片插入视频时，都会先使用专业视频编辑软件对视频进行编辑之后，再执行插入操作。其实，若需在幻灯片中插入某视频中的一段视频，无须使用专业视频编辑软件，直接通过 PowerPoint 2010 的视频剪裁功能即可办到。

剪裁视频的方法是：选择视频文件，选择【播放】/【编辑】组，单击"剪裁视频"按钮，打开"剪裁视频"对话框。单击 ▶ 按钮播放视频，然后拖动绿色标签和红色标签确定需保存的视频片段，最后单击 确定 按钮，即可截取两个标签之中的视频文件并保存下来。为了确保剪辑正确，在剪辑完成后，可返回幻灯片编辑区对视频进行预览。

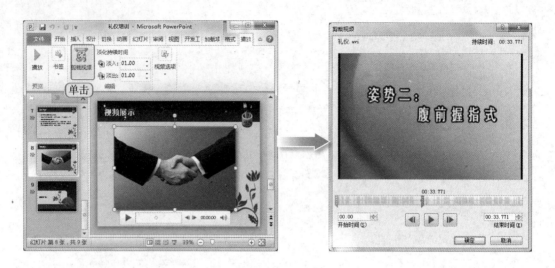

技巧秒杀——通过输入数值裁剪视频

在"剪裁视频"对话框的"开始时间"和"结束时间"数值框中输入保留的视频时间，然后单击 确定 按钮，也可对视频进行裁剪。

除了员工入职培训类演示文稿外，员工职业技能培训类演示文稿也是经常用到的演示文稿之一。本章将结合设置背景、插入艺术字、插入示意图、编辑母版等知识，对制作技能培训类演示文稿的方法进行详细介绍。

Chapter 第4章

员工职业技能培训

4.1 接待人员用语技巧

本例将制作接待人员用语技巧演示文稿,该演示文稿主要用于对员工的接待用语进行培训。通过该演示文稿,可以让员工的接待技能得到提升,是公司培训者经常使用的一种培训手段,其最终效果如下图所示。

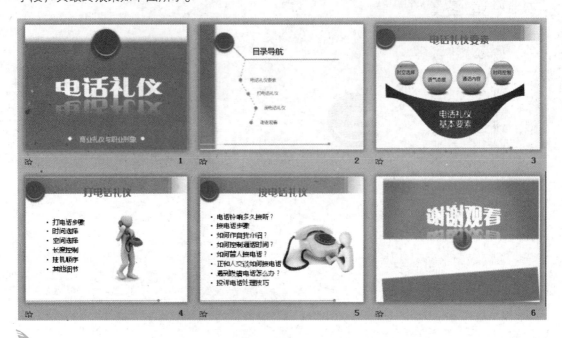

光盘\素材\第4章\接待人员用语技巧图片素材
光盘\效果\第4章\接待人员用语技巧.pptx
光盘\实例演示\第4章\接待人员用语技巧

◎ 案例背景 ◎

接待人员用语技巧培训演示文稿,是专门针对服务行业从业人员而开展的一种技能培训。

所谓技能培训,是指为了增强市场就业竞争力而衍生出的一种具有技能针对性的培训模式。人们通过技能考核,可以得到国家认可的技能证书。技能培训和学历教育不一样,学历教育侧重综合素质的提高,而技能培训学时较短,更注重某项具体技能的突破。

一般来说,技能培训的内容比较广泛,主要包括对员工的动手能力、智力锻炼等进行培训。此外,熟练灵活地使用工具、按要求做好本职工作、处理和解决实际问题的技巧与能力，也属于技能培训的一种。

接待技能作为专业技能的一种，要求接待人员所掌握的技能也并非单一的一类，如接待用语、个人礼仪、应急处理技巧等都属于接待人员的培训范畴。本例主要是对电话接待礼仪进行培训。

本例将灵活运用幻灯片中各对象，结合艺术字、设置背景等知识，详细讲解制作接待用语技巧培训演示文稿的方法，制作完成后，再对幻灯片进行放映测试、通过本例，读者可举一反三，轻松制作出同类演示文稿。

◎ 关键知识点 ◎

要完成本例的制作，需要掌握几个关键知识点。这几个关键知识点的内容以及其难易程度如下。

⊃ 艺术字的应用（★★★）　　　　⊃ "艺术字样式" 功能组（★★★）
⊃ 设置幻灯片背景样式（★★★）

4.1.1　新建演示文稿并设置背景

为了为后面的操作做好准备，下面首先新建一个空白演示文稿，并对其进行保存，然后对其背景图片进行设置，其具体操作如下：

STEP 01 新建演示文稿和幻灯片

① 启动 PowerPoint 2010，新建一个空白演示文稿。选择【开始】/【幻灯片】组，单击 "新建幻灯片" 按钮下方的▾按钮。

② 在弹出的下拉列表中选择 "标题和内容" 选项。

关键提示——选择其他版式

根据自己所需制作的幻灯片的具体要求，用户也可选择其他版式，如节标题、两栏内容等。

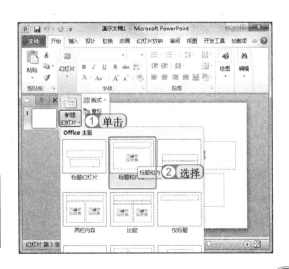

STEP 02 保存演示文稿

① 选择【文件】/【另存为】命令，打开"另存为"对话框。在左侧导航窗格中选择文档保存的位置，在"文件名"文本框中输入"接待人员用语技巧"文本。

② 单击 保存(S) 按钮。

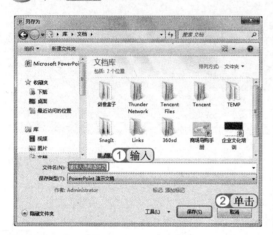

STEP 03 查看效果

返回 PowerPoint 2010 工作界面，即可查看标题栏中的文档名称已经变为"接待人员用语技巧"。

STEP 04 选择"设置背景格式"选项

① 选择第 1 张幻灯片，选择【设计】/【背景】组，单击 背景样式 按钮。

② 在弹出的下拉列表中选择"设置背景格式"选项。

STEP 05 设置填充选项

① 打开"设置背景格式"对话框，选中 ⊙ 图片或纹理填充(P)单选按钮。

② 单击 文件(F)... 按钮。

STEP 06 ▶ 选择图片

① 打开"插入图片"对话框，在其中选择"内容页 .png"选项。

② 单击 插入(S) ▼ 按钮。

STEP 07 ▶ 全部应用为背景

① 返回"设置背景格式"对话框，单击 全部应用(L) 按钮，将该图片背景应用到每一张幻灯片中。

② 单击 ✕ 按钮，关闭对话框。

STEP 08 ▶ 查看应用背景后效果

返回 PowerPoint 2010 工作界面中，即可查看为幻灯片应用背景后的效果。

STEP 09 ▶ 设置标题页幻灯片的背景

① 选择第 1 张幻灯片，打开"设置背景格式"对话框，选中 ⦿ 图片或纹理填充(P) 单选按钮，单击 文件(F)... 按钮，打开"插入图片"对话框，在其中选择"主题页 .png"选项。

② 单击 插入(S) ▼ 按钮。

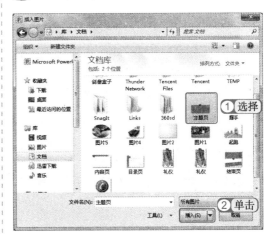

STEP 10 查看效果

返回"设置背景格式"对话框，单击 关闭 按钮，关闭对话框，查看标题页幻灯片的背景效果。

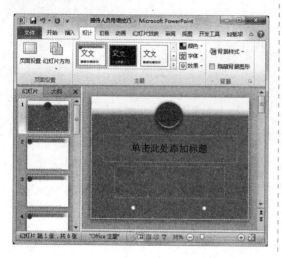

STEP 11 为其他幻灯片设置背景效果

分别选择第2、6张幻灯片，并将"目录页.png"和"结束页.png"图片用作其背景，效果如下图所示。

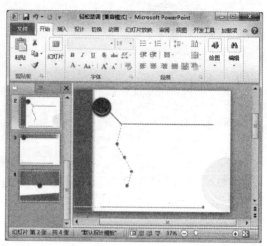

4.1.2 输入并编辑艺术字

完成对幻灯片背景的设置后，接下来即可在每一张幻灯片中添加文本内容，还可根据需要为文本应用艺术字效果，其具体操作如下：

STEP 01 输入文本

选择第1张幻灯片，将鼠标光标分别定位于标题占位符和副标题占位符中，切换到常用输入法，分别输入"电话礼仪"和"商业礼仪和职业形象"文本。

STEP 02 设置文本格式

选择标题占位符，选择【开始】/【字体】组，在"字体"下拉列表框中选择"方正粗倩简体"选项。

STEP 03 ▶ 应用艺术字样式

① 选择标题占位符，选择【格式】/【艺术字样式】组，单击"快速样式"按钮。

② 在弹出的下拉列表中选择"填充-白色，投影"选项。

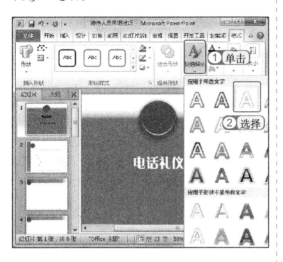

STEP 04 ▶ 为艺术字应用映像效果

① 选择标题占位符，选择【格式】/【艺术字样式】组，单击 文本效果 按钮。

② 在弹出的下拉列表中选择"映像"栏中的"全映像，8pt偏移量"选项。

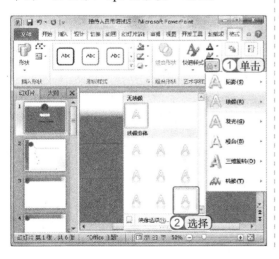

STEP 05 ▶ 为艺术字应用转换效果

① 选择【格式】/【艺术字样式】组，单击 文本效果 按钮。

② 在弹出的下拉列表中选择"转换"栏中的"腰鼓"选项。

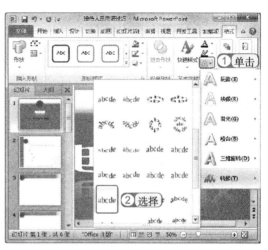

STEP 06 ▶ 调整艺术字的大小

选择艺术字，将鼠标光标移动到艺术字边框四角的圆形控制点上，按住鼠标左键不放进行拖动，调整艺术字至合适大小。

STEP 07 ▶ 设置副标题的文本格式

① 选择副标题文本，选择【开始】/【字体】组，在"字体"下拉列表框中选择"微软雅黑"选项。

② 在"字号"下拉列表框中选择"28"选项。

③ 单击"字体颜色"按钮 **A** 右侧的 ▾ 按钮，在弹出的下拉列表中选择"白色，背景1，深色15%"选项。

STEP 08 ▶ 调整副标题占位符的位置

选择副标题占位符，将鼠标光标移动到占位符边框线上，按住鼠标左键进行拖动，调整占位符的位置。

STEP 09 ▶ 选择"横排文本框"选项

① 选择第2张幻灯片，选择【插入】/【文本】组，单击"文本框"按钮 **A**。

② 在弹出的下拉列表中选择"横排文本框"选项。

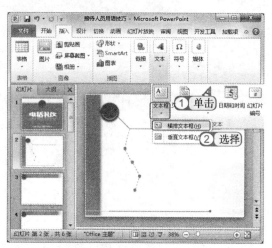

STEP 10 ▶ 绘制文本框

此时鼠标光标变为 ← 形状，按住鼠标左键不放绘制一个横排文本框。

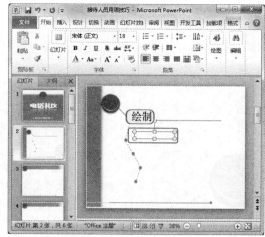

STEP 11 在文本框中输入文本

将鼠标光标定位于文本框中，切换到常用输入法，在其中输入"目录导航"文本。

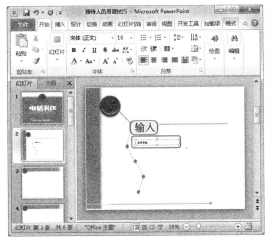

STEP 12 设置文本框格式

① 选择文本框，选择【开始】/【字体】组，在"字体"下拉列表框中选择"微软雅黑"选项。

② 在"字号"下拉列表框中选择"36"选项。

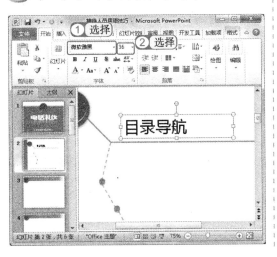

STEP 13 复制文本框

① 选择文本框，按"Ctrl+C"快捷键进行复制，然后再按4次"Ctrl+V"快捷键进行粘贴。

② 按住"Ctrl"键的同时选择4个文本框，将其字号设置为"18"，并调整其位置。

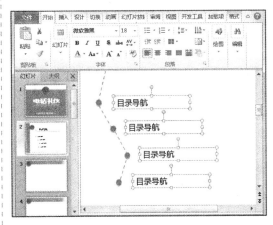

STEP 14 输入其他文本

分别在所复制的文本框中输入"电话礼仪要素"、"打电话礼仪"、"接电话礼仪"和"谢谢观看"文本。

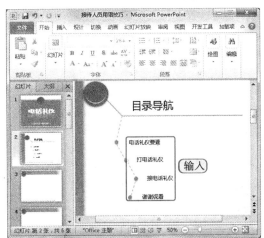

技巧秒杀——通过快捷键复制文本框

通过快捷键复制文本框的方法很简单，选择文本框，在按住"Ctrl"键的同时，拖动文本框到所需位置，即可快速复制一个文本框。该方法适用于复制大多数幻灯片对象。

STEP 15 ▶ 设置内容幻灯片文本格式

分别选择第 3 ~ 5 张幻灯片，在其中输入所需文本内容，并将标题占位符的文本格式设置为"方正粗倩简体"、"54"、"白色，背景1，深色50%"。将内容占位符的格式设置为"微软雅黑"、"28"。

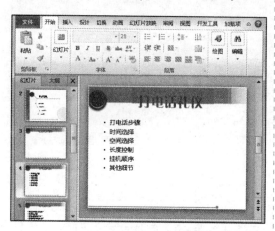

STEP 16 ▶ 设置结束页幻灯片文本格式

选择第 6 张幻灯片，在其中绘制文本框，并输入"谢谢观看"文本，然后将其格式设置为与标题页幻灯片一样。

4.1.3　插入和编辑图片

为了让幻灯片内容更充实美观，可在幻灯片中添加图片。下面将讲解在幻灯片中添加图片的方法，其具体操作如下：

STEP 01 ▶ 单击"图片"按钮

选择第 3 张幻灯片，选择【插入】/【图像】组，单击"图片"按钮 。

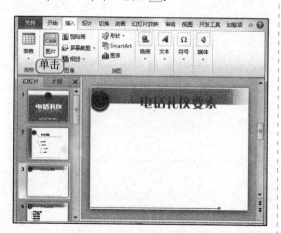

STEP 02 ▶ 插入图片

① 打开"插入图片"对话框，在其中选择"图片3"选项。

② 单击 插入(S) 按钮。

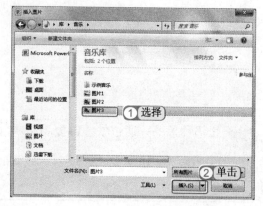

STEP 03 调整图片的位置

将鼠标光标移动到图片上，当其变为 形状时，按住鼠标左键不放进行拖动，移动图片的位置。

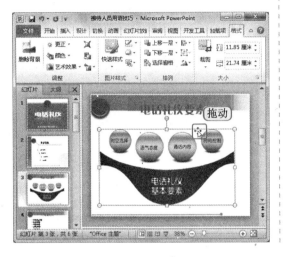

STEP 04 插入和调整其他图片

选择第4、5张幻灯片，在其中插入"图片1"和"图片2"。将鼠标光标移动到图片边缘处，当其变为 、 形状时，按住鼠标左键不放进行拖动，调整图片的大小。

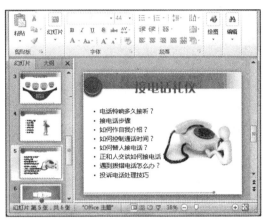

4.1.4 添加动画并放映

用于放映的演示文稿，均需添加动画效果。下面将具体讲解为幻灯片各对象添加动画效果，并放映幻灯片的方法，其具体操作如下：

STEP 01 为占位符添加动画

① 选择第1张幻灯片中的两个占位符，选择【动画】/【动画】组，单击"动画样式"按钮★。

② 在弹出的下拉列表中选择"进入"栏中的"缩放"选项。

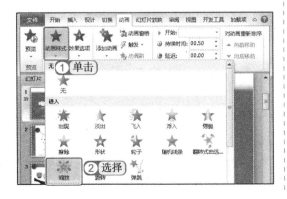

STEP 02 设置动画播放方式

① 选择副标题占位符，选择【动画】/【计时】组，在"开始"下拉列表框中选择"上一动画之后"选项。

② 在"延迟"数值框中输入"2"。

STEP 03 应用幻灯片切换效果

① 选择第1张幻灯片，选择【切换】/【切换到此幻灯片】组，单击"切换方案"按钮 。

② 在弹出的下拉列表中选择"华丽型"栏中的"切换"选项。

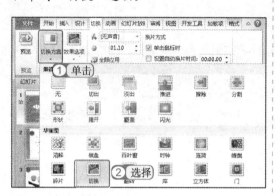

STEP 04 放映幻灯片

根据该方法依次为每张幻灯片设置动画和切花效果，然后选择【幻灯片放映】/【开始放映幻灯片】组，单击"从头开始"按钮 ，进入幻灯片放映状态。

STEP 05 放映控制

单击或按小键盘区的方向键，切换并查看动画效果。

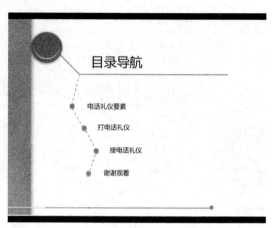

STEP 06 结束放映

继续单击查看其他放映效果。完成放映测试后，在幻灯片放映界面单击鼠标右键，在弹出的快捷菜单中选择"结束放映"命令，退出放映状态。

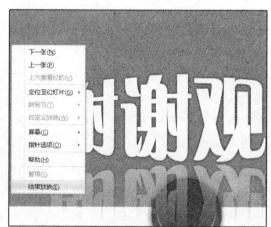

关键提示——设置动画开始方法

在设置动画效果时，若将标题占位符的动画开始方式设置为"上一动画之后"，则幻灯片切换动画播放完之后，将继续播放标题占位符的动画，而不需再次单击。

4.1.5　关键知识点解析

1.　艺术字的应用

艺术字是一种图片文字，主要通过对文本效果进行设置，使其呈现艺术化效果。在制作幻灯片时，为了使幻灯片及文本效果更加美观，可以根据需要添加艺术字。在 PowerPoint 2010 中，主要可通过两种方法添加艺术字，下面分别进行介绍。

⊃直接插入艺术字：选择【插入】/【文本】组，单击"艺术字"按钮，在弹出的下拉列表中选择所需的艺术字样式。此时，在幻灯片中将出现一个占位符，并显示"请在此放置您的文字"字样，将鼠标光标定位于该占位符中，输入所需的文字即可。

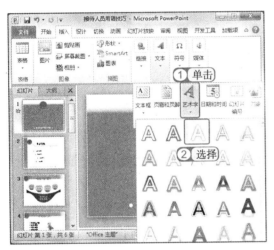 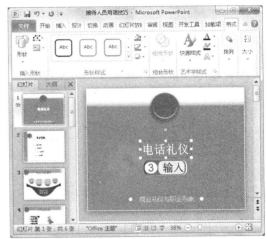

⊃为文本设置艺术字效果：在占位符中输入文本内容，选择该占位符，选择【格式】/【艺术字样式】组，在列表框中选择所需的艺术字选项，即可为所选占位符中的文本内容应用艺术字效果。

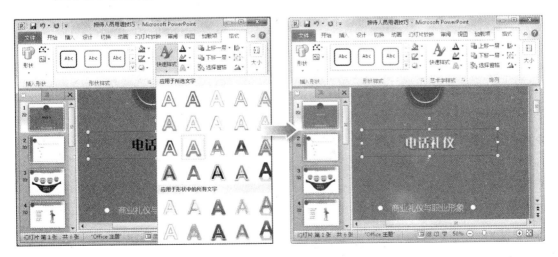

2. "艺术字样式"功能组

在为幻灯片添加了艺术字后，若需再对艺术字进行编辑美化，即可通过"艺术字样式"功能组进行。在"艺术字样式"功能组中用于美化艺术字的按钮主要有3个，分别是 文本填充 按钮、 文本轮廓 按钮和 文本效果 按钮。下面分别对这3个按钮的作用进行介绍。

- 文本填充 按钮：该按钮主要用于设置艺术字的颜色。单击 文本填充 按钮，在弹出的下拉列表中即可选择所需的颜色选项。

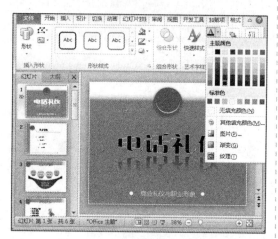

- 文本轮廓 按钮：该按钮主要用于设置艺术字的轮廓颜色。单击 文本轮廓 按钮，在弹出的下拉列表中即可选择所需的颜色选项。除此之外，还可在"粗细"和"虚线"子列表中设置轮廓的线型类型和粗细。

- 文本效果 按钮：该按钮主要用于设置艺术字的效果。单击 文本效果 按钮，在弹出的下拉列表中分别有阴影、映像、发光、棱台、三维旋转、转换等选项，各选项下的子列表中均包含若干效果各异的子选项，选择所需选项即可为艺术字应用所选效果。

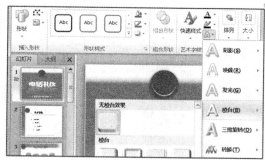

技巧秒杀——更多颜色选项

单击 文本填充 和 文本轮廓 按钮后，在弹出的下拉列表中选择"其他填充颜色"或"其他轮廓颜色"选项，在打开的对话框中有更多颜色可供用户选择。

关键提示——预览文本效果

在为文本设置艺术效果时，将鼠标光标移动到相应选项上，稍等片刻，在幻灯片编辑区中，将自动预览应用当前选项后的文本效果。

3. 设置幻灯片背景样式

一个精美的演示文稿不可缺少背景图片的修饰。背景是整个演示文稿的颜色主调，它能直观地体现出演示文稿的整体风格。要想快速统一整个演示文稿的背景风格，就需对背景进行设置。在本例中，即采用了设置图片背景的方式，对幻灯片进行美化。在 PowerPoint 2010 中，可通过两种方法来设置背景样式：一种是直接在幻灯片中插入图片，然后在图片上绘制文本框并输入文本内容；另一种方法则是通过"设置背景格式"对话框。

打开"设置背景格式"对话框的方法有两种：一种是选择【设计】/【背景】组，单击 背景样式 ▾ 按钮，在弹出的下拉列表中选择"设置背景格式"选项；另一种是在幻灯片编辑区单击鼠标右键，在弹出的快捷菜单中选择"设置背景格式"命令，然后在打开的对话框中选择图片即可。具体操作方法在本例中已进行了讲解，这里不再赘述了。

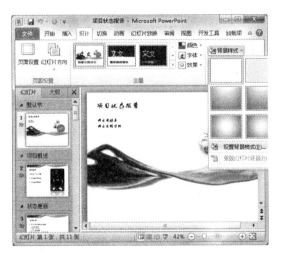 

技巧秒杀——重置背景

为幻灯片设置了背景样式后，若需取消该操作，可重置幻灯片背景。其方法是：在幻灯片编辑区单击鼠标右键，在弹出的快捷菜单中选择"设置背景格式"命令，在打开的对话框中单击 重置背景(B) 按钮即可。

‖4.2 商业谈判技巧

本例将制作商业谈判技巧演示文稿，通过 PowerPoint 编辑母版的功能，对幻灯片整体样式进行编辑美化，并在幻灯片母版中添加和编辑动作按钮，以方便演示者对放映过程进行控制，最后为幻灯片添加图文对象和动画效果，其最终效果如下图所示。

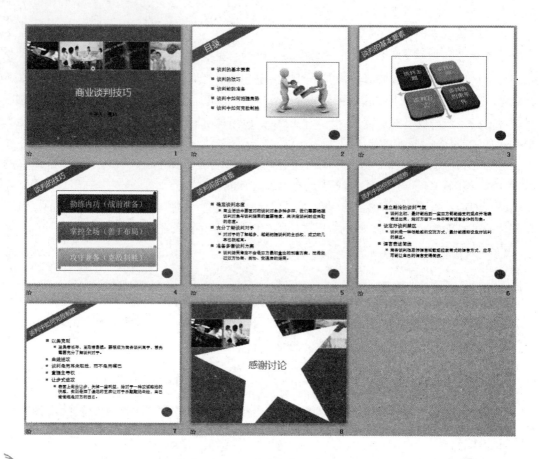

光盘\素材\第4章\商业谈判技巧图片素材
光盘\效果\第4章\商业谈判技巧.pptx
光盘\实例演示\第4章\商业谈判技巧

◎案例背景◎

　　商务谈判是买卖双方为了促成交易或解决争端，并取得各自的经济利益，而使用的一种方法和手段，具有以获取利益为目的、以价值谈判为核心、注重合同的准确性和严密性等特点。在社会主义市场经济条件下，商务谈判活动均需遵循双赢、平等、合法、时效性和最低目标等原则。

　　对于企业来说，优秀的商业谈判技巧能帮助企业增加利润，主要体现在增加营业额、扩展市场、获取商业信息和降低成本等方面。所以，参与商业谈判的人需对谈判技巧有一定的了解和掌握。

本例制作的商业谈判演示文稿即是对谈判技巧进行培训的一类演示文稿。为了统一幻灯片的风格，更好地展示幻灯片的逻辑和条理，用户可通过母版对幻灯片样式进行统一设置。此外，为了让演示者在演讲过程中能更流畅地对幻灯片的放映过程进行控制，还可以在幻灯片中添加和编辑动作按钮。

本例将主要使用编辑母版、编辑动作按钮等知识制作商业谈判演示文稿，最后再为幻灯片添加动画并进行放映。

◎关键知识点◎

要完成本例的制作，需要掌握几个关键知识点。这几个关键知识点的内容以及其难易程度如下。

⇨认识母版（★★★）   ⇨动作按钮（★★★）

4.2.1 新建并保存演示文稿

下面将新建一个空白演示文稿，并将其保存为"商业谈判技巧"，其具体操作如下：

STEP 01 ▶ 新建演示文稿和幻灯片

① 启动 PowerPoint 2010，新建一个空白演示文稿。选择【开始】/【幻灯片】组，单击"新建幻灯片"按钮 下方的 ▾ 按钮。

② 在弹出的下拉列表中选择 7 次"标题和内容"选项。

技巧秒杀——快速创建幻灯片

直接单击"新建幻灯片"按钮 ，将默认创建一张"标题和内容"幻灯片。

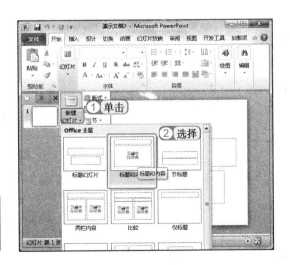

STEP 02 保存演示文稿

① 选择【文件】/【另存为】命令,打开"另存为"对话框。在左侧导航窗格中选择文档保存的位置,在"文件名"文本框中输入"商业谈判技巧"文本。

② 单击 保存(S) 按钮。

STEP 03 应用幻灯片版式

① 选择最后一张幻灯片,选择【开始】/【幻灯片】组,单击 版式 按钮。

② 在弹出的下拉列表中选择"标题幻灯片"选项。

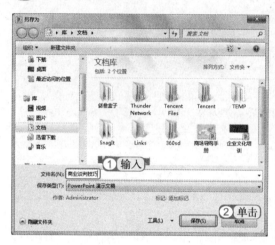

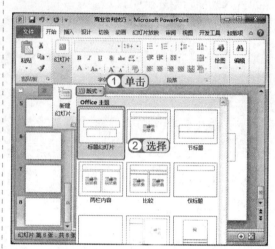

4.2.2 编辑幻灯片母版

若需对母版进行编辑,首先需进入母版。下面将具体讲解进入母版、在母版中设置占位符格式、绘制动作按钮和编辑动画按钮等知识,其具体操作如下:

STEP 01 进入幻灯片母版模式

选择【视图】/【母版视图】组,单击"幻灯片母版"按钮 ,即可进入相应的母版。

STEP 02 设置标题占位符文本格式

① 选择第 1 张幻灯片的标题占位符,选择【开始】/【字体】组,将其字体和字号分别设置为"微软雅黑"、"44"。

② 将其字体颜色设置为"白色"。

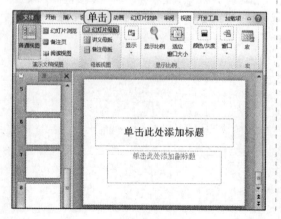

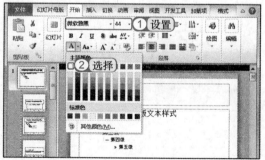

STEP 03 ▶ 设置一级项目符号文本格式

① 按住鼠标左键不放，拖动鼠标选择内容占位符中的第一行文本，选择【开始】/【字体】组，在"字体"下拉列表框中选择"华文细黑"选项。

② 在"字号"下拉列表框中输入"22"。

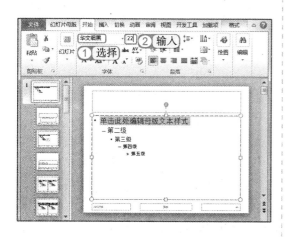

STEP 04 ▶ 设置二级项目符号文本格式

① 按住鼠标左键不放，拖动鼠标选择内容占位符中的第二行文本，选择【开始】/【字体】组，在"字体"下拉列表框中选择"华文细黑"选项。

② 在"字号"下拉列表框中输入"20"。

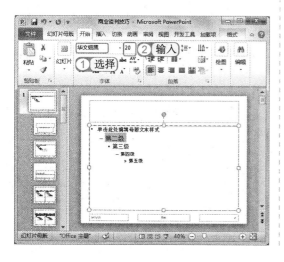

STEP 05 ▶ 设置项目符号格式

① 拖动鼠标选择内容占位符中的第一、二行文本，选择【开始】/【段落】组，单击"项目符号"按钮 ▤ 右侧的 ▾ 按钮。

② 在弹出的下拉列表中选择"实心正方形"选项。

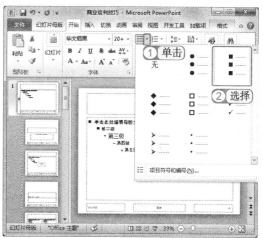

STEP 06 ▶ 选择所需选项

① 拖动鼠标选择内容占位符中的第一、二行文本，选择【开始】/【段落】组，单击"项目符号"按钮 ▤ 右侧的 ▾ 按钮。

② 在弹出的下拉列表中选择"项目符号和编号"选项。

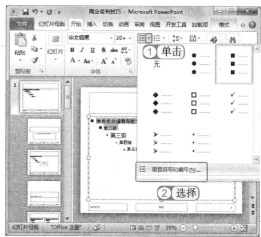

STEP 07 ▶ 设置项目符号颜色

① 打开"项目符号和编号"对话框，单击"颜色"按钮 🖉 ▾。

② 在弹出的下拉列表中选择"蓝色"选项。

③ 单击 确定 按钮。

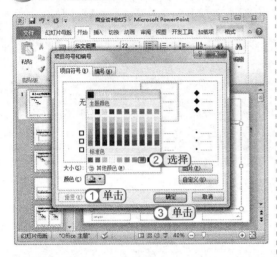

STEP 08 ▶ 设置项目符号大小

① 将鼠标光标定位到内容占位符中的第二行文本中，打开"项目符号和编号"对话框，在"大小"数值框中输入"80"。

② 单击 确定 按钮。

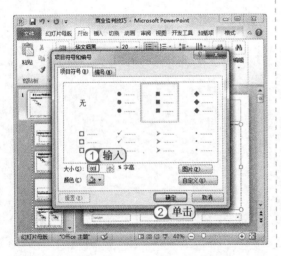

STEP 09 ▶ 选择"设置背景格式"命令

选择第2张幻灯片，在幻灯片编辑区单击鼠标右键，在弹出的快捷菜单中选择"设置背景格式"命令。

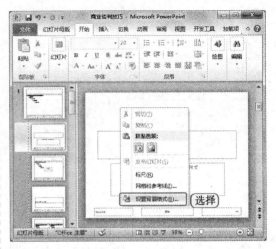

STEP 10 ▶ 选择填充选项

① 打开"设置背景格式"对话框，选中 ⦿ 图片或纹理填充(P) 单选按钮。

② 单击 文件(F)... 按钮。

STEP 11 选择背景图片

① 打开"插入图片"对话框，在其中选择"主题页图片 .png"选项。

② 单击 插入(S) 按钮。

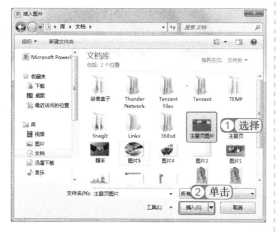

STEP 12 应用背景图片

返回"设置背景格式"对话框，单击 关闭 按钮，即可将该图片背景应用到标题页幻灯片中。

STEP 13 设置标题占位符填充颜色

① 选择第 3 张幻灯片中的标题占位符，选择【格式】/【形状样式】组，单击 形状填充 按钮。

② 在弹出的下拉列表中选择"蓝色"选项。

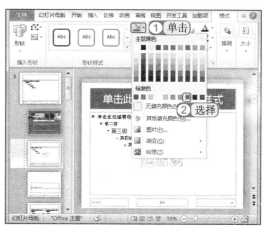

STEP 14 调整标题占位符旋转角度

选择第 3 张幻灯片中的标题占位符，将鼠标光标移动到占位符上方的绿色控制点上，当其变为 形状时，按住鼠标左键不放，向左拖动。

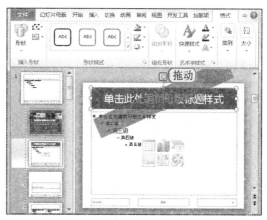

技巧秒杀——通过功能面板调整旋转角度

选择占位符，选择【格式】/【排列】组，单击 旋转 按钮，在弹出的下拉列表中选择相应选项，也可调整占位符旋转角度，若选择"其他旋转选项"选项，在打开的对话框中还可输入具体数值。

STEP 15 调整占位符位置和大小

① 将鼠标光标移动到文本框边框上，当其变为 形状时，按住鼠标左键不放进行拖动，移动文本框的位置。

② 将鼠标光标移动到文本框四周的圆形控制点上，当其变为 、 形状时，按住鼠标左键不放进行拖动，调整文本框的大小。

STEP 16 选择动作按钮选项

① 选择第3张幻灯片，选择【插入】/【插图】组，单击"形状"按钮 。

② 在弹出的下拉列表中选择"动作按钮"栏中的"动作按钮：前进或下一项"选项。

STEP 17 绘制动作按钮

① 此时鼠标光标变为+形状，在幻灯片右下角按住鼠标左键不放进行拖动，绘制动作按钮。

② 绘制完成后将自动打开"动作设置"对话框，保持默认设置不变，单击 确定 按钮，完成动作按钮的创建。

STEP 18 更改动作按钮形状

① 选择绘制的动作按钮，选择【格式】/【插入形状】组，单击 编辑形状 按钮。

② 在弹出的下拉列表中选择"更改形状"子列表中的"椭圆"选项。

STEP 19 设置形状的填充颜色

选择【格式】/【形状样式】组，单击 形状填充 按钮，在弹出的下拉列表中选择"蓝色"选项。

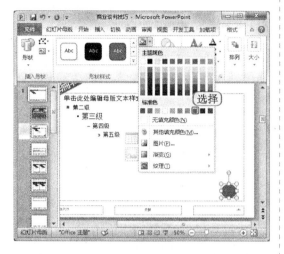

STEP 21 退出母版

选择【幻灯片母版】/【关闭】组，单击"关闭母版视图"按钮，即可退出幻灯片母版视图。

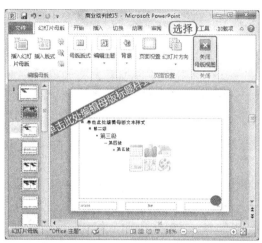

STEP 20 取消形状的轮廓线

单击 形状轮廓 按钮，在弹出的下拉列表中选择"无轮廓"选项。

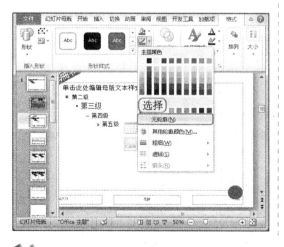

STEP 22 查看幻灯片效果

返回幻灯片编辑区，即可查看编辑母版样式后的幻灯片效果。

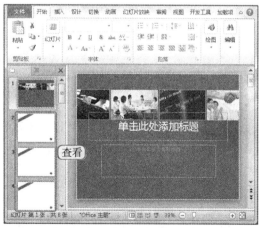

关键提示——查看母版对应的幻灯片版式

在 PowerPoint 2010 中，提供了十几种不同的幻灯片版式，这些版式也一一对应在幻灯片母版中，若需对其中某一种版式设置统一效果，只需对幻灯片的对应母版版式进行编辑即可。同时，在母版中，还可查看该母版版式应用于哪几种幻灯片，其方法是：将鼠标光标移动到"幻灯片"窗格中的母版版式上，稍等片刻即可弹出提示。

4.2.3 为幻灯片添加图文对象

在母版中对幻灯片版式进行了统一设置，接下来即可为幻灯片添加图文内容，其具体操作如下：

STEP 01 输入文本

选择第 1 张幻灯片，将鼠标光标定位于标题占位符和副标题占位符中，切换到常用输入法，分别输入所需文本，并调整占位符的位置。

STEP 02 输入其他文本

按照该方法依次在其他幻灯片中输入文本，效果如下图所示。

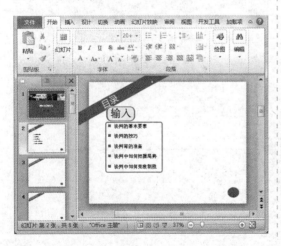

STEP 03 调整文本和占位符的格式

输入文本后，若是其中有个别文本或占位符的格式不符合排版要求，根据需要对其进行调整。

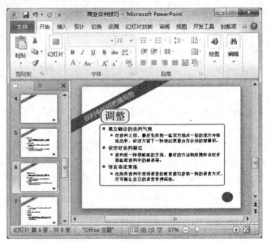

STEP 04 单击"图片"按钮

选择第 2 张幻灯片，选择【插入】/【图像】组，单击"图片"按钮。

STEP 05 选择并插入图片

① 打开"插入图片"对话框，在其中选择"1.jpg"选项。

② 单击 插入(S) 按钮。

STEP 06 为图片添加边框

① 选择插入的图片，选择【格式】/【图片样式】组，单击 图片边框 按钮。

② 在弹出的下拉列表中选择"蓝色"选项。

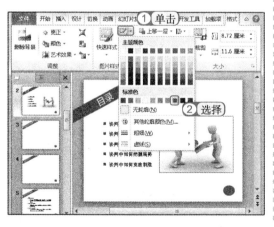

STEP 07 插入并编辑其他图片

按照该方法，依次在第 3、4、8 张幻灯片中插入图片，并为第 3、4 张幻灯片中的图片应用蓝色边框。

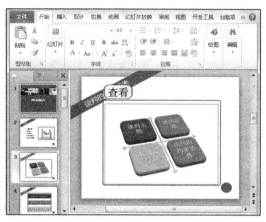

STEP 08 插入并编辑结束感谢语

将第 1 张幻灯片中的标题占位符复制到最后一张幻灯片中，在其中输入"感谢讨论"文本，并将其字体颜色设置为"蓝色"。

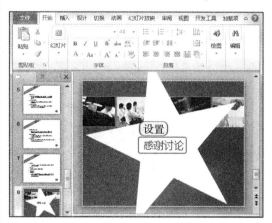

4.2.4 添加动画并放映

为幻灯片添加动画效果后，即可完成演示文稿的制作。为了保证放映效果，还可对演示文稿进行放映测试。下面讲解添加动画并放映幻灯片的方法，其具体操作如下：

STEP 01 添加进入动画

① 选择第1张幻灯片中的标题占位符和副标题占位符，选择【动画】/【动画】组，单击"动画样式"按钮★。

② 在弹出的下拉列表中选择"进入"栏中的"飞入"选项。

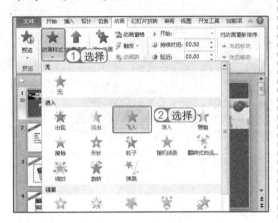

STEP 02 设置动画效果选项

① 保持选择状态不变，选择【动画】/【动画】组，单击"效果选项"按钮。

② 在弹出的下拉列表中选择"自左侧"选项。

STEP 03 设置动画播放方式

① 选择副标题占位符，选择【动画】/【计时】组，在"开始"下拉列表框中选择"单击时"选项。

② 在"持续时间"数值框中输入"1"。

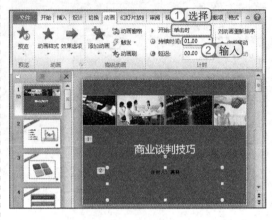

STEP 04 设置直线进入动画

选择第2张幻灯片的标题占位符，选择【动画】/【动画】组，单击"动画样式"按钮★，在弹出的下拉列表中选择"动作路径"栏中的"直线"选项。

关键提示——"效果选项"按钮

动画的"效果选项"按钮样式并不是固定的，它会根据应用的动画样式而变化。

STEP 05 设置路径动画的位置

此时，幻灯片中将出现一个直线动画路径，将鼠标光标移动到该直线路径上，当其变为💠形状时，拖动鼠标移动直线路径动画的位置。

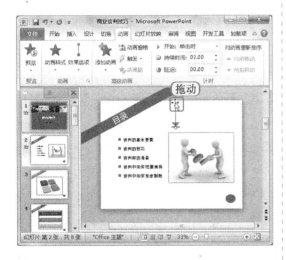

STEP 06 调整路径动画的方向

将鼠标光标移动到路径动画的一端，当其变为💠形状时，拖动鼠标改变直线路径动画的方向和长度。依照该方法，为每张幻灯片的标题占位符设置直线路径动画效果。

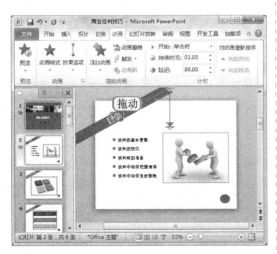

STEP 07 设置幻灯片切换效果

① 选择第1张幻灯片，选择【切换】/【切换到此幻灯片】组，单击"切换方案"按钮🔲。

② 在弹出的下拉列表中选择"华丽型"栏中的"碎片"选项。

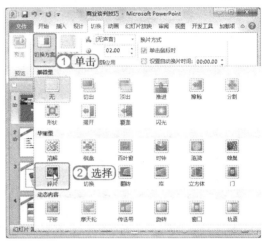

STEP 08 放映幻灯片

依次为每张幻灯片设置好动画和切换效果后，选择【幻灯片放映】/【开始放映幻灯片】组，单击"从头开始"按钮🔳，即可进入幻灯片放映状态。放映结束后，按"Esc"键退出放映。

4.2.5 关键知识点解析

1. 认识母版

母版是指演示文稿中的一种拥有固定格式的模板，在母版中，用户可自定义设置整个演示文稿的背景格式和占位符版式等。PowerPoint 2010 中的母版包括幻灯片母版、讲义母版和备注母版 3 种，下面分别对它们进行介绍。

⊃ **幻灯片母版**：主要用于存储模板信息，在其中可对母版版式、主题、文本以及背景等进行设置，是最常用的一种母版。进入幻灯片母版的方式是：选择【视图】/【母版视图】组，单击"幻灯片母版"按钮▭。

⊃ **讲义母版**：主要用于制作课件或培训类演示文稿，讲义是演示文稿的打印版本，它可以在每页中打印多张幻灯片，一般在需要观众互动或先了解演示文稿内容时，才将其打印出来分发给观众。进入讲义母版的方式是：选择【视图】/【母版视图】组，单击"讲义母版"按钮▦。

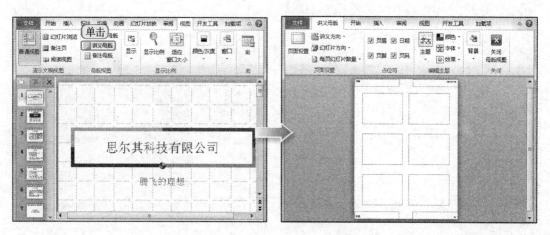

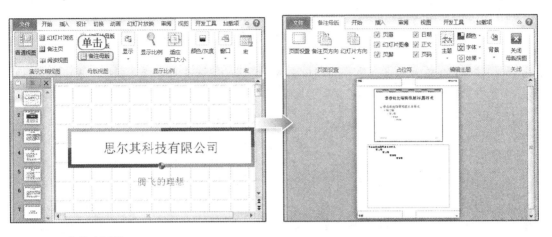 备注母版：主要用于设置幻灯片备注页的格式，包括对备注信息字体、页眉页脚等内容的设置。进入备注母版的方式是：选择【视图】/【母版视图】组，单击"备注母版"按钮 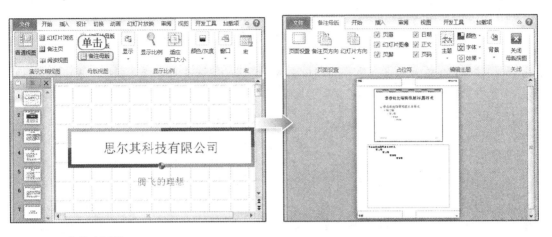。

2. 动作按钮

在 PowerPoint 2010 中，动作按钮主要起到帮助用户快速跳转幻灯片的作用，如跳转到上一页、跳转到下一页、跳转到首页和跳转到尾页等，除此之外，用户还可通过动作按钮运行程序、宏、URL 等。添加动作按钮的方法是：选择需添加动作按钮的幻灯片，选择【插入】/【插图】组，单击"形状"按钮，在弹出的下拉列表中选择"动作按钮"栏中的选项，然后在幻灯片中拖动鼠标绘制动作按钮即可。完成动作按钮的绘制后，将自动打开"动作设置"对话框，在其中可对动作按钮的属性进行设置。

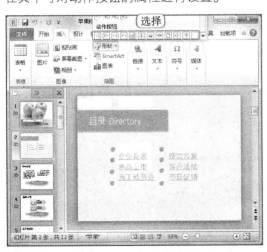 

关键提示——更改动作按钮的属性

在 PowerPoint 2010 中添加的动作按钮，其填充颜色和形状轮廓都是默认的，用户需根据幻灯片的整体风格和版式来更改动作按钮的填充色、轮廓线和形状等属性。

4.3 高手过招

1. 在动作按钮中添加文本

在幻灯片中绘制了动作按钮后，用户也可根据实际需要在其中添加文本内容。在动作按钮中添加文本的方法比较简单，只需选择动作按钮，切换到常用输入法后，直接输入文本即可。在动作按钮输入的文本内容，默认为横排文本，若用户需要在其中输入竖排文本内容，可绘制一个竖排文本框，重叠在动作按钮上方即可。

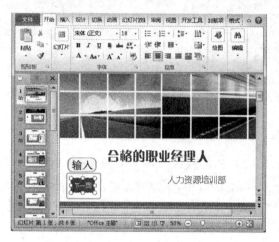

2. 设置幻灯片的背景样式为图案

除了可为幻灯片设置背景图片外，用户还可根据需要为幻灯片设置其他背景效果，如颜色、图案和纹理等。其方法是：在幻灯片编辑区单击鼠标右键，在弹出的快捷菜单中选择"设置背景格式"命令，打开"设置背景格式"对话框，在其中选中相应的单选按钮。如选中 ⊙ 图案填充(A) 单选按钮，然后在其下的列表框中选择所需的图案即可为幻灯片应用图片背景。为了符合幻灯片主题风格，还可通过"前景色"按钮 和"后景色"按钮 来调整图案的颜色。

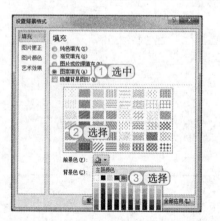
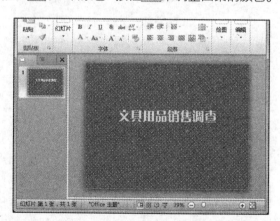

教学课件是演示文稿中非常常见的一个分类。

随着多媒体教学的发展，越来越多的教师选择通过PPT的方式来进行教学。本章将结合编辑母版、编辑幻灯片背景、插入声音文件、美化声音、插入超链接、插入和编辑形状等知识，对教学课件的制作方法进行详细介绍。

第5章

Chapter

教学课件的制作

5.1 散文课件

　　本例制作的散文课件主要用于语文课堂进行多媒体教学。通过本演示文稿，可以让枯燥的散文知识变得更形象生动，并能提高课堂的活跃度，激发学生的思维和记忆，其最终效果如下图所示。

示例文件

光盘\素材\第5章\散文课件素材
光盘\效果\第5章\散文课件.pptx
光盘\实例演示\第5章\散文课件

◎ 案例背景 ◎

　　散文是指以文字为创作和审美对象的文学艺术体裁，是文学中的一种体裁形式。通常来说，小说、诗歌、戏剧等文学体裁无论是在结构上还是在格律、剪裁等安排布局上，都有很严格的要求，而散文却相对自由些，它用词洒脱优美，可以是作者不经意间抒写的经历和感受，也可以表现一种人生感悟和人生哲学。

根据散文所表现的主旨和中心，可将其分为叙事性散文、抒情散文、哲理散文、议论性散文等。不同主旨的散文，其课件的制作方法也不一样。如制作抒情散文课件，可主要介绍写作背景、学习词句的运用、领会散文的情感和意境，重在品读；制作讨论性散文课件，则旨在引发学生的讨论和思考，以引导学习为主要目的。

本例制作的散文课件，是抒情散文的一种。为了让学生能快速融入散文所描写的情景，可适当使用声音、图片、超级链接等对象，对散文课件的内容进行丰富，以达到活跃课堂、帮助学生领略所学的效果。

◎ 关键知识点 ◎

要完成本例的制作，需要掌握几个关键知识点。这几个关键知识点的内容以及其难易程度如下。

⊃ 幻灯片背景的应用（★★）　　⊃ 音频属性的设置（★★★）
⊃ 美化音频（★★★）

5.1.1　设置母版样式

母版可以统一幻灯片的风格和样式，在制作新的演示文稿时，为了节约制作时间，通常会先对母版进行设置。下面将设置母版样式，其具体操作如下：

STEP 01 ▶ 新建演示文稿和幻灯片

① 启动 PowerPoint 2010，新建一个空白演示文稿。选择第 1 张幻灯片，按多次"Enter"键新建多张空白幻灯片。

② 选择最后一张幻灯片，选择【开始】/【幻灯片】组，单击版式▾按钮，在弹出的下拉列表中选择"标题幻灯片"选项。

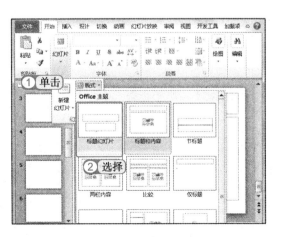

STEP 02 ▶ 保存演示文稿

① 选择【文件】/【另存为】命令,打开"另存为"对话框。在左侧导航窗格中选择文档保存的位置,在"文件名"文本框中输入"散文课件"文本。

② 单击 保存(S) 按钮。

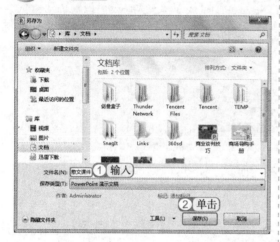

STEP 03 ▶ 进入幻灯片母版模式

选择【视图】/【母版视图】组,单击"幻灯片母版"按钮，进入幻灯片母版。

STEP 04 ▶ 选择设置背景的命令

选择第1张幻灯片,在幻灯片编辑区单击鼠标右键,在弹出的快捷菜单中选择"设置背景格式"命令。

STEP 05 ▶ 设置填充选项

① 打开"设置背景格式"对话框,选中图片或纹理填充(P)单选按钮。

② 单击 文件(F)... 按钮。

技巧秒杀——通过命令设置母版背景格式

进入幻灯片母版视图后,选择【幻灯片母版】/【背景】组,单击 背景样式 按钮,在弹出的下拉列表中选择"设置背景格式"选项,也可打开"设置背景格式"对话框。

STEP 06 ▶ 选择背景图片

① 打开"插入图片"对话框，在其中选择"内容页幻灯片 .png"选项。

② 单击 插入(S) ▼ 按钮。

STEP 07 ▶ 查看背景效果

返回"设置背景格式"对话框，单击 关闭 按钮，即可将该图片背景应用到所有幻灯片中。

STEP 08 ▶ 更改标题页的背景图片

选择第 2 张幻灯片，打开"插入图片"对话框，在其中选择"主题页图片 .png"选项，单击 插入(S) ▼ 按钮，查看主题页背景效果。

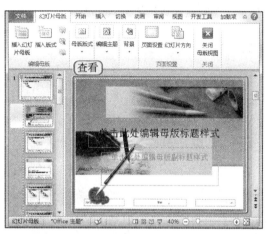

STEP 09 ▶ 退出母版

选择【幻灯片母版】/【关闭】组，单击"关闭母版视图"按钮 ×，退出幻灯片母版视图模式。

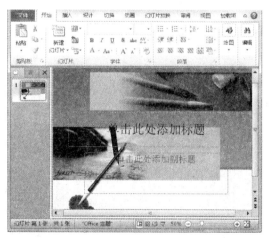

关键提示——母版中的标题页背景图片

在幻灯片母版中为第 1 张幻灯片设置图片背景后，该图片会自动应用到所有幻灯片中。此时若需为标题页幻灯片设置不同的背景样式，可单独选择标题页版式，再次为其添加背景图片。若重置标题页背景图片，则标题页幻灯片的背景将还原为统一背景样式。

5.1.2 输入和编辑文本

通过幻灯片母版设置占位符格式，可统一演示文稿的文本效果，但若每一张幻灯片中占位符的位置或文本格式均不一样，则可在幻灯片中直接进行输入和设置。下面介绍输入和编辑文本的方法，其具体操作如下：

STEP 01 输入文本

选择第 1 张幻灯片，将鼠标光标定位于标题占位符和副标题占位符中，切换到常用输入法，分别输入"故都的秋"和"——郁达夫"文本，并调整占位符的位置。

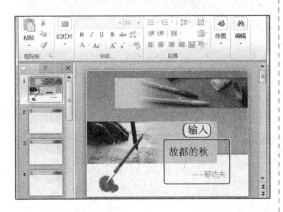

STEP 02 设置字体格式

选择标题占位符，选择【开始】/【字体】组，将其字体格式设置为"微软雅黑"、"54"。选择副标题占位符，选择【开始】/【字体】组，将其字体格式设置为"方正细圆简体"、"40"。

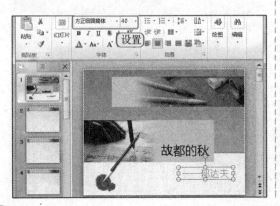

STEP 03 输入并设置其他文本

根据该方法，依次在其他幻灯片中输入文本，将其字体格式设置为"微软雅黑"，根据需要调整字体的大小和占位符的位置及大小。

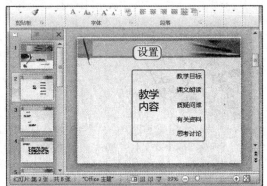

STEP 04 编辑结束页幻灯片的文本

选择第9张幻灯片，在标题占位符中输入"下课"文本，将其字体格式设置为"微软雅黑"、"54"，并调整其位置，然后选择副标题占位符，按"Delete"键将其删除。

5.1.3 插入图片和线条

在本例中添加图片和形状，不仅可以活跃幻灯片版面，还可以起到渲染课件的作用。下面介绍插入图片的方法，其具体操作如下：

STEP 01 打开对话框

① 选择第2张幻灯片，选择【插入】/【图像】组，单击"图片"按钮，打开"插入图片"对话框。在左侧导航窗格中选择图片所在的位置，在右侧列表框中选择"1.png"选项。

② 单击 插入(S) 按钮。

STEP 02 调整图片位置

返回幻灯片编辑区，即可查看图片效果，然后拖动图片调整图片到合适位置。

STEP 03 选择绘制线条的命令

① 选择第2张幻灯片，选择【插入】/【插图】组，单击"形状"按钮。

② 在弹出的下拉列表中选择"线条"栏中的"直线"选项。

STEP 04 绘制线条

此时，鼠标光标变为+形状，在幻灯片中按住鼠标左键不放进行拖动，绘制一条直线。

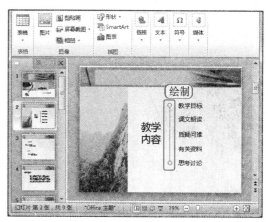

STEP 05 ▶ 设置线条的颜色

选择直线，选择【格式】/【形状样式】组，单击 形状轮廓 ▼ 按钮，在弹出的下拉列表中选择"黑色"选项。

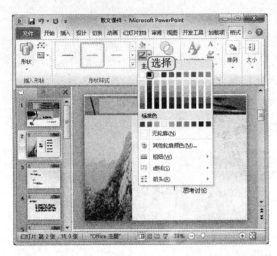

STEP 06 ▶ 插入其他图片和线条

根据该方法依次在其他幻灯片中插入图片和黑色线条，并调整图片和线条的位置，效果如下图所示。

5.1.4 插入和编辑音频文件

在抒情型和娱乐型的演示文稿中，都可以根据需要添加音频文件，增强演示文稿的丰富性。下面在幻灯片中插入音频文件，其具体操作如下：

STEP 01 ▶ 选择插入音频的命令

选择第 1 张幻灯片，选择【插入】/【媒体】组，单击"音频"按钮，在弹出的下拉列表中选择"文件中的音频"选项。

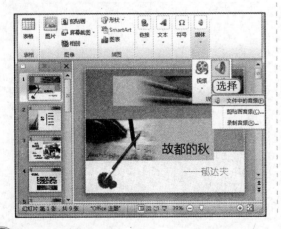

STEP 02 ▶ 插入音频

① 打开"插入音频"对话框，在左侧窗格中选择音频所在的位置，在右侧列表框中选择"回忆 .mp3"音频文件。

② 单击 插入(S) ▼ 按钮。

STEP 03 设置声音播放方式

① 选择音频图标，选择【播放】/【音频选项】组，在"开始"下拉列表框中选择"跨幻灯片播放"选项。

② 选中☑循环播放，直到停止复选框。

STEP 05 调整音频图标的颜色

① 选择音频图标，选择【格式】/【调整】组，单击"颜色"按钮。

② 在弹出的下拉列表中选择"色调"栏中的"色温：11200K"选项。

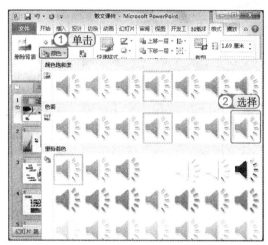

STEP 04 设置声音播放效果

选择【播放】/【编辑】组，在"淡入"和"淡出"数值框中均输入"5"。

STEP 06 为音频图标设置艺术效果

单击"艺术效果"按钮，在弹出的下拉列表中选择"虚化"选项。

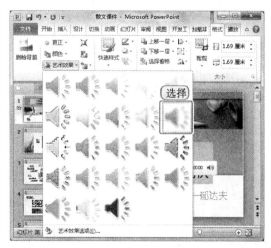

关键提示——显示和隐藏音频控制条

在幻灯片中插入音频文件后，若音频文件处于选择状态，则自动显示音频控制条；若音频文件处于未选择状态，则自动隐藏音频控制条。

STEP 07 ▶ 设置音频图标的样式

选择【格式】/【图片样式】组，单击"快速样式"按钮，在弹出的下拉列表中选择"棱台透视"选项。

STEP 08 ▶ 设置音频图标映像效果

单击 图片效果 ▾ 按钮，在弹出的下拉列表中选择"映像"子列表的"映像变体"栏中的"全映像，接触"选项。

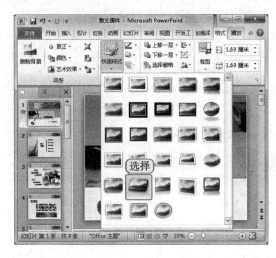

5.1.5　添加动画并放映

在为幻灯片中的音频文件设置好播放方式和效果后，音频文件将自动应用播放的动画效果，而除此之外的其他幻灯片对象，则需另行添加动画。下面讲解添加动画并放映幻灯片的方法，其具体操作如下：

STEP 01 ▶ 为文本添加动画

选择第 1 张幻灯片，选择文本占位符，选择【动画】/【高级动画】组，单击"添加动画"按钮，在弹出的下拉列表中选择"进入"栏中的"浮入"选项。

STEP 02 ▶ 为形状添加动画

选择第 2 张幻灯片中的直线形状，选择【动画】/【动画】组，单击"动画样式"按钮，在弹出的下拉列表中选择"进入"栏中的"飞入"选项。

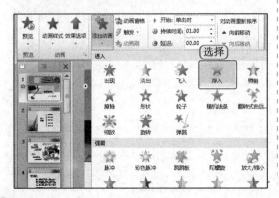

STEP 03 设置动画效果选项

① 选择直线形状，选择【动画】/【动画】组，单击"效果选项"按钮。

② 在弹出的下拉列表中选择"自顶部"选项。

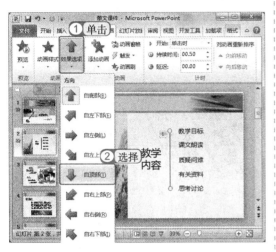

STEP 04 设置幻灯片切换动画

选择第 1 张幻灯片，选择【切换】/【切换到此幻灯片】组，单击"切换方案"按钮，在弹出的下拉列表中选择"华丽型"栏中的"翻转"选项。

STEP 05 开始放映幻灯片

按照该方法依次为每张幻灯片及幻灯片对象添加动画效果，然后选择【幻灯片放映】/【开始放映幻灯片】组，单击"从头开始"按钮。

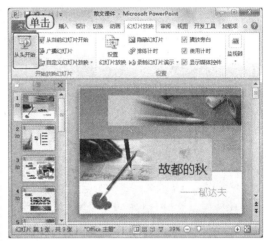

STEP 06 查看放映效果

此时，演示文稿即进入放映状态，单击即可查看动画效果。完成幻灯片的放映后，在幻灯片放映界面按"Esc"键，退出放映。

5.1.6 关键知识点解析

关键知识点中"幻灯片背景的应用"的相关知识点已经在第4章的4.1.5节中进行了详细讲解，这里不再赘述了。下面主要对没进行介绍的关键知识点进行讲解。

1. 音频属性的设置

在幻灯片中添加声音文件后，为了使其匹配幻灯片的放映需要，就需要对声音属性进行设置。设置声音属性包括设置声音的音量、音频选项、播放方式等内容，通过"播放"选项卡即可完成设置。"播放"选项卡的功能区如下图所示。

（1）试听音频文件

在幻灯片中插入声音文件后，音频文件不会自动开始播放，需用户手动进行播放。试听声音播放效果及调整音量的方法如下。

○ **试听声音播放效果**：选择声音图标，选择【播放】/【预览】组，单击"播放"按钮▶可试听声音效果，单击"暂停"按钮Ⅱ可停止试听。

○ **设置声音音量**：选择声音图标，选择【播放】/【音频选项】组，单击"音量"按钮，在弹出的下拉列表中选择音量大小。

（2）编辑音频

在幻灯片中插入的声音文件，若不满足幻灯片需要，用户可对其进行裁剪，还可设置声音文件的播放效果。下面介绍设置音频播放效果和裁剪声音的方法。

○ **设置淡入淡出效果**：淡入淡出效果是指通过设置，让声音文件平缓自然地进入或退出幻灯片。设置淡入淡出效果的方法是：选择声音图标，选择【播放】/【编辑】组，在"淡入"、"淡出"数值框中输入所需数值，或单击数值框后方的▲或▼按钮，调整淡入淡出的时间。

○ **剪裁音频**：在幻灯片中插入声音文件后，若是觉得声音长度太长，不符合幻灯片要求，可根据需要将其裁剪成任意长度。裁剪声音文件的方法很简单，选择音频图标，在"编辑"组中单击"剪裁音频"按钮，打开"剪裁音频"对话框，单击▶按钮试听声音，然后根据需要拖动绿色和红色标签到所需位置，即可截取两个标签之中的声音文件。另外也可直接在"开始时间"和"结束时间"数值框中输入所需声音片段的起止时间，

最后单击 **确定** 按钮，保留声音文件。

 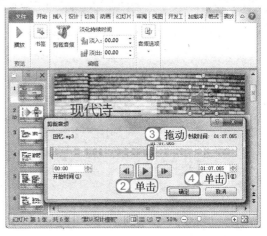

（3）设置音频选项

默认插入幻灯片中的声音文件均为自动播放模式，即放映幻灯片时开始播放，切换幻灯片即停止播放。为了让声音文件更契合放映要求，可对音频选项进行设置。下面分别对【播放】/【音频选项】组中各音频选项的含义进行介绍。

- "开始"下拉列表框：主要用于设置声音文件开始播放的方式，包含"自动"、"单击时"和"跨幻灯片播放" 3 个选项，其中，"单击时"表示单击鼠标左键开始播放声音文件，切换幻灯片即停止播放；"跨幻灯片播放"指切换幻灯片继续播放。

- ☑ 放映时隐藏 复选框：选中该复选框，则在放映幻灯片时，可隐藏声音图标。

- ☑ 循环播放，直到停止 复选框：选中该复选框，可循环播放声音文件。

- ☑ 播完返回开头 复选框：常用于控制视频文件的播放效果，在为音频效果设置该效果时，则在播放完音频文件后即停止，不再重复播放。

2. 美化音频

插入到幻灯片中的音频图标，其样式都是默认的，用户可根据需要对其进行美化。美化音频图标主要通过"格式"选项卡完成，其功能区如下图所示。

下面对常用的音频美化方法进行介绍。

- **调整图片效果**：在【格式】/【调整】组中包含了各种效果，其中常用的按钮主要包括"更正"、"颜色"和"艺术效果"等，主要用于调整音频图标的颜色和艺术效果。

- **应用样式**：在【格式】/【图片样式】组的列表框中，可以为音频图标应用各种艺术样式，☑ 图片边框 ▾ 和 ◎ 图片效果 ▾ 按钮则可为音频图标设置边框，或映像等立体效果。

5.2 数学课件

本例将制作数学课件，以方便数学教师进行多媒体教学。通过该课件可以更好地展示和排列知识点，使学生更好地理解和记忆知识点，活跃课堂气氛。其最终效果如下图所示。

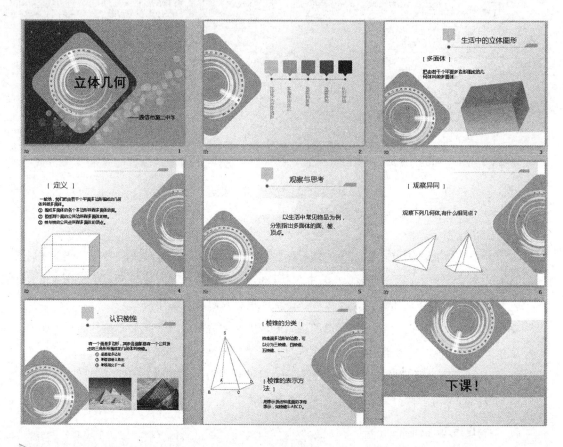

光盘\素材\第 5 章\数学课件图片

光盘\效果\第 5 章\数学课件 .pptx

光盘\实例演示\第 5 章\数学课件

◎ 案例背景 ◎

数学课件是数学教师用于数学教学的演示文稿。随着多媒体技术在教学领域的应用越来越广，越来越多的课堂选择 PPT 来进行多媒体教学。除了正式课程外，艺术鉴赏类课程，如音乐鉴赏、美术鉴赏等，也可通过演示文稿达到良好的教学效果。与其他课件相比，数学课件主要是利用 PowerPoint 的图形编辑功能和动画功能，将枯燥的数字、方程以及图形等对象以更灵活的方式展现出来，便于学生进行理解和记忆。

　　本例制作的数学课件主要使用超链接为目录页幻灯片制作目录导航，并利用 PowerPoint 的图形编辑功能插入立体图形，帮助学生进行理解。此外，还将为幻灯片添加动画，以达到良好的放映效果。

◎关键知识点◎

　　要完成本例的制作，需要掌握几个关键知识点。这几个关键知识点的内容以及其难易程度如下。

⊃ 设置幻灯片背景（★★★）　　　　　⊃ 超链接的应用和编辑（★★★★）
⊃ 编辑立体形状（★★★★）

5.2.1　新建演示文稿并编辑幻灯片背景

　　下面将新建一个空白演示文稿，然后进入幻灯片母版视图设置幻灯片背景样式，并为幻灯片应用版式，其具体操作如下：

STEP 01▶ 新建演示文稿

启动 PowerPoint 2010，新建一个空白演示文稿。

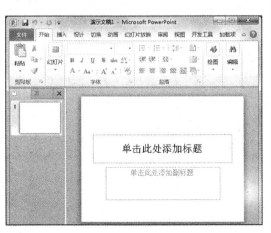

STEP 02▶ 进入母版视图

选择【视图】/【母版视图】组，单击"幻灯片母版"按钮，进入母版视图。

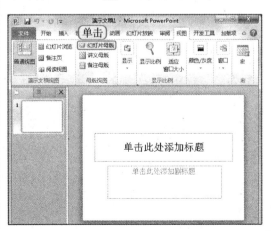

STEP 03 选择背景设置命令

① 选择第1张幻灯片,选择【幻灯片母版】/【背景】组,单击 背景样式 ▼ 按钮。

② 在弹出的下拉列表中选择"设置背景格式"选项。

STEP 04 选择填充选项

① 打开"设置背景格式"对话框,选择"填充"选项,选中 ◉ 图片或纹理填充(P)单选按钮。

② 单击 文件(F)… 按钮。

STEP 05 选择背景图片

① 打开"插入图片"对话框,选择"内容页图片1.jpg"选项。

② 单击 插入(S) ▼ 按钮。

STEP 06 查看背景图片效果

返回"设置背景格式"对话框,单击 关闭 按钮,将该图片背景应用到所有幻灯片版式中。

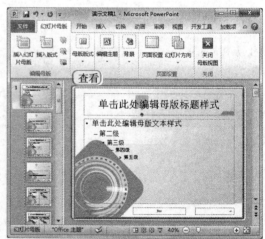

STEP 07 ▶ 设置标题页幻灯片背景

① 选择第 2 张幻灯片，打开"设置背景格式"对话框，选中 ⦿ 图片或纹理填充(P) 单选按钮，单击 文件(F)... 按钮，打开"插入图片"对话框，在其中选择"标题页幻灯片 .jpg"选项。

② 单击 插入(S) ▾ 按钮。

STEP 08 ▶ 查看标题页图片效果

返回"设置背景格式"对话框，单击 关闭 按钮，将该图片背景应用到标题页幻灯片中。

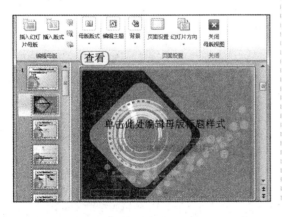

STEP 09 ▶ 设置其他页幻灯片背景

根据该方法，依次为第 3、5、8 张幻灯片添加"目录页幻灯片 .jpg"、"内容页幻灯片 2.jpg"和"结束页幻灯片 .jpg"图片，效果如下图所示。

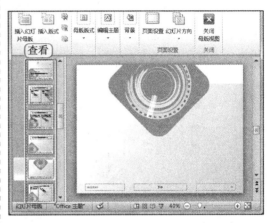

STEP 10 ▶ 退出母版

选择【幻灯片母版】/【关闭】组，单击"关闭母版视图"按钮 ✕，即可退出幻灯片母版视图。

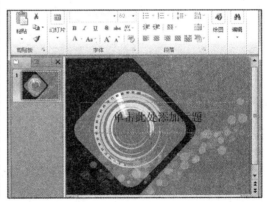

为什么这么做？

　　在母版中设计的背景样式，可通过【开始】/【幻灯片】组应用到幻灯片中。本例为了演示文稿的整体美观性，即单独为目录页幻灯片应用了背景，同时为内容幻灯片设计了两种不同的背景，以供用户交替使用。需要注意的是，在母版中设计的幻灯片背景，必须在【开始】/【幻灯片】组中进行选择，才可应用。

STEP 11 ▶ 新建幻灯片

① 选择第1张幻灯片，按"Enter"键新建空白幻灯片，新建的幻灯片将默认为"标题和内容"版式，选择第3张幻灯片。

② 选择【开始】/【幻灯片】组，单击 版式 按钮，在弹出的下拉列表中选择"节标题"选项。

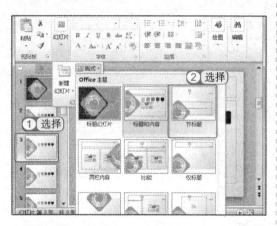

STEP 12 ▶ 应用幻灯片版式

依照该方法，依次为幻灯片交替应用"节标题"和"两栏内容"版式，然后为最后一张幻灯片应用"空白"版式。

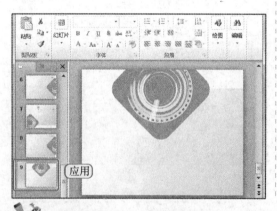

STEP 13 ▶ 保存演示文稿

① 选择【文件】/【另存为】命令，打开"另存为"对话框。在左侧导航窗格中选择文档保存的位置，在"文件名"文本框中输入"数学课件"文本。

② 单击 保存(S) 按钮。

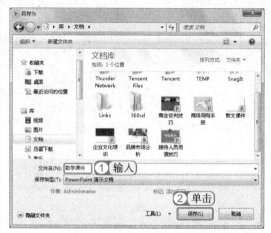

STEP 14 ▶ 查看效果

完成保存操作后，即可查看到演示文稿标题栏中的文档名称更改为"数学课件.pptx"，效果如下图所示。

关键提示——更改幻灯片默认版式

在幻灯片母版中，每张幻灯片的版式与【开始】/【幻灯片】组的"版式"下拉列表中提供的幻灯片版式一样，在母版中为某一版式应用背景图片后，也可根据需要对该版式的占位符的排列方式和格式进行设置。

5.2.2　编辑文本和超链接

为了方便对幻灯片的放映进行控制，用户可专门制作一张目录幻灯片，并在其中链接其他幻灯片。下面介绍插入和编辑超链接的方法，其具体操作如下：

STEP 01 输入文本

依次选择每张幻灯片，切换到常用输入法后，在其中输入文本，并设置文本格式。

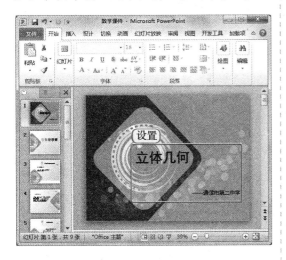

STEP 02 选择文本框选项

选择第 2 张幻灯片，选择【插入】/【文本】组，单击"文本框"按钮下方的▼按钮，在弹出的下拉列表中选择"垂直文本框"选项。

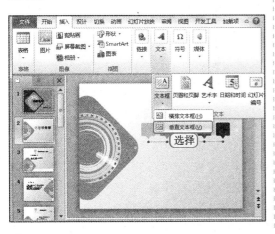

STEP 03 绘制文本框并输入文本

将鼠标光标移动到幻灯片编辑区，按住鼠标左键不放进行拖动，绘制文本框，并在其中输入文本，效果如下图所示。

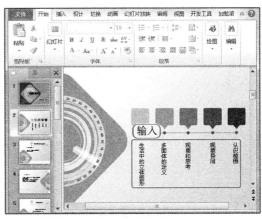

STEP 04 选择"超链接"选项

选择第 2 张幻灯片中的"生活中的立体图形"文本框，再选择【插入】/【链接】组，单击"超链接"按钮。

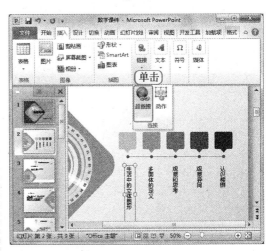

STEP 05 ▶ 打开对话框

① 打开"插入超链接"对话框，单击"链接到"列表框中的"本文档中的位置"按钮。

② 在"请选择文档中的位置"列表框中选择要链接到的第3张幻灯片，并单击 确定 按钮。

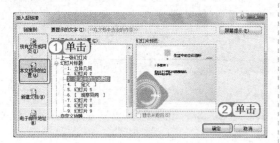

STEP 06 ▶ 查看超链接效果

此时所选文本已添加超链接，并且可看到设置超链接的文本颜色发生了变化。

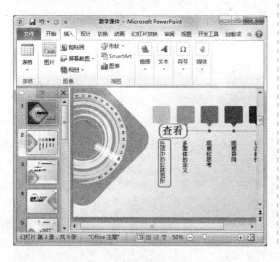

STEP 07 ▶ 添加其他超链接

按照该方法依次为其余文本添加超链接，添加完成后的效果如下图所示。

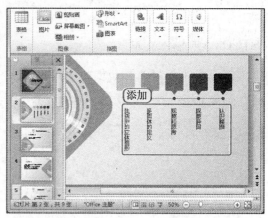

STEP 08 ▶ 编辑超链接的颜色

选择【设计】/【主题】组，单击 颜色 按钮，在弹出的下拉列表中选择"新建主题颜色"选项。

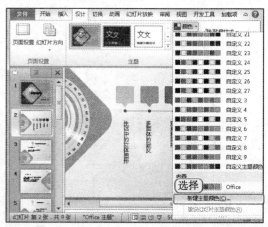

为什么这么做?

　　在 PowerPoint 2010 中，如图片、文本、文本框和形状等均可添加超链接，其中，为文本内容添加超链接后，文本的颜色将发生变化，且文本下方会默认出现下划线，表示已成功添加超链接。通常，默认的超链接颜色都不符合幻灯片的整体美观性，所以需对其进行编辑，使其与幻灯片整体风格统一。

STEP 09 设置超链接颜色

① 打开"新建主题颜色"对话框,在"主题颜色"栏中单击"超链接"右侧的 ■▼ 按钮。

② 在弹出的下拉列表中选择"浅蓝"选项。

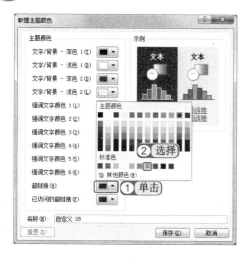

STEP 10 查看更改后的效果

设置完成后,返回幻灯片编辑区即可查看更改后的超链接颜色。

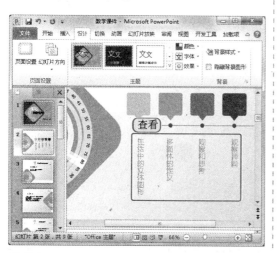

STEP 11 选择编号选项

① 选择第4张幻灯片,选择占位符中第3、4、5行文本,选择【开始】/【段落】组,单击"编号"按钮 三▼ 右侧的 ▼ 按钮。

② 在弹出的下拉列表中选择"带圆圈编号"选项。

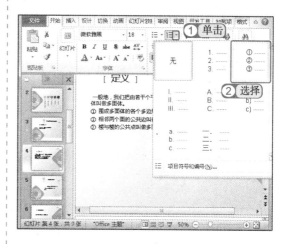

STEP 12 查看应用编号后的效果

选择第7张幻灯片,选择占位符中第3、4、5行文本,选择【开始】/【段落】组,为其添加相同的编号样式。

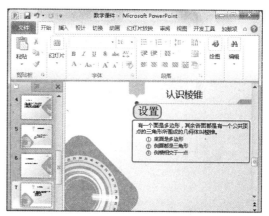

关键提示——更多超链接编辑知识

在"新建主题颜色"对话框中单击"已访问的超链接"按钮 ■▼ ,可更改已访问链接的颜色。此外,若是直接对文本框添加超链接,则文本颜色不会发生改变。

5.2.3 绘制立体形状

在制作数学课件时，经常会遇到需要绘制形状。在 PowerPoint 2010 中，用户可根据需要任意绘制具有立体效果的形状。下面将讲解绘制立体形状的方法，其具体操作如下：

STEP 01 ▶ 选择形状绘制命令

① 选择第 3 张幻灯片，选择【插入】/【插图】组，单击"形状"按钮。
② 在弹出的下拉列表中选择"矩形"栏中的"矩形"选项。

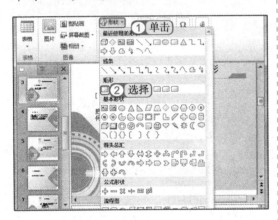

STEP 02 ▶ 绘制形状

此时鼠标光标将变为＋形状，按住鼠标左键不放在需绘制形状的位置进行拖动，绘制一个矩形。

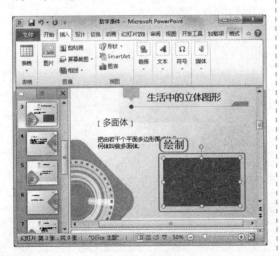

STEP 03 ▶ 取消轮廓线条

① 选择矩形形状，选择【格式】/【形状样式】组，单击 形状轮廓 ▼ 按钮。
② 在弹出的下拉列表中选择"无轮廓"选项。

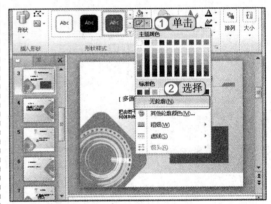

STEP 04 ▶ 打开"设置形状格式"对话框

选择矩形形状，选择【格式】/【形状样式】组，单击 按钮，打开"设置形状格式"对话框。

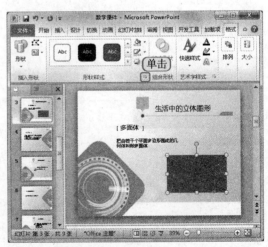

STEP 05 设置形状的渐变色

① 选择"填充"选项，选中 ⊙ 渐变填充(G) 单选按钮，在"渐变光圈"栏中选择第 1 个渐变光圈滑块。

② 单击"颜色"按钮，在弹出的下拉列表中选择"浅蓝"选项。

STEP 06 设置形状的透明度

① 在"渐变光圈"栏中选择第 2 个渐变光圈滑块，单击"颜色"按钮，在弹出的下拉列表中选择"浅蓝"选项。

② 在"透明度"数值框中输入"60"。

STEP 07 设置形状的三维格式

① 选择"三维格式"选项，在"棱台"栏中单击"顶端"按钮，在弹出的下拉列表中选择"角度"选项。

② 在其后的"宽度"和"高度"数值框中均输入"1"，在"深度"栏的"深度"数值框中输入"200"，在"表面效果"栏的"角度"数值框中输入"100"。

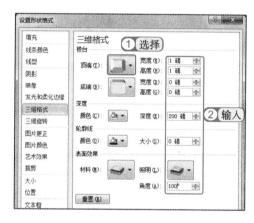

STEP 08 设置形状的三维旋转效果

① 选择"三维旋转"选项，在"旋转"栏的"X："数值框中输入"20"，在"Y："数值框中输入"25"，在"Z："数值框中输入"15"。

② 单击 关闭 按钮。

STEP 09 查看效果

返回幻灯片编辑区，即可查看设置后的形状效果。

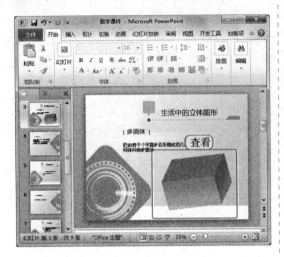

STEP 10 绘制立体形状

① 选择第4张幻灯片，选择【插入】/【插图】组，单击"形状"按钮。

② 在弹出的下拉列表中选择"基本形状"栏中的"立方体"选项。

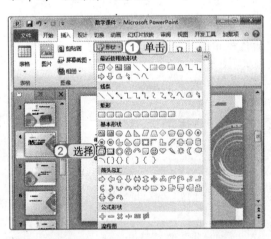

STEP 11 绘制形状

此时鼠标光标将变为＋形状，按住鼠标左键不放绘制一个立方体。

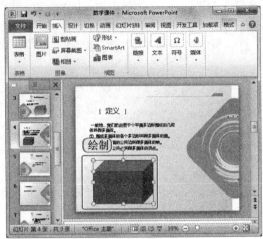

STEP 12 为立方体应用样式

选择立方体形状，选择【格式】/【形状样式】组，单击按钮，在弹出的下拉列表中选择"彩色轮廓-蓝色，强调颜色1"选项。

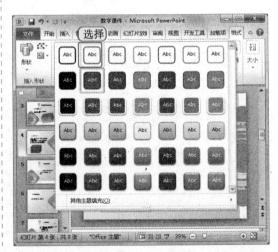

为什么这么做？

在本张幻灯片中，为了更好地配合文本内容，需绘制一个具有透视效果的立方体，此时，可选择强调轮廓的形状样式，再辅以直线的修饰，即可达到透视的目的。

STEP 13 ▶ 绘制直线

选择【插入】/【插图】组，单击"形状"
按钮，在弹出的下拉列表中选择"直线"
选项，在幻灯片中绘制一条直线，并调整
直线的位置。

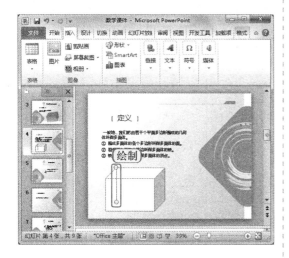

STEP 14 ▶ 复制并旋转直线

① 选择绘制的直线，按住"Ctrl"键进行
拖动，复制一条直线，然后选择【格式】/【排
列】组，单击 旋转 按钮。

② 在弹出的下拉列表中选择"向右旋转
90°"选项。

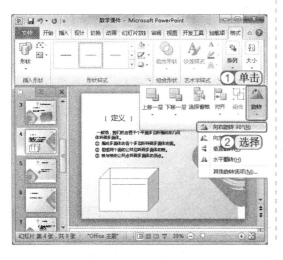

STEP 15 ▶ 再次复制并调整直线

选择复制的直线，将其调整到合适位置，
然后按照相同的方法再次复制一条直线，
并将其进行调整，如下图所示。

STEP 16 ▶ 将直线更改为虚线

① 按住"Shift"键，依次选择3条直线，
然后选择【格式】/【形状样式】组，单击
 形状轮廓 按钮。

② 在弹出的下拉列表中选择"虚线"子
列表中的"方点"选项。

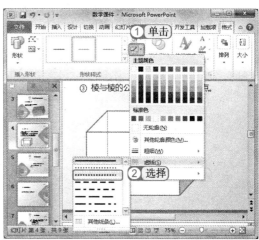

STEP 17 绘制棱锥状立体图形

选择第6张幻灯片，按照该方法绘制两个棱锥状的立体图形，效果如下图所示。

STEP 18 绘制其他立体图形

选择第8张幻灯片，在其中绘制棱锥状的立体图形，然后绘制文本框，在其中输入所需字母，效果如下图所示。

5.2.4　完善幻灯片内容并进行放映

完成形状的绘制后，接下来还可根据需要在幻灯片中添加图片、动画等元素，并进行放映，其具体操作如下：

STEP 01 插入图片

选择第7张幻灯片，在其中插入所需图片，效果如下图所示。

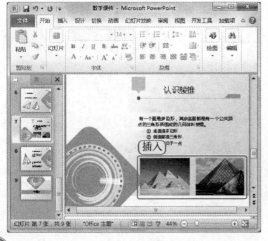

STEP 02 添加动画

选择第1张幻灯片中的标题占位符，在"动画样式"下拉列表中为其添加"飞入"动画。

STEP 03 ▶ 添加切换动画

选择第 1 张幻灯片，在"切换方案"下拉列表中选择"碎片"选项。

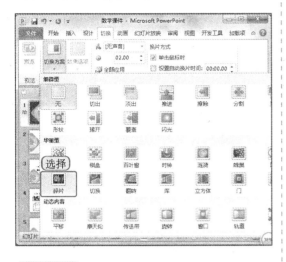

STEP 04 ▶ 开始放映幻灯片

依次为每张幻灯片中的对象添加动画效果，然后选择【幻灯片放映】/【开始放映幻灯片】组，单击"从头开始"按钮，进入幻灯片放映状态。

STEP 05 ▶ 切换幻灯片

进入幻灯片播放状态后，在幻灯片中依次单击，开始播放动画。

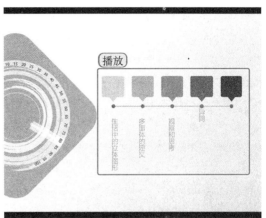

STEP 06 ▶ 退出幻灯片放映

完成幻灯片的放映后，在幻灯片播放页面单击鼠标右键，在弹出的快捷菜单中选择"结束放映"命令，即可退出幻灯片放映状态。

关键提示——测试放映

为了减少放映演示文稿时的出错率，在完成演示文稿的制作后，均需对演示文稿进行放映测试，在测试过程中，若发现幻灯片内容或动画存在错误，应及时进行修改。

5.2.5 关键知识点解析

关键知识点中"设置幻灯片背景"的相关知识点已经在第4章的4.1.5节中进行了详细讲解，这里不再赘述了。下面主要对没进行介绍的关键知识点进行讲解。

1. 超链接的应用和编辑

在 PowerPoint 2010 中，超链接的作用很大，可以链接本演示文稿中的内容，也可以链接其他文件、邮件和网页等。在幻灯片中创建超链接，不仅可以扩充幻灯片的内容，还可以实现幻灯片页面的快速跳转，让演讲者对演讲进程的控制更加流畅。

插入超链接的方法是：选择需要添加超链接的对象，选择【插入】/【链接】组，单击"超链接"按钮，在打开的对话框中选择需要链接的内容即可。

在完成超链接的插入后，若是发现超链接有误，可对其进行修改和编辑。同时，为了方便演讲者进行演讲，还可为超链接添加屏幕提示。下面将常用的编辑超链接的方法进行介绍。

（1）重新链接

选择错误的链接，在其上单击鼠标右键，在弹出的快捷菜单中选择"编辑超链接"命令，在打开的"编辑超链接"对话框中重新选择链接地址，然后单击 确定 按钮。

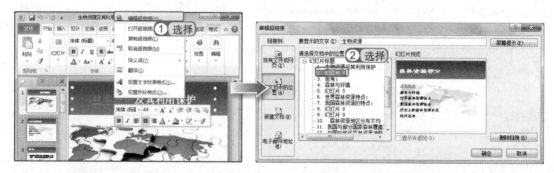

（2）删除链接

在添加了超链接后，若需取消已添加的超链接，只需选择该超链接，在其上单击鼠标右键，在弹出的快捷菜单中选择"取消超链接"命令，即可删除超链接。

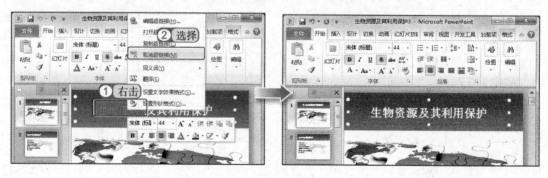

（3）添加屏幕提示

在为幻灯片中的图片或文本创建超链接时，在打开的"编辑超链接"对话框中单击
屏幕提示(P)...按钮，打开"设置超链接屏幕提示"对话框。在"屏幕提示文字"文本框中输入
所需的提示信息，然后依次单击 确定 按钮即可。在放映幻灯片时，将鼠标光标移至创建超
链接的对象上，稍作停留后便会自动显示提示信息。

技巧秒杀——链接其他文件

在 PowerPoint 2010 中，可以链接的对象还包括其他文档、网页和邮件等，其方法与链接当
前文档中的内容相似，均是在"插入超链接"对话框中进行。如单击 按钮，在打开的浏览器
中找到需链接到的页面，然后将该网页的网址复制到"地址"文本框中，并单击 确定 按钮，
即可链接网页；单击 按钮，在打开的对话框中选择所需文件，可链接文档。

2. 编辑立体形状

在 PowerPoint 2010 中制作立体效果，一般可以通过阴影、棱台、三维旋转等效果来达到
目的。在幻灯片中插入形状后，将激活"格式"选项卡，在"形状样式"功能组中，用户可
以对形状的位置、大小、样式、边框、填充色和效果等进行设置，以制作出具有立体效果的图形。

除此之外，还可以通过"设置形状格式"对话框进行设置，相较于"格式"选项卡，设
置形状格式"对话框的功能更广，还可对具体的参数进行调整。打开"设置形状格式"对话
框的方法很简单，只需单击【格式】/【形状样式】组右下角的 按钮即可。

5.3 英语课件

本例将制作英语课件，用于英语课堂的多媒体教学。通过该课件可以更好地控制课堂，将概念和实践练习更好地结合起来，让学生能及时将所学知识融会贯通。其最终效果如下图所示。

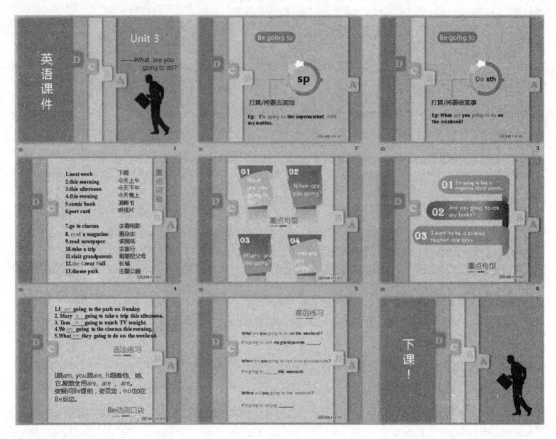

光盘\素材\第5章\英语课件图片
光盘\效果\第5章\英语课件.pptx
光盘\实例演示\第5章\英语课件

◎ 案例背景 ◎

英语课件是英语教师用于英语教学的演示文稿，可以帮助活跃课堂气氛，提高学生的积极性。根据英语教学阶段的不同，制作演示文稿的方向也会有些差异。如制作幼儿英语教学时，其主要目的是培养幼儿学习英语的兴趣、英语语感以及初步使用英语进行简单日常交流的能力，为以后进一步的学习打下基础。英语教学的课堂气氛可以很轻松，教师一般都会有针对性地将一些新颖有趣的游戏内容与教学内容结合起来，提高幼儿学习的积极性。若是制作正式的小学、初中、高中等英语课件，则要适当提炼重点。这类课件一般需要保证知识的全面性，同时为了课堂不至于死板枯燥，教师可以有目的地结合幻灯片设计形状、声音、动画等元素，对课件进行丰富。

本例制作的英语课件即是知识与形式相结合的一种教学课件，主要将使用形状、动作按钮、图片等对象，然后结合动画效果，来营造轻松有趣的课堂氛围。

◎ 关键知识点 ◎

要完成本例的制作，需要掌握几个关键知识点。这几个关键知识点的内容以及其难易程度如下。

⊃ 动作按钮的应用（★★★★）   ⊃ 形状的应用（★★★★）

5.3.1 编辑母版

下面将新建演示文稿，并对演示文稿的母版进行设置，使其有一个统一的背景样式，其具体操作如下：

STEP 01 ▶ 进入母版视图

新建"英语课件"演示文稿，选择【视图】/【母版视图】组，单击"幻灯片母版"按钮，进入母版视图。

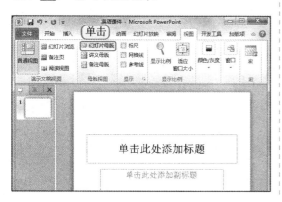

STEP 02 ▶ 设置填充选项

① 选择第 1 张幻灯片，打开"设置背景格式"对话框，选中 ◉ 图片或纹理填充(P) 单选按钮。

② 单击 文件(F)... 按钮。

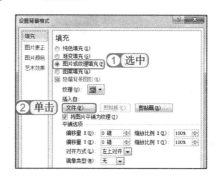

STEP 03 查看效果

打开"插入图片"对话框，在其中选择所需背景图片，然后返回"设置背景格式"对话框，单击 <u>关闭</u> 按钮，即可将该图片背景应用到标题页幻灯片中，效果如下图所示。

STEP 04 设置其他背景图片

按照该方法，依次设置其他幻灯片的背景图片，然后单击"关闭母版视图"按钮 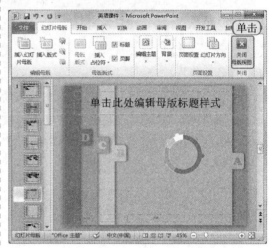，退出母版视图。

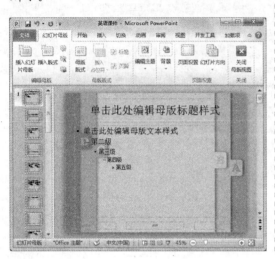

5.3.2 编辑幻灯片内容

下面将在幻灯片中添加文本、图片和形状等对象，并对其进行编辑，其具体操作如下：

STEP 01 添加文本和图片

选择第1张幻灯片，在其中添加课件所需的文本，然后插入一张图片，调整图片的大小和位置，效果如下图所示。

STEP 02 应用版式

按"Enter"键新建一张幻灯片，选择一种背景作为目录页的版式，如下图所示。

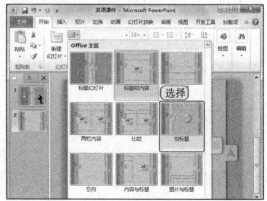

STEP 03 选择形状绘制命令

① 选择第 2 张幻灯片，选择【插入】/【插图】组，单击"形状"按钮 📄。

② 在弹出的下拉列表中选择"矩形"栏中的"圆角矩形"选项。

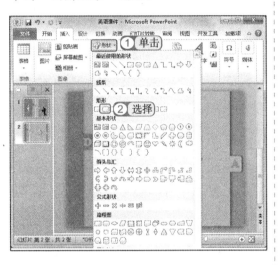

STEP 04 绘制和调整形状

拖动鼠标绘制一个圆角矩形，此时圆角矩形上将出现黄色控制点，将鼠标光标移动到形状的黄色控制点上，拖动鼠标调整圆角的弧度。

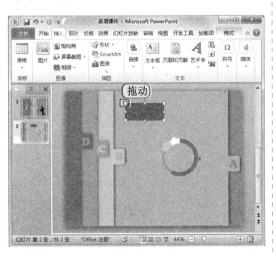

STEP 05 取消形状轮廓线条

① 选择圆角矩形形状，选择【格式】/【形状样式】组，单击 形状轮廓 按钮。

② 在弹出的下拉列表中选择"无轮廓"选项。

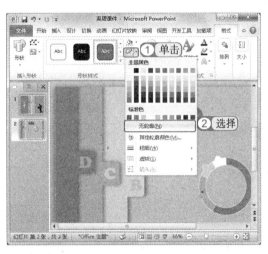

STEP 06 设置形状填充色

① 选择圆角矩形形状，选择【格式】/【形状样式】组，单击 形状填充 按钮。

② 在弹出的下拉列表中选择"橄榄色，强调文字颜色 3，深色 25%"选项。

STEP 07 ▶ 绘制文本框并添加文本

在本张幻灯片中绘制横排文本框，然后根据需要在其中输入文本内容，并设置文本的格式，使其效果如下图所示。

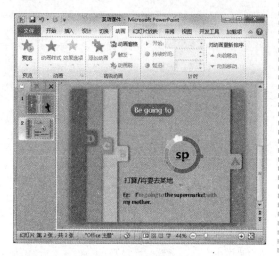

STEP 08 ▶ 绘制直线

选择第 2 张幻灯片，选择【插入】/【插图】组，单击"形状"按钮，在弹出的下拉列表中选择"直线"选项，绘制一条直线，效果如下图所示。

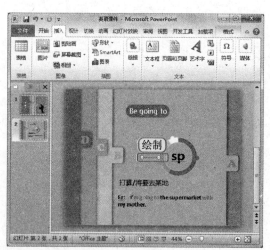

STEP 09 ▶ 设置直线的颜色

选择直线，选择【格式】/【形状样式】组，单击 形状轮廓 ▼按钮，在弹出的下拉列表中选择"白色，背景1，深色50%"。

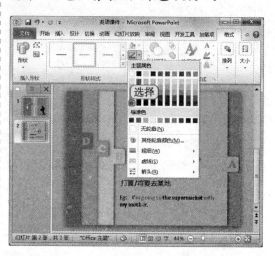

STEP 10 ▶ 设置直线的样式

保持选择直线不变，选择【格式】/【形状样式】组，单击 形状轮廓 ▼按钮，在弹出的下拉列表中选择"粗细"子列表中的"3磅"选项，在"虚线"子列表中选择"圆点"选项。

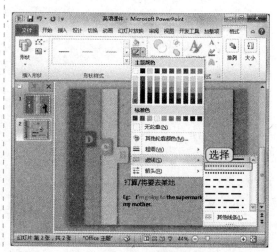

STEP 11 ▶ 复制和旋转虚线

选择虚线，按"Ctrl+C"快捷键复制虚线，按"Ctrl+V"快捷键粘贴虚线，然后拖动虚线，对其进行旋转，效果如下图所示。

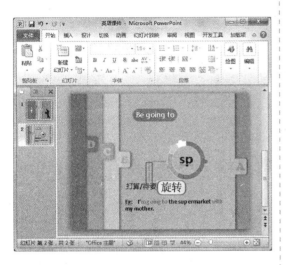

STEP 13 ▶ 插入图片并对其进行调整

新建一张内容幻灯片，在其中输入课件内容，然后再次新建一张幻灯片，在其中插入图片，对其大小和位置进行调整，使其效果如下图所示。

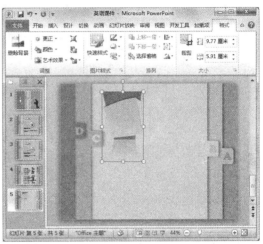

STEP 12 ▶ 复制和编辑幻灯片

复制第 2 张幻灯片，然后在复制的幻灯片中修改文本内容，其他对象保持不变，编辑完成后的效果如下图所示。

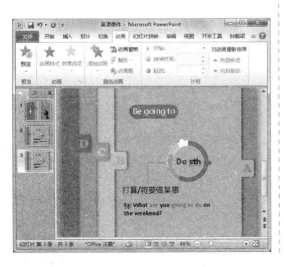

STEP 14 ▶ 插入文本框并输入文本

依次在该幻灯片中插入其他图片，然后在幻灯片中绘制文本框，将其放置于图片上方，在文本框中输入课件内容，并设置文本格式，效果如下图所示。

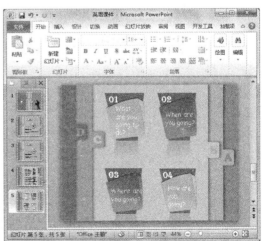

STEP 15 ▶ 选择"无轮廓"选项

在本张幻灯片中绘制一个小矩形，选择矩形形状，选择【格式】/【形状样式】组，单击 形状轮廓 按钮，在弹出的下拉列表中选择"无轮廓"选项。

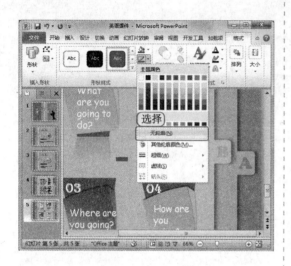

STEP 16 ▶ 设置形状的渐变色

① 打开"设置形状格式"对话框，选择"填充"选项，选中 渐变填充⑥ 单选按钮，在"渐变光圈"栏中选择第1个渐变光圈滑块。

② 单击"颜色"按钮 ，在弹出的下拉列表中选择"橙色"选项。

STEP 17 ▶ 调整渐变位置

在"渐变光圈"栏中分别将第2、3个渐变光圈的颜色设置为与橙色相近的颜色，并拖动渐变光圈滑块，调整其位置。

STEP 18 ▶ 调整渐变方向

① 单击"方向"按钮 ，在弹出的下拉列表中选择"线性对角 - 左上到右下"选项。

② 单击 关闭 按钮。

STEP 19 ▶ 查看效果

返回幻灯片编辑区，即可查看矩形形状的
效果，如下图所示。

STEP 20 ▶ 编辑其他形状

复制两个已设置好的矩形形状，对其渐变
色进行更改，将其并排排列，然后选择【格
式】/【形状样式】组，单击 □ 形状效果 ·按钮，
在弹出的下拉列表中选择"阴影"子列表
中的"右下斜偏移"选项。

STEP 21 ▶ 组合形状

选择 3 个矩形形状，选择【格式】/【排列】
组，单击 组合·按钮，在弹出的下拉列表
中选择"组合"选项。

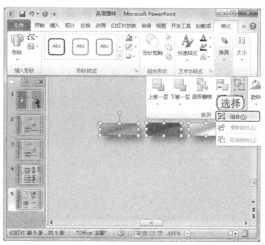

STEP 22 ▶ 插入文本框并输入文本

在矩形形状上方插入横排文本框，在其中
输入文本，并设置文本格式，设置完成后
的效果如下图所示。

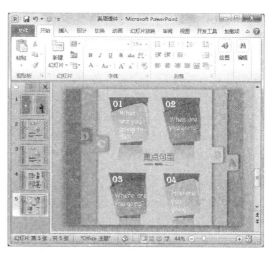

STEP 23 编辑其他幻灯片

新建其他幻灯片，依照前面讲解的方法，
根据需要在其中添加图片、文本和形状等
对象，效果如下图所示。

关键提示——设置渐变颜色

在为形状设置颜色渐变效果时，若需
体现出立体的渐变效果，可选择同一颜色，
对其深浅浓淡进行适当调整。本例中即是
采用同色填充的方法对形状进行填充。

技巧秒杀——自由调整线性方向

在"设置形状格式"对话框的"角度"
数值框中输入具体数值，可任意调整形状填
充颜色的渐变方向和角度。

5.3.3 添加动作按钮

在幻灯片中添加动作按钮，以便对幻灯片放映进行控制。下面介绍添加和编辑动作按钮
的方法，其具体操作如下：

STEP 01 绘制动作按钮

选择第2张幻灯片，选择【插入】/【插图】
组，单击"形状"按钮，在弹出的下拉列表
中选择"动作按钮：后退或前一项"选项，
在幻灯片底部绘制一个动作按钮。

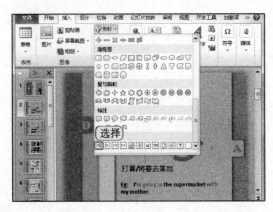

STEP 02 打开"动作设置"对话框

完成动作按钮的绘制后，将自动打开"动
作设置"对话框，保持默认设置不变，单
击 确定 按钮。

STEP 03 ▶ 编辑动作按钮的填充色

选择绘制的动作按钮，选择【格式】/【形状样式】组，单击 🎨形状填充 ▾ 按钮，在弹出的下拉列表中选择"红色，强调文字颜色2，淡色 40%"选项。

STEP 04 ▶ 编辑动作按钮的轮廓线颜色

选择绘制的动作按钮，选择【格式】/【形状样式】组，单击 ✏️形状轮廓 ▾ 按钮，在弹出的下拉列表中选择"白色，背景1，深色 40%"选项。

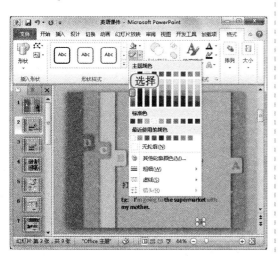

STEP 05 ▶ 绘制其他动作按钮

按照该方法依次绘制"动作按钮：前进或下一项"、"动作按钮：开始"和"动作按钮：结束"，并分别对其填充颜色和轮廓线进行设置，效果如下图所示。

STEP 06 ▶ 复制动作按钮

选择所有动作按钮，按"Ctrl+C"快捷键进行复制，然后将其分别粘贴在除首尾页幻灯片的所有内容幻灯片中，效果如下图所示。

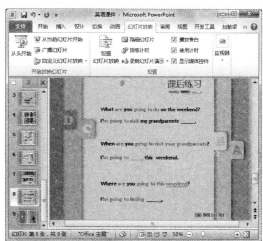

5.3.4 添加动画并放映

下面将为幻灯片添加动画效果和切换效果，并对幻灯片进行放映测试，其具体操作如下：

STEP 01 添加进入动画

① 选择第 1 张幻灯片中的标题占位符，选择【动画】/【动画】组，单击"动画样式"按钮★。

② 在弹出的下拉列表中选择"进入"栏中的"飞入"选项。

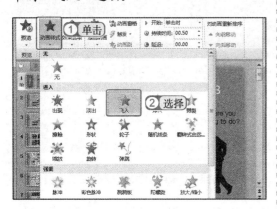

STEP 02 设置动画效果选项

① 保持选择状态不变，选择【动画】/【动画】组，单击"效果选项"按钮。

② 在弹出的下拉列表中选择"自顶部"选项。

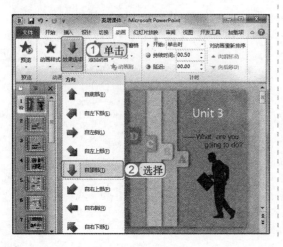

STEP 03 设置动画播放方式

① 选择【动画】/【计时】组，在"开始"下拉列表框中选择"上一动画之后"选项。

② 在"持续时间"数值框中输入"1"。

STEP 04 设置形状的动画

按照该方法依次设置副标题占位符的动画效果，然后选择第 2 张幻灯片，选择圆角矩形形状，选择【动画】/【动画】组，单击"动画样式"按钮★，在弹出的下拉列表中选择"动作路径"栏中的"直线"选项。

STEP 05 设置路径动画的位置

此时，幻灯片中将出现一个直线动画路径，将鼠标光标移动到该直线路径上，拖动鼠标改变直线路径动画的位置、方向和长度，如下图所示。

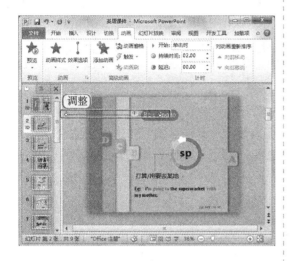

STEP 06 编辑其他动画效果

选择【动画】/【计时】组，在"开始"下拉列表框中选择"上一动画之后"选项，在"持续时间"数值框中输入"1"，然后按照该方法，依次设置其他幻灯片对象的动画效果。

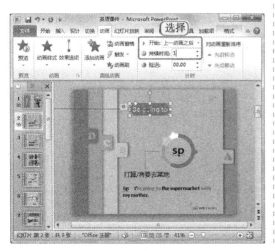

STEP 07 设置幻灯片切换效果

① 选择第1张幻灯片，选择【切换】/【切换到此幻灯片】组。

② 单击"切换方案"按钮，在弹出的下拉列表中选择"华丽型"栏中的"切换"选项。

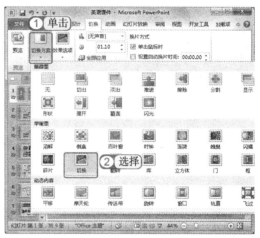

STEP 08 放映幻灯片

依次为每张幻灯片设置好动画切换效果后，按"F5"键进入幻灯片放映状态，单击切换动画效果，切换到第2张幻灯片，然后单击动作按钮进行幻灯片跳转。放映结束后，按"Esc"键退出放映。

5.3.5 关键知识点解析

关键知识点中的"动作按钮的应用"、"形状的应用"等相关知识点已经分别在前面的章节中进行了详细讲解，这里将不再赘述了，关于其具体位置分别如下。

⮕ 动作按钮的应用：该知识点的具体位置在第 4 章的 4.2.5 节。

⮕ 形状的应用：该知识点的具体位置在第 5 章的 5.2.5 节。

5.4 高手过招

1. 隐藏声音图标

在幻灯片中添加声音文件后，幻灯片中常会出现一个声音图标，若觉得该图标影响幻灯片美观，可将其隐藏，其方法是：选择声音图标，选择【播放】/【音频选项】组，选中 ☑ 放映时隐藏 复选框即可。

2. 幻灯片放映技巧

在放映幻灯片时，大多数用户均是通过单击等方式对幻灯片进行切换和控制，但在实际放映过程中，可能会出现暂停放映、黑屏放映和白屏放映等情况，此时，用户可通过查看幻灯片放映帮助，根据其中的快捷键提示对放映过程进行控制。查看幻灯片放映帮助的方法是：在放映状态的幻灯片中单击鼠标右键，在弹出的快捷菜单中选择"帮助"命令，打开"幻灯片放映帮助"对话框，在其中进行查看即可。

在商业宣传活动中，演示文稿是一种常见的宣传方式，通过 PowerPoint 2010 可以制作出各类宣传演示文稿，如企业文化宣传、企业上市宣传等。

本章将主要通过对幻灯片母版、图片、SmartArt 图形等知识的运用，讲解制作宣传类演示文稿的方法。

PowerPoint 2010 ▶

C第6章
Chapter
企业对外宣传方案

6.1 企业文化宣传

本例将制作企业文化宣传演示文稿，该演示文稿是一种对外宣传推广型的演示文稿，主要用于对公司理念、文化、发展历程等进行介绍和宣传，让其他企业或社会各界能认识和了解公司。通过本例，用户可以了解到公司文化宣传的方向和重点，并能独立制作企业文化宣传类演示文稿，其最终效果如下图所示。

光盘\素材\第6章\企业文化宣传图片素材
光盘\效果\第6章\企业文化宣传.pptx
光盘\实例演示\第6章\企业文化宣传

◉ 案例背景 ◉

　　企业文化是一个由价值观、信念、仪式、符号和处事方式等组成的特有的文化形象，是企业的内涵、气质，是企业吸引、凝聚人才的利器。企业文化是企业为解决生存和发展问题而树立形成的，强大的企业都需要有文化的支撑。

　　企业文化集中体现了一个企业经营管理的核心主张以及由此产生的组织行为。优秀的企业文化是带领一个企业走向强盛的必备武器。建设企业文化的意义体现在如下几个方面。

　　↪ 企业文化能激发员工的使命感。

　　↪ 企业文化能凝聚员工的归属感。

　　↪ 企业文化能加强员工的责任感。

　　↪ 企业文化能赋予员工的荣誉感。

　　↪ 企业文化能实现员工的成就感。

　　在建立了优秀的企业文化之后，为了让企业能吸引到更多的人才和合作方，企业还需对自己的文化进行展示，以便外界了解。

　　一般来说，对企业文化进行的展示内容包括企业核心精神、经营理念、企业大事记、企业规模、员工素质、创新精神和所获荣誉等。

　　本例制作的演示文稿即是对企业精神、企业大事记、企业荣誉和企业规模等进行宣传的一种演示文稿，其中将使用文本、图片、形状和动画等幻灯片基本元素对企业文化宣传演示文稿进行修饰和优化，使演示文稿能更加清晰、直观地展示出企业文化的精髓以及企业所获取的成就，帮助企业扩展影响力。

◉ 关键知识点 ◉

　　要完成本例的制作，需要掌握几个关键知识点。这几个关键知识点的内容以及其难易程度如下。

　　↪ 形状的填充（★★★★）　　　　　　↪ 触发器的应用（★★★★）

6.1.1 编辑幻灯片背景

下面将把演示文稿保存为"企业文化宣传"，并为标题幻灯片和内容幻灯片设置相应的图片背景，其具体操作如下：

STEP 01 新建并保存演示文稿

启动 PowerPoint 2010，新建一个空白演示文稿，并将其命名为"企业文化宣传"。

STEP 02 打开"页面设置"对话框

选择【设计】/【页面设置】组，单击"页面设置"按钮，打开"页面设置"对话框。

STEP 03 设置幻灯片页面比例

① 在"幻灯片大小"下拉列表框中选择"全屏显示（16:9）"选项。

② 单击 确定 按钮。

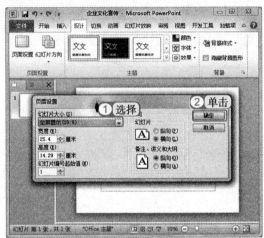

STEP 04 新建幻灯片

选择第 1 张幻灯片，按"Enter"键新建一张幻灯片。

STEP 05 选择填充选项

① 选择第 1 张幻灯片，在幻灯片编辑区单击鼠标右键，在弹出的快捷菜单中选择"设置背景格式"命令，打开"设置背景格式"对话框，选中 ⦿ 图片或纹理填充(P)单选按钮。

② 单击 文件(F)... 按钮。

STEP 06 选择背景图片

① 打开"插入图片"对话框，在其中选择"标题页 .jpg"选项。

② 单击 插入(S) 按钮。

STEP 07 查看效果

返回"设置背景格式"对话框，单击 关闭 按钮，即可将该图片背景应用到标题页幻灯片中，效果如下图所示。

STEP 08 设置第 2 张幻灯片的背景

按照相同的方法为第 2 张幻灯片应用背景图片，其效果如下图所示。

6.1.2 编辑幻灯片

编辑好幻灯片背景之后，即可为幻灯片添加文本、图片和形状等内容，其具体操作如下：

STEP 01▶ 输入和编辑文本

选择第1张幻灯片，删除副标题占位符，在标题占位符中输入"企业文化宣传"，并设置其文本格式为"微软雅黑"、"加粗"、"54"、"白色"、"右对齐"。

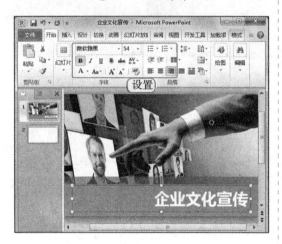

STEP 02▶ 设置文本效果

① 选择标题占位符中的文本，选择【格式】/【艺术字样式】组，单击 文本效果 按钮。

② 在弹出的下拉列表中选择"映像"子列表中的"全映像，接触"选项。

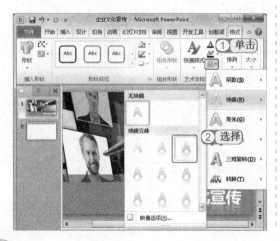

STEP 03▶ 选择绘制形状命令

① 选择第2张幻灯片，选择【插入】/【插图】组，单击"形状"按钮。

② 在弹出的下拉列表中选择"矩形"栏中的"矩形"选项。

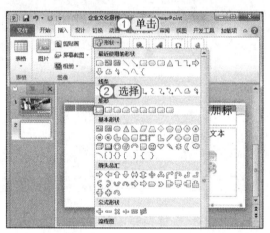

STEP 04▶ 绘制形状

此时鼠标光标将变为十形状，按住鼠标左键不放在需绘制形状的位置进行拖动，绘制一个矩形。然后选择该矩形形状，再复制一个相同大小的矩形。

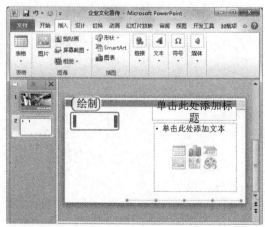

STEP 05 ▶ 取消形状的轮廓线条

① 选择两个矩形形状，选择【格式】/【形状样式】组，单击 形状轮廓 ▼ 按钮。

② 在弹出的下拉列表中选择"无轮廓"选项。

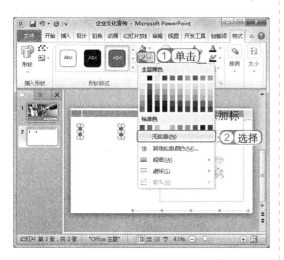

STEP 07 ▶ 填充文本内容

在第 2 张幻灯片中插入占位符，并在其中输入文本内容，然后将左侧文本的字体设置为"黑体"，右侧文本的字体设置为"方正舒体"，并分别设置所有文本的字号大小。

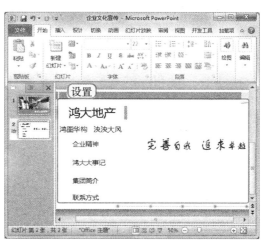

STEP 06 ▶ 设置形状的填充颜色

① 选择两个矩形形状，选择【格式】/【形状样式】组，单击 形状填充 ▼ 按钮。

② 在弹出的下拉列表中选择"橙色，强调文字颜色 6"选项。

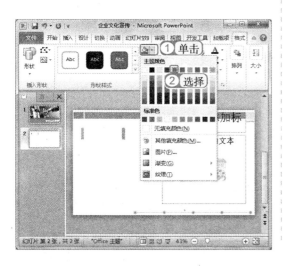

STEP 08 ▶ 插入并调整图片

选择第 2 张幻灯片，在其中插入图片，拖动图片调整其大小，并将其放置于幻灯片右侧位置，效果如下图所示。

STEP 09 更改图片层叠顺序

选择图片，选择【格式】/【排列】组，单击 下移一层 按钮，在弹出的下拉列表中选择"置于底层"选项，将图片置于文本框下方。

STEP 10 制作其他幻灯片

选择第 2 张幻灯片，按住"Ctrl"键的同时，将其拖动至幻灯片窗格空白位置，然后释放鼠标，复制一张幻灯片，然后再复制两张幻灯片并依次在其中输入和编辑文本，最后再插入图片进行美化。

STEP 11 编辑结束页幻灯片背景

按"Enter"键，新建一张空白幻灯片。在其中分别绘制矩形和圆形，设置其颜色为"橙色，强调文字颜色 6"，取消形状的轮廓，然后插入图片进行美化，效果如下图所示。

STEP 12 绘制底纹形状

再次绘制一个矩形形状，设置其颜色和轮廓分别为"橙色，强调文字颜色 6"和"无轮廓"，然后在该矩形形状上单击鼠标右键，在弹出的快捷菜单中选择"设置形状格式"命令。

STEP 13 ▶ 设置形状渐变效果和方向

打开"设置形状格式"对话框，选中
◎ 渐变填充(ɢ) 单选按钮，在"类型"下拉列
表框中选择"射线"选项，在"方向"下
拉列表框中选择"从左上角"选项。

STEP 14 ▶ 设置形状的渐变光圈效果

在"渐变光圈"栏中选择第1个渐变光圈，
单击"颜色"按钮 ，在弹出的下拉列
表中选择"橙色，强调文字颜色6，深色
25%"选项，在"透明度"数值框中输入"50"。

STEP 15 ▶ 设置其他渐变光圈的效果

按照该方法，依次设置剩余两个渐变光圈
的颜色为"橙色，强调文字颜色6，淡色
40%"和"橙色，强调文字颜色6，深色
25%"，透明度均为"50"。

STEP 16 ▶ 设置形状的柔化边缘效果

① 选择"发光和柔化边缘"选项，在"大
小"数值框中输入"30"。

② 单击 关闭 按钮。

171

STEP 17 查看形状效果

返回幻灯片编辑区，即可查看设置后的形状效果。

STEP 18 为结束页幻灯片添加文本

返回幻灯片编辑区，在其中插入文本框，输入文本，并设置文本的格式，效果如下图所示。

6.1.3 编辑动画效果并放映幻灯片

在为幻灯片添加动画效果时，可根据需要为不同的对象添加。下面为本例中的幻灯片对象添加动画效果，其具体操作如下：

STEP 01 为幻灯片添加动画

选择第1张幻灯片，选择【动画】/【动画】组，在其中为幻灯片设置动画效果，然后选择动画，选择【动画】/【计时】组，设置动画开始方式为"上一动画之后"。

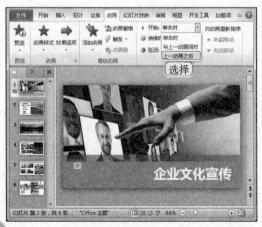

STEP 02 单击"超链接"按钮

选择第2张幻灯片中的"企业精神"文本框，再选择【插入】/【链接】组，单击"超链接"按钮。

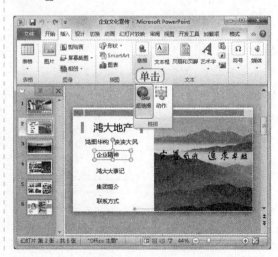

STEP 03 ▶ 设置超链接

① 打开"插入超链接"对话框,单击"链接到"列表框中的"本文档中的位置"按钮。

② 在"请选择文档中的位置"列表框中选择要链接到的第 3 张幻灯片,并单击 确定 按钮。

STEP 04 ▶ 组合文本框

按照该方法依次为"企业精神"文本框下方的 3 个文本框添加超链接,然后选择这 4 个文本框,选择【格式】/【排列】组,单击组合 ▼ 按钮,在弹出的下拉列表中选择"组合"选项。

STEP 05 ▶ 为组合图形添加触发动画

选择第 2 张幻灯片,为其中的对象添加任意动画效果,为组合图形添加"切入"动画,并将其效果选项设置为"自顶部"切入。

STEP 06 ▶ 设置触发动画

选择组合动画,选择【动画】/【高级动画】组,单击 触发 ▼ 按钮,在弹出的下拉列表中选择"单击"子列表中所需的选项,如下图所示。

为什么这么做?

将图形组合起来后,为其添加的动画效果将应用于整个图形。本例中先为组合图形应用了自顶部切入的动画,接着为该动画添加了触发效果,则在放映幻灯片时,单击被触发的对象,可让组合图形以弹出菜单的形式进行放映。

STEP 07 ▶ 添加幻灯片切换效果

依次为其他幻灯片对象添加动画效果，然后选择第1张幻灯片，选择【切换】/【切换到此幻灯片】组，在"切换方案"下拉列表中选择"碎片"选项。

STEP 08 ▶ 开始放映幻灯片

依次为每张幻灯片添加切换效果，然后选择【幻灯片放映】/【开始放映幻灯片】组，单击"从头开始"按钮，进入幻灯片放映状态。

STEP 09 ▶ 查看放映效果

演示文稿进入放映状态后，单击即可查看动画效果。在放映第2张幻灯片时，单击"鸿图华构 泱泱大风"文本框，可弹出组合图形动画。

STEP 10 ▶ 通过超链接进行跳转

将鼠标光标移动到"企业精神"文本框上单击，可跳转到第3张幻灯片，如下图所示。完成播放后，按"Esc"键退出放映。

关键提示——播放触发动画

若是不单击触发对象，则不会播放触发动画，且将直接切换到下一张幻灯片进行播放。

6.1.4 关键知识点解析

1. 形状的填充

在 PowerPoint 2010 中绘制的形状，用户可以根据需要对其颜色进行填充。填充形状颜色时，可以直接通过【格式】/【形状样式】组进行填充，填充完成后还可打开"设置形状格式"对话框对所填充的颜色进行编辑。打开"设置形状格式"对话框的方法主要有以下两种。

⮞ **通过扩展按钮打开**：选择【格式】/【形状样式】组，单击右下角的 ▫ 按钮。

⮞ **通过右键快捷菜单**：在形状上单击鼠标右键，在弹出的快捷菜单中选择"设置形状格式"命令。

"设置形状格式"对话框中提供了纯色填充、渐变填充、图片或纹理填充、图案填充和幻灯片背景填充等多种填充方式，下面分别介绍各种填充方式的方法和效果。

⮞ **纯色填充**：即使用某一种颜色直接进行填充。在进行纯色填充时，可分别设置填充的颜色和颜色的透明度，效果如下图所示。

 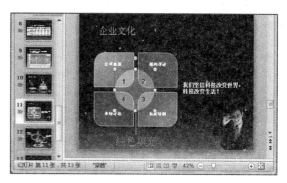

⮞ **渐变填充**：使用渐变填充可在同一形状中添加两种或两种以上颜色，在进行填充时，可分别对预设颜色、类型、方向、渐变光圈和透明度等进行设置，在"渐变光圈"栏中可根据需要添加或减少渐变光圈的个数，还可调整渐变光圈的位置，效果如下图所示。

 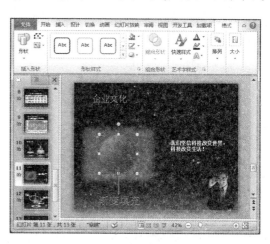

○ **图片或纹理填充**：是指使用图片或纹理来填充形状。使用图片或纹理填充形状的方法与填充幻灯片背景的方法相同，选中 ◉ 图片或纹理填充(P)单选按钮，在其下单击"纹理"按钮 ▣▾或 文件(F)... 按钮，并进行选择即可，效果如下图所示。

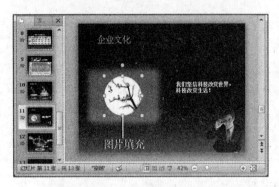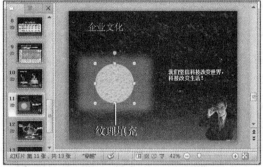

○ **图案填充**：是指使用 PowerPoint 自带的花纹和图案来填充形状，在进行图案填充时，可分别对图案的前景色和背景色进行设置，效果如下图所示。

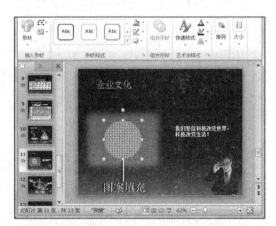

○ **幻灯片背景填充**：是指使用幻灯片背景对形状进行填充，直接选中 ◉ 幻灯片背景填充(B)单选按钮，即可完成填充，效果如下图所示。

2. 触发器的应用

触发器属于动画效果的一种，触发对象可以是图片、图形或按钮，也可以是一个段落或文本框。单击触发器时，它会触发一个操作，可触发的操作包括声音、电影和动画等。只要在幻灯片中包含动画效果、电影或声音，就可为其设置触发效果。

（1）通过功能组设置触发动画

通过功能组设置触发器的方法是：为单击对象和需触发对象添加相应的动画效果，然后选择触发对象，选择【动画】/【高级动画】组，单击 ⚡触发▾ 按钮，在弹出的下拉列表中选择"单击"选项，在其子列表中显示了添加的触发对象，选择所需的对象即可。为幻灯片对象成功添加完触发动画后，该动画旁边会出现一个⚡形状的触发器标志，效果如下图所示。

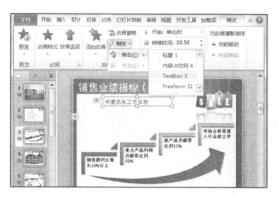 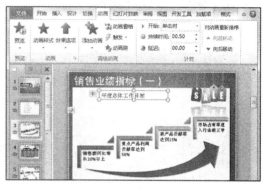

（2）通过动画效果对话框设置触发动画

除了可直接通过"高级动画"组设置触发器效果外，还可以打开动画效果对话框，在其中对触发器效果进行设置。其方法是：选择【动画】/【高级动画】组，单击 动画窗格 按钮，打开"动画窗格"，在其中选择需要添加触发效果的动画对象，在其上单击鼠标右键，在弹出的快捷菜单中选择"计时"命令，打开动画效果对话框，单击 触发器(I)▾ 按钮，选中
◉ 单击下列对象时启动效果(C): 单选按钮，在其后的下拉列表框中选择所需选项，然后单击 确定 按钮即可。

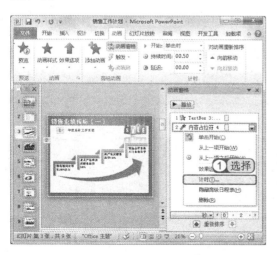 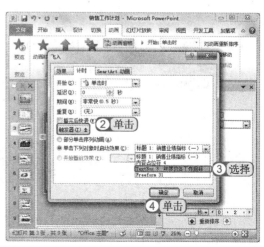

‖6.2 企业上市宣传

本例将制作公司上市宣传演示文稿，用于进行企业上市宣传。通过该演示文稿可以查看公司的基本信息、公司概况及公司营运对象，其最终效果如下图所示。

光盘\素材\第6章\企业上市宣传图片素材
光盘\效果\第6章\企业上市宣传.pptx
光盘\实例演示\第6章\企业上市宣传

◎案例背景◎

企业上市指股份公司首次向社会公众公开招股的发行方式。通常，上市公司的股份是根据向相应证券会出具的招股书或登记声明中约定的条款，通过经纪商或者市商进行销售。企业欲在国内证券市场上市，必须经历综合评估、规范重组和正式启动 3 个阶段，一般来说，一旦首次公开上市完成后，这家公司就可以申请到证券交易所或报价系统挂牌交易。

企业上市就意味着成本消耗的增加，同时需遵守和履行的义务也会增加，为了让企业上市后的发展更加顺利，企业上市后皆需注意以下几点。

（1）规范运作。上市公司要严格按照《公司法》、《证券法》等相关法律法规的要求，完善股东大会、董事会、监事会制度，形成权力机构、决策机构、监督机构与经理层之间权责分明、各司其职、有效制衡、科学决策、协调运作的法人治理结构、规范股东大会、董事会、监事会和经理等高管人员的运作等。

（2）严格遵守股票上市协议。股票上市协议是上市公司与交易所签订的用以规范股票上市行为的协议。上市协议中明确规定了公司上市后应履行的各项义务，公司上市后应积极履行在股票上市协议中承诺的各项义务，包括严格遵守股票上市规则、按时缴纳上市费等。

（3）提高公司运营的透明度。上市公司要切实履行作为公众公司的信息披露义务，严格遵守信息披露规则，保证信息披露内容的真实性、准确性、完整性、及时性和公平性，增强信息披露的有效性。公司股东及其他信息披露义务人，要积极配合和协助上市公司履行相应的信息披露义务。

（4）配合监管部门进行各项检查。公司上市后将接受证监会、证监会派出机构、交易所三方的监管，证监会及其派出机构将对上市公司规范运作、信息披露、募集资金进行巡回检查。公司应积极配合监管部门的各项检查，并落实监管部门的监管意见。

本例制作的企业上市宣传演示文稿，是公司上市后，为了让社会各界了解企业，方便企业进行融资，扩大企业发展平台的一种手段。根据上市企业宣传的方向和重点不同，在制作宣传类文档或广告时，其侧重点也不尽相同。常包含的宣传内容包括企业的规模、企业的文化、企业的历史和企业的成就等。

本例将主要以企业规模、企业发展等内容为主，结合 SmartArt 图形、幻灯片母版等知识，制作企业上市宣传演示文稿。

◎关键知识点◎

要完成本例的制作，需要掌握几个关键知识点。这几个关键知识点的内容以及其难易程度如下。

⊃ 组合形状的应用（★★★）　　　　　⊃ SmartArt 图形的应用（★★★★）

6.2.1 编辑母版

本例制作的企业上市宣传演示文稿，将首先通过母版对幻灯片版式进行统一设置，其具体操作如下：

STEP 01 ▶ 进入母版

新建空白演示文稿，将其命名为"企业上市宣传"，选择【视图】/【母版视图】组，单击"幻灯片母版"按钮 ▭，进入幻灯片母版。

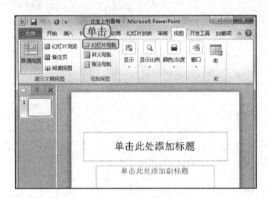

STEP 02 ▶ 添加背景图片

① 在第 1 张母版幻灯片空白区域单击鼠标右键，在弹出的快捷菜单中选择"设置背景格式"命令，打开"设置背景格式"对话框，选中 ⦿ 图片或纹理填充(P) 单选按钮。

② 单击 文件(F)... 按钮。

STEP 03 ▶ 选择背景图片

① 打开"插入图片"对话框，在其中选择所需的背景图片"2.png"。

② 单击 插入(S) 按钮。

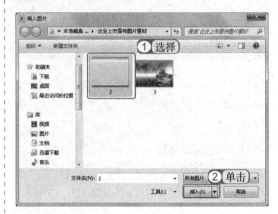

STEP 04 ▶ 查看效果

完成上述操作后，即可将图片用作幻灯片背景。按照该方法为第 2 张母版幻灯片插入背景图片，效果如下图所示。

STEP 05 ▶ 绘制形状

选择第 3 张母版幻灯片，选择【插入】/【插图】组，单击"形状"按钮🔲，在弹出的下拉列表中选择"基本形状"栏中的"新月形"选项。

STEP 06 ▶ 调整新月形状

选择绘制的新月形形状，拖动绿色控制点调整形状的角度，然后拖动其轮廓上的黄色控制点，调整新月形状大小。

STEP 07 ▶ 选择填充选项

在绘制的新月形形状上单击鼠标右键，在弹出的快捷菜单中选择"设置形状格式"命令，打开"设置形状格式"对话框，选中⊙ 渐变填充(G) 单选按钮。

STEP 08 ▶ 设置形状渐变色

在"渐变光圈"栏中分别设置第 1、2、3 个渐变光圈的颜色为"蓝色，强调文字颜色 1，深色 25%"、"蓝色，强调文字颜色 1，淡色 60%"和"蓝色，强调文字颜色 1，深色 25%"。

STEP 09 取消形状轮廓

在"设置形状格式"对话框中选择"线条颜色"选项，选中 ◉ 无线条(N)单选按钮，取消形状的轮廓线。

STEP 10 设置形状阴影样式

在"设置形状格式"对话框中选择"阴影"选项，单击"预设"按钮 □▾，在弹出的下拉列表中选择"向下偏移"选项。

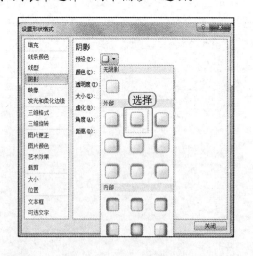

STEP 11 设置形状阴影效果

单击"颜色"按钮 ▧▾，在弹出的下拉列表中选择"黑色"选项，分别设置"透明度"、"大小"、"虚化"、"角度"和"距离"分别为"60"、"100"、"10"、"127"和"5"。

STEP 12 复制形状样式

再次绘制一个正圆形，放置于新月形右上方，选择新月形，按"Shift+Ctrl+C"组合键，然后选择正圆形，按"Shift+Ctrl+V"组合键，将新月形的形状样式复制到正圆形上。

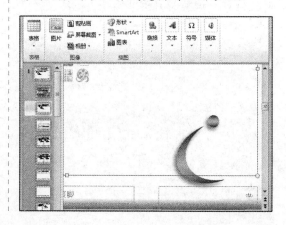

关键提示——预览形状样式

在"设置形状格式"对话框中对形状格式进行编辑时，幻灯片中的形状样式将同步发生变化，可供用户对效果进行预览。若取消选择形状，则"设置形状格式"对话框将处于不可编辑状态。

STEP 13 设置文本

绘制一个文本框，在其中输入"宏大"文本，并设置其字体格式为"方正粗倩简体"、"32"、"蓝色，强调文字颜色1，深色25%"。

STEP 14 设置艺术字样式

选择"宏大"文本框，选择【格式】/【艺术字样式】组，单击"艺术字样式"按钮，在弹出的下拉列表中选择"渐变填充 - 蓝色，强调文字颜色1，轮廓 - 白色，发光 - 强调文字颜色2"选项。

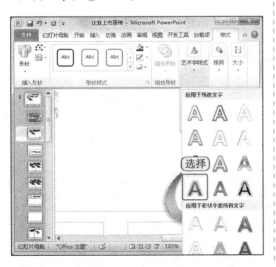

STEP 15 转换艺术字样式

选择艺术字，选择【格式】/【艺术字样式】组，单击 文本效果 按钮，在弹出的下拉列表中选择"转换"子列表中的"腰鼓"选项。

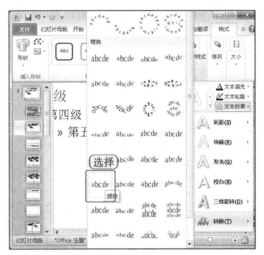

STEP 16 组合形状

调整形状和艺术字的大小和位置，然后按住"Shift"键不放，依次单击选择新月形、圆形和艺术字，选择【格式】/【排列】组，单击 组合 按钮，在弹出的下拉列表中选择"组合"选项。

6.2.2 创建并美化 SmartArt 图形

制作演示文稿时，经常需要插入 SmartArt 图形。下面讲解在幻灯片中插入和编辑 SmartArt 图形的方法，其具体操作如下：

STEP 01 输入并设置文本

退出母版编辑状态，选择第 1 张幻灯片，在其中输入"宏大集团"、"上市宣传手册"文本，并分别设置文本的字体格式，其效果如下图所示。

STEP 02 插入 SmartArt 图形

按"Enter"键新建一张幻灯片，在其中输入所需文本内容，然后选择【插入】/【插图】组，单击"SmartArt"按钮，打开"选择 SmartArt 图形"对话框，在左侧选择"列表"选项，在右侧列表框中选择"交替六边形"选项。

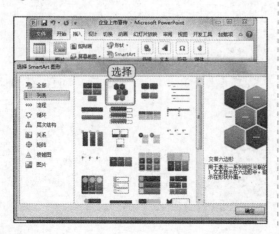

STEP 03 在 SmartArt 图形中输入文本

单击选择 SmartArt 图形中的单个形状，切换到常用输入法，在其中输入文本。

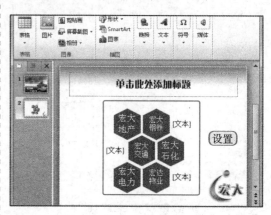

STEP 04 删除多余形状

按住"Shift"键不放，依次单击选择 SmartArt 图形中的多余形状，然后按"Delete"键将其删除。

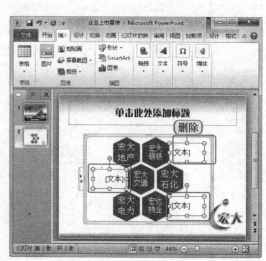

本例中宏大集团的商标是基于"标题和内容"版式进行绘制的,所以仅有应用"标题和内容"版式的幻灯片中才会出现集团 Logo。而若是将集团 Logo 绘制于母版中的第 1 张幻灯片中,则所有版式的幻灯片中都将出现该标志。本例中,不需要在首尾幻灯片中应用集团 Logo,故不能在第 1 张幻灯片中进行绘制。

STEP 05 更改 SmartArt 图形颜色

选择 SmartArt 图形,选择【设计】/【SmartArt 样式】组,单击"更改颜色"按钮,在弹出的下拉列表中选择"彩色范围 - 强调文字颜色 4 至 5"选项。

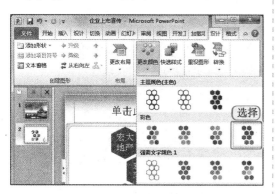

STEP 06 设置 SmartArt 图形样式

选择 SmartArt 图形,选择【设计】/【SmartArt 样式】组,单击"更改颜色"按钮,在弹出的下拉列表中选择"鸟瞰场景"选项。

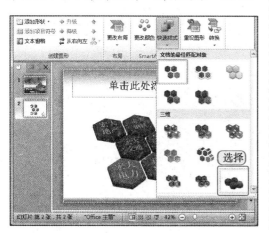

STEP 07 编辑内容页文本

完成 SmartArt 图形的编辑后,将其调整到合适大小和位置,然后在该页幻灯片中输入所需文本内容,效果如下图所示。

STEP 08 编辑其他页文本

按照该方法依次新建幻灯片,并在其中插入文本和图片,完成幻灯片的基本编辑,其效果如下图所示。

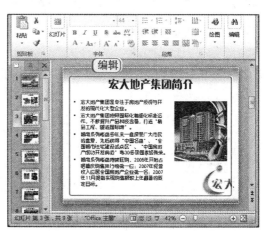

6.2.3 添加动画并放映

公司上市宣传类演示文稿并不需要制作过于绚丽的动画效果，只需起到灵活生动的作用即可。下面将为幻灯片中的对象添加动画效果和为幻灯片添加切换效果，其具体操作如下：

STEP 01 添加动画

选择第 1 张幻灯片中的标题占位符，在【动画】/【动画】组中为其添加自左侧飞入的动画效果。

STEP 02 添加切换动画

选择第 1 张幻灯片，选择【切换】/【切换到此幻灯片】组，在"切换方案"下拉列表中选择切换动画。

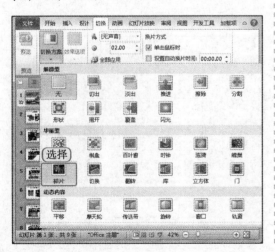

STEP 03 开始放映幻灯片

依次为每张幻灯片中的对象添加动画效果，然后选择【幻灯片放映】/【开始放映幻灯片】组，单击"从头开始"按钮，进入幻灯片放映状态。

STEP 04 切换幻灯片

在幻灯片中依次单击，开始播放动画。播放完成后，按"Esc"键退出放映状态。

6.2.4 关键知识点解析

1. 组合形状的应用

在 PowerPoint 2010 中，组合形状的方法主要有两种：一种是通过【格式】/【排列】组进行组合，另一种是通过"组合形状"功能组进行组合。前者是最常用的组合方法，可组合的对象包括文本框、图片和形状等，主要作用是将零散的个体组合成一个整体，以方便用户进行移动和排列。而后者则主要是针对形状的一种组合方式，该方法可以将两个以上的形状组合成一个新的形状，且被组合的形状将成为一个完全的整体，无法解除组合。下面分别对两种组合方式进行介绍。

（1）"排列"功能组

选择需要组合的对象，选择【格式】/【排列】组，单击 组合 按钮，在弹出的下拉列表中选择"组合"选项，即可将所选对象组合起来。

（2）"组合形状"功能组

在 PowerPoint 2010 中，通过"组合形状"功能组可以快速地将形状裁剪、相交、组合为任意图形。在默认情况下，"组合形状"功能组并未显示在 PowerPoint 2010 工作界面上，需要用户自行进行设置。下面介绍在 PowerPoint 2010 工作界面中自定义添加"组合形状"功能组的方法，其具体操作如下：

STEP 01 ▶ 选择所需选项

① 启动 PowerPoint 2010，选择【文件】/【选项】命令，打开"PowerPoint 选项"对话框，选择"自定义功能区"选项。

② 在"自定义功能区"下拉列表中选择"工具选项卡"选项。

③ 在其下方列表框的"绘图工具"栏中双击 格式 复选框，在展开的列表中选择"形状样式"选项。

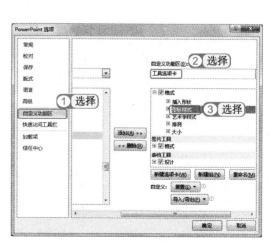

STEP 02 ▶ 新建功能组

① 单击 新建组(N) 按钮，在展开的列表中选择"新建组(自定义)"选项，单击 重命名(M)... 按钮。

② 打开"重命名"对话框，在"显示名称"文本框中输入"组合形状"文本。

③ 单击 确定 按钮。

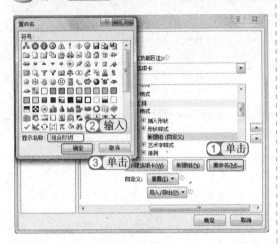

STEP 03 ▶ 添加功能选项

① 返回"PowerPoint选项"对话框，在"从下列位置选择命令"下拉列表框中选择"不在功能区中的命令"选项。

② 在其下方的列表框中分别选择"形状剪除"、"形状交点"、"形状联合"和"形状组合"选项，单击 添加(A) >> 按钮，将其添加到右侧新建的"组合形状"功能组中。

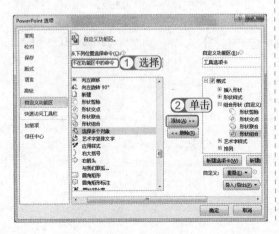

STEP 04 ▶ 查看效果

单击 确定 按钮返回 PowerPoint 2010 工作界面，即可查看到已成功添加的"组合形状"功能组。

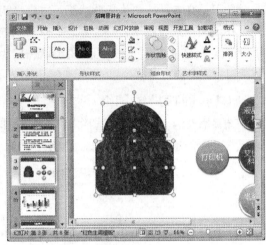

技巧秒杀——删除"组合形状"功能组

添加了"组合形状"功能组后，用户也可以根据需要将其删除。删除"组合形状"功能组的方法是：打开"PowerPoint选项"对话框，选择"自定义功能区"选项，在"自定义功能区"下拉列表中选择"工具选项卡"选项，在其下方列表框的"绘图工具"栏中双击☑格式复选框，在展开的列表中选择"组合形状（自定义）"选项，然后单击 << 删除(R) 按钮，然后对设置进行确定应用即可。需要注意的是，删除"组合形状"功能组的路径须与创建的路径一致，若用户创建的"组合形状"功能组与本例所讲的路径不一致，则需根据自己的路径进行选择删除。

（3）任意组合形状

添加"组合形状"功能组后，就可对绘制的形状进行组合。其方法是：选择已绘制的多个形状，调整形状的位置，使各形状之间有联系，然后全选需要组合的形状，选择【格式】/【组合形状】组，在其中选择所需的选项即可。

"组合形状"下拉列表中包含"形状联合"、"形状组合"、"形状交点"和"形状剪除"4个选项。各选项的含义分别介绍如下。

⊃**形状联合**：是指将多个相互重叠或分离的形状结合生成一个新的图形对象。

⊃**形状交点**：是指多个形状的未重叠的部分将被剪除，重叠的部分将被保留并生成一个新的图形对象。

⊃**形状组合**：是指将多个相互重叠或分离的形状结合生成一个新的图形对象，但形状的重合部分将被剪除。

⊃**形状剪除**：是指将被剪除的形状覆盖或被其他对象覆盖的部分清除所产生新的对象。

2. SmartArt 图形的应用

在幻灯片中创建了 SmartArt 图形后，还可根据需要对 SmartArt 图形进行编辑，包括调整 SmartArt 图形的位置和大小、添加和删除形状、调整形状顺序、重设形状以及将 SmartArt 图形转换为形状或文本等。

（1）改变 SmartArt 图形的大小和位置

当 SmartArt 图形的大小和位置不符合需要时，就需对其进行调整。在 SmartArt 图形中，不仅可以调整单个形状的大小和位置，还可以调整整个 SmartArt 图形的大小和位置，它们的操作方法一样。下面以调整单个形状的大小和位置为例进行介绍其操作方法。

⊃**调整形状的大小**：选择 SmartArt 图形中的单个形状后，在其周围将出现一个边框，将鼠标光标移到边框四角或四边中间控制点上，按住鼠标左键进行拖动，即可调整其大小。

⊃**调整形状的位置**：选择 SmartArt 图形中的单个形状，当鼠标光标变成十形状时，按住鼠标左键进行拖动，即可改变形状的位置。

（2）添加和删除形状

默认插入的 SmartArt 图形的形状通常较少，可能无法满足用户的需要，此时可根据需要在合适位置添加形状。而当 SmartArt 图形中的形状超过所需时，还可将其删除。下面对删除和添加形状的方法介绍如下。

⊃ 添加形状：选择单个形状，选择【设计】/【创建图形】组，单击 添加形状 按钮，在弹出的下拉列表中选择所需选项即可。

⊃ 删除形状：选择需删除的单个形状，在键盘上按"Delete"键即可将其删除。

（3）形状的升级或降级

在编辑 SmartArt 图形的过程中，如果发现形状之间的级别不正确，可以根据需要对各形状的级别进行调整，如将下一级的形状提升一级，将上一级的形状降低一级。调整形状级别的方法比较简单，选择需升级或降级的形状，选择【设计】/【创建图形】组，单击 升级 按钮或 降级 按钮，即可提升或降低形状的级别。

（4）更改 SmartArt 图形的布局

若是发现幻灯片中的 SmartArt 图形不能很好地与幻灯片风格相搭配，或无法表现各数据、各内容之间的关系，可在保持关系图中内容不变的情况下对其布局进行更改。其方法是：选择 SmartArt 图形，选择【设计】/【布局】组，单击"更改布局"按钮下方的 按钮，在弹出的下拉列表中选择所需选项。

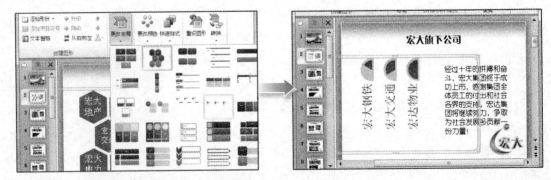

（5）更改 SmartArt 图形的形状和颜色

在 PowerPoint 2010 中插入 SmartArt 图形时，PowerPoint 会根据幻灯片自身的颜色搭配自动为 SmartArt 图形预设出与之相符合的颜色，若不满意可对其进行更改。更改图形颜色的方法在本例中已经介绍过了，只需选择 SmartArt 图形，选择【设计】/【SmartArt 样式】组，单

击 "更改颜色" 按钮🎨，在弹出的下拉列表中选择所需选项即可。

此外，用户也可对 SmartArt 图形中单个形状进行更改，其方法是：选择单个形状，选择【格式】/【形状】组，单击 ⬚ 更改形状 · 按钮，在弹出的下拉列表中选择所需的形状选项即可，如下图所示。

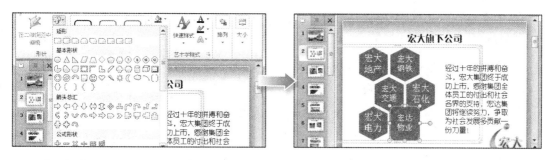

（6）为 SmartArt 图形应用样式

在 PowerPoint 2010 中提供了很多 SmartArt 样式，用以美化 SmartArt 图形，为 SmartArt 图形应用样式的方法与为图片应用样式类似，本例中也对该知识点进行了应用。其具体方法是：选择 SmartArt 图形，选择【设计】/【SmartArt 样式】组，单击 "SmartArt 样式" 列表框右下方的▾按钮，在弹出的下拉列表中选择所需选项即可。

（7）重设 SmartArt 图形

插入 SmartArt 图形后，如果对 SmartArt 图形的效果不满意，可对其进行重设。其方法是：选择 SmartArt 图形，选择【设计】/【重置】组，单击 "重设图形" 按钮🖌，即可取消已为 SmartArt 图形设置的所有样式和效果。

∥6.3 高手过招

1. 将 SmartArt 图形转换为形状或文本

在幻灯片中插入的 SmartArt 图形，还可以将其转换成形状或文本。转换 SmartArt 图形的方法很简单，选择 SmartArt 图形，选择【设计】/【重置】组，单击 "转换" 按钮🖳，在弹出的下拉列表中选择 "转换为文本" 或 "转换为形状" 选项即可。如下图所示为将 SmartArt 图形转换为形状。

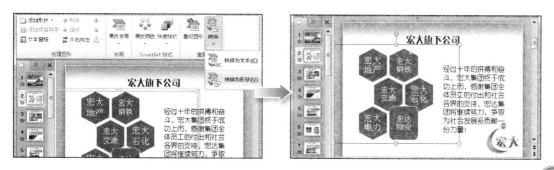

2. 常用 SmartArt 图形使用技巧

在 PowerPoint 2010 中，不同的图表其使用场合都不一样。下面对常用的 SmartArt 图形的使用技巧进行介绍。

- **组织结构图**：最为常见，它是表现雇员、职称和群体关系的一种图表，可以形象地反映组织内各机构、岗位上下左右相互之间的关系，是政府、企业和事业单位最常用的图表之一。制作这类关系图最大的难点就是如何把复杂的结构与画面的美观性结合起来，并且还要保持画面简洁。

- **流程图**：是指用一些规定的符号及一些线条连接起来表示、说明某一过程，使这一过程形象化、清晰化。制作这类流程图最基本的要求就是简洁、形象，要求把复杂的流程简洁化，把抽象的文字形象化。

- **并列关系图**：是指所有对象都是平等的，没有主次之分，按照一定的顺序罗列出来。并列的对象一般都是由标题和解释性文本组成，几个对象在大小、形状和色彩等方面都要保持一致。所以，在制作这类关系图表时，只需要制作一个，然后进行复制，更改形状的颜色即可。

- **循环关系图**：是指几个对象按照一定的顺序循环发展的过程，通常是用循环指向的箭头表示。循环的过程一般都较复杂。在制作这类关系图时，应尽可能把循环的对象凸显出来，并使画面能一目了然。

- **包含关系图**：是指一个对象包含多个或一个对象的图表，对象中包含的多个对象之间可以是并列关系，也可以是其他更复杂的关系。制作这类关系图最主要的是体现出包含关系，最常见的都是将一个或多个对象用一个闭合的图形包含进去。

在现今商务活动中，演示文稿不仅可用于会议、课堂等场合，同时它还是广告宣传的"宠儿"，被广泛用于产品的宣传和推广中。本例将结合美化图片、设置图片艺术化效果、批量处理图片等知识，讲解制作产品宣传类演示文稿的方法。

PowerPoint 2010

第7章 Chapter

产品宣传与推广

7.1 新品上市

本例将制作新品上市宣传演示文稿，对产品进行宣传和推广。通过该演示文稿，可以让消费者对当前新品以及新品的基本信息有一个大致了解，以起到促进消费者消费的作用，其最终效果如下图所示。

光盘 \ 素材 \ 第 7 章 \ 新品上市图片素材
光盘 \ 效果 \ 第 7 章 \ 新品上市 .pptx
光盘 \ 实例演示 \ 第 7 章 \ 新品上市

◎案例背景◎

新品上市是指企业为了获得新的利润增长点，而面向市场和广大消费者推出的准备上市的新产品或新服务。一般来说，新品上市的目的主要可以概括为 3 个方面：第一，为了满足顾客新的需求；第二，为了占领新兴的市场；第三，为了建立新的利润区，提高企业效益。

新品上市并非简单地推出产品即可，而需要综合考虑商场要求、地区消费习惯、季节变化、库存比例、新货品状况等因素。为了配合新品的销售，新品上市培训也是必不可少的一步，主要培训内容包括货品知识、陈列方法、商品特性和使用方法等这些都是销售人员需要掌握的知识。

新产品上市需要做3个方面的工作：一是新产品包装，二是新产品招商，三是新产品入市。这3个方面相互作用，相互推动，相互影响，也相辅相成，缺一不可，三者完美结合，才能推动新产品成功上市。

本例制作的演示文稿主要用于商场新品上市期间的宣传和推广，并非新品上市策划方案，其主要作用是让消费者获取新品的基本信息。本例将主要通过美化图片、添加动画等知识，对上市新品进行推广宣传，让消费者对新品特点及优势能一目了然，从而达到促进销售的作用。

◎ 关键知识点 ◎

要完成本例的制作，需要掌握几个关键知识点。这几个关键知识点的内容以及其难易程度如下。

⊃ 美化图片（★★★★）

7.1.1 编辑幻灯片版式

在制作幻灯片之前，用户可根据自己的需要和喜好为幻灯片编辑一个合适美观的版式。下面介绍编辑版式的方法，其具体操作如下：

STEP 01 新建并保存演示文稿

启动 PowerPoint 2010，新建一个空白演示文稿，并将其命名为"新品上市"。选择第 1 张幻灯片，选择【插入】/【插图】组，单击"形状"按钮 ，在弹出的下拉列表中选择"燕尾形箭头"选项。

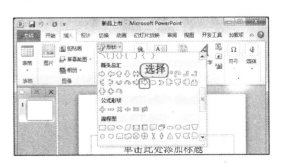

STEP 02 ▶ 选择所需选项

拖动鼠标绘制一个形状，选择【格式】/【形状样式】组，单击 形状填充 按钮，在弹出的下拉列表中选择"其他填充颜色"选项。

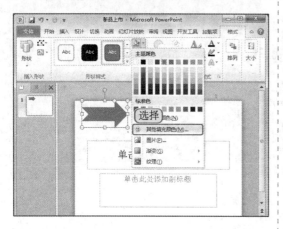

STEP 03 ▶ 设置颜色属性

① 打开"颜色"对话框，选择"自定义"选项卡，分别在"红色"、"绿色"、"蓝色"数值框中输入"110"、"160"、"165"。

② 单击 确定 按钮。

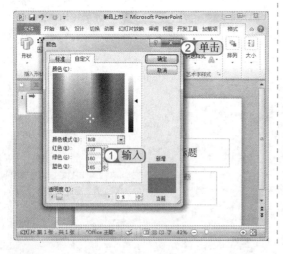

STEP 04 ▶ 调整形状

将形状的轮廓线设置为"无轮廓"，将形状角度设置为"向左旋转90°"，然后让其移动到幻灯片左上方，如下图所示。

STEP 05 ▶ 绘制并编辑矩形形状

绘制一个矩形形状，打开"颜色"对话框，分别将其"红色"、"绿色"、"蓝色"设置为"110"、"160"、"175"，取消其轮廓线条，效果如下图所示。

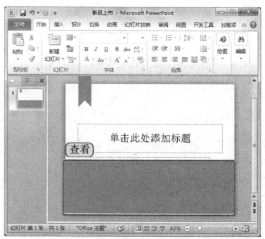

关键提示——调整颜色的数值

　　若是用户不知道该如何调整颜色的数值，可将含有所需颜色的图片导入 Photoshop 图像软件中进行查看，再在 PowerPoint 2010 中进行设置。

STEP 06 ▶ 插入图片和文本

形状绘制完成后，在当前幻灯片中插入"0.png"图片，将图片放置于矩形形状上，然后在占位符中输入"家佳购物商城"、"新品推荐"文本，并设置其字体格式分别为"微软雅黑"、"48"和"宋体"、"36"，并调整占位符的位置。

STEP 07 ▶ 绘制并设置线条的格式

按"Enter"键新建一张空白幻灯片，在其中绘制一条直线，选择【格式】/【形状样式】组，在其列表框中选择"粗线 - 强调颜色 1"选项。

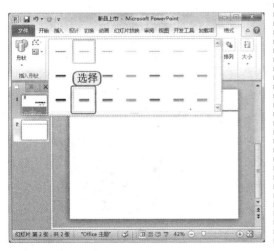

STEP 08 ▶ 更改线条的颜色

选择线条，选择【格式】/【形状样式】组，单击 形状轮廓▼ 按钮，在弹出的下拉列表中选择"其他轮廓颜色"选项，打开"颜色"对话框，分别将其"红色"、"绿色"、"蓝色"设置为"110"、"160"、"165"，效果如下图所示。

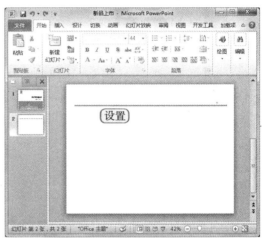

STEP 09 ▶ 完善第 2 张幻灯片

按照该方法继续在该幻灯片中绘制矩形，设置其"红色"、"绿色"、"蓝色"数值分别为"55"、"105"、"125"。设置完成后再输入文本，并设置文本格式为"黑体"、"36"和"黑体"、"20"，效果如下图所示。

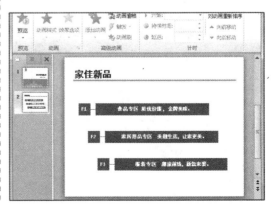

STEP 10 编辑其他幻灯片的版式

按照该方法依次新建空白幻灯片,在其中绘制和编辑形状样式,然后输入文本,设置文本格式,其效果如下图所示。

为什么这么做?

本例中幻灯片的版式均为逐张依次设计,并未通过幻灯片母版进行统一设置。逐张设计幻灯片版式的灵活性更强,更易于后期的编辑和调整。由于本例幻灯片版式并不具备规律性,所以不建议通过母版进行设置。但在设计页数较多的幻灯片时,最好能通过幻灯片母版进行统一设置,以节约演示文稿的制作时间。

7.1.2 图片的艺术化

对于产品宣传类演示文稿来说,图片是非常重要的一个元素。下面将介绍编辑美化图片的方法,其具体操作如下:

STEP 01 批量选择图片

选择第4张幻灯片,打开"新品上市图片素材"文件夹,按住"Ctrl"键不放,依次选择"1.jpg"、"2.jpg"、"3.jpg"、"4.jpg"图片选项,然后按"Ctrl+C"快捷键进行复制。

STEP 02 批量插入图片

切换到 PowerPoint 2010 工作界面,在第4张幻灯片中按"Ctrl+V"快捷键进行粘贴,即可将图片批量插入幻灯片中。

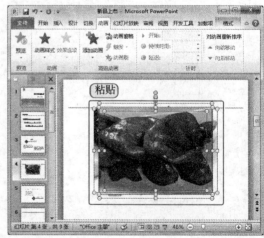

STEP 03 ▶ 调整和对齐图片

① 将图片的大小调整为大致相同，并将其按上下各两张的方式分散排列于幻灯片中。选择上方两张图片，选择【格式】/【排列】组，单击 对齐 按钮。

② 在弹出的下拉列表中选择"顶端对齐"选项。

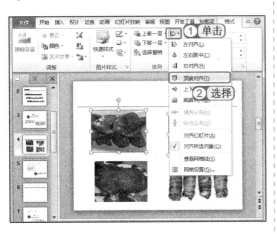

STEP 04 ▶ 调整图片对比度和亮度

① 按照该方法，依次对其他图片进行对齐操作，使其排列整齐。选择左上方图片，选择【格式】/【调整】组，单击"更正"按钮 。

② 在弹出的下拉列表中选择"亮度：+20% 对比度：0%（正常）"选项。

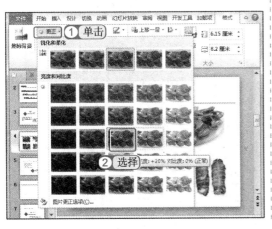

STEP 05 ▶ 调整图片颜色

① 选择右下角图片，选择【格式】/【调整】组，单击"颜色"按钮 。

② 在弹出的下拉列表中选择"色温：11200K"选项。

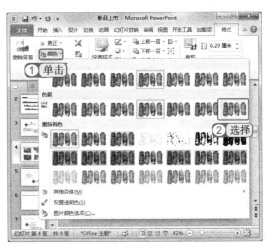

STEP 06 ▶ 设置图片样式

按住"Ctrl"键不放，依次选择本张幻灯片中的4张图片，选择【格式】/【图片样式】组，单击"快速样式"按钮 ，在弹出的下拉列表中选择"柔化边缘矩形"选项。

STEP 07 批量插入和排列图片

在第4张幻灯片中输入标题文本"熟食"。然后选择第6张幻灯片，使用批量插入图片的方法在其中插入家居生活用品的图片，并对其进行排列。

STEP 08 将图片裁剪为任意形状

选择左上方的图片，选择【格式】/【大小】组，单击"裁剪"按钮下方的 ▾ 按钮，在弹出的下拉列表中选择"裁剪为形状"子列表中的"流程图：可选过程"选项。

STEP 09 裁剪其他图片

按照该方法依次将本张幻灯片中的其他图片裁剪为"流程图：文档"、"剪去单角的矩形"和"对角圆角矩形"，其效果如下图所示。

STEP 10 为图片添加边框

在第6张幻灯片中输入标题文本"家居"，然后选择第8张幻灯片，在其中插入图片并进行排列。任意选择两张图片，选择【格式】/【图片样式】组，单击 图片边框 ▾ 按钮，在弹出的下拉列表中选择"浅蓝"选项。

STEP 11 查看整页幻灯片效果

按照该方法，将其余两张幻灯片的图片边框颜色设置为"黄色"。在幻灯片中绘制横排文本框，输入"服装"文本，效果如下图所示。

关键提示——选择边框的颜色

在为图片添加边框线时，最好根据幻灯片的主题颜色来挑选边框的颜色。若幻灯片主题颜色为淡色系，则边框颜色也可设置为相对的淡色系，且边框线不宜过粗。

技巧秒杀——复制图片边框

与形状格式一样，图片边框也可直接进行复制，其方法是：按"Shift+Ctrl+C"组合键进行复制，再按"Shift+Ctrl+V"组合键进行粘贴。需要注意的是，若所复制对象应用了其他样式或效果，则该效果将一并被复制。

7.1.3 编辑动画并放映

当演示文稿中图片素材较多且具有广告性质时，可根据需要为幻灯片设计相对绚丽的动画效果。下面将为幻灯片中的对象添加动画效果，并进行放映，其具体操作如下：

STEP 01 为幻灯片添加动画

① 选择第4张幻灯片左上方和右下方的图片，选择【动画】/【动画】组，单击"动画样式"按钮★，在弹出的下拉列表中选择"更多进入效果"选项，打开"添加进入效果"对话框，在其中选择"温和型"栏中的"基本缩放"选项。

② 单击 确定 按钮。

技巧秒杀——快速应用动画

在效果对话框中直接双击所需动画，可快速应用该动画效果。

STEP 02 ▶ 添加动画

保持选择状态不变，选择【动画】/【高级动画】组，单击"添加动画"按钮★，在弹出的下拉列表中选择"强调"栏中的"跷跷板"选项。

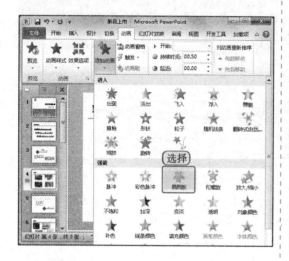

STEP 03 ▶ 选择"计时"命令

选择【动画】/【高级动画】组，单击 动画窗格按钮，打开"动画窗格"，在其中选择前两个进入动画，并在其上单击鼠标右键，在弹出的快捷菜单中选择"计时"命令。

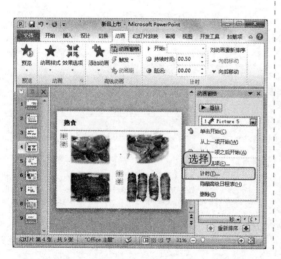

STEP 04 ▶ 设置动画开始方式

① 打开"基本缩放"对话框，在"开始"下拉列表框中选择"与上一动画同时"选项。

② 单击 确定 按钮。

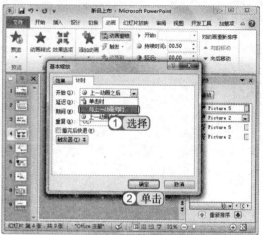

STEP 05 ▶ 设置强调动画的开始方式

按照该方法，在"动画窗格"中将第1个强调动画的开始方式设置为"上一动画之后"，将第2个强调动画的开始方式设置为"与上一动画同时"。

STEP 06 设置第 2 组图片的进入动画

选择左下方和右上方的图片，打开"更改进入效果"对话框，将其进入动画效果设置为"翻转式由远及近"。

STEP 07 设置进入动画的播放方式

① 在"动画窗格"中选择第 1 个"翻转式由远及近"进入动画，选择【动画】/【计时】组，在"开始"下拉列表框中选择"上一动画之后"选项。

② 在"延迟"数值框中输入"1"。

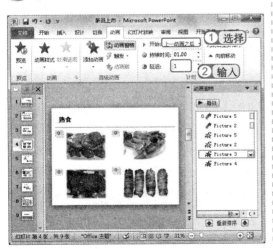

STEP 08 设置第 2 组图片的强调动画

选择左下方和右上方的图片，选择【动画】/【高级动画】组，单击"添加动画"按钮 ，在弹出的下拉列表中选择"强调"栏中的"脉冲"选项。

STEP 09 设置强调动画的播放方式

在"动画窗格"中选择第 1 个"脉冲"强调动画，将其开始方式设置为"上一动画之后"，将第 2 个"脉冲"强调动画的开始方式设置为"与上一动画同时"。

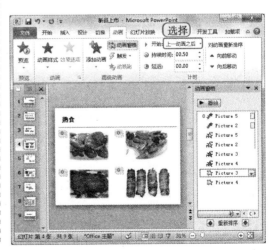

STEP 10 ▶ 编辑其他对象的动画效果

选择文本框，为其添加自左侧飞入的动画效果，并将其开始方式设置为"上一动画之后"。选择直线，将其动画效果设置为与文本框一样。

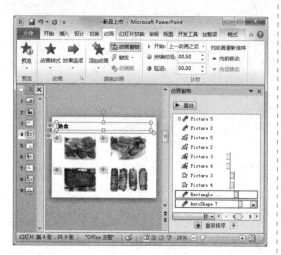

STEP 11 ▶ 调整动画的顺序

在"动画窗格"中选择文本框和直线的动画效果，按住鼠标左键不放，将其拖动至图片动画之前，如下图所示。

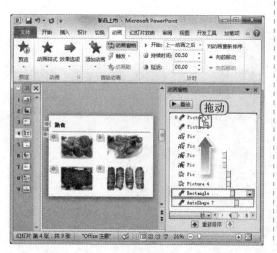

STEP 12 ▶ 绘制动画路径

选择第6张幻灯片，将图片移动到幻灯片编辑区外，并交换第1排两张图片的位置。选择左上角图片，选择【动画】/【动画】组，在"动画样式"下拉列表中选择"直线"选项，为图片添加直线动作路径。

STEP 13 ▶ 调整动画路径

选择直线路径，将鼠标光标移动到直线路经的红色端点，按住鼠标左键不放进行拖动，改变动画运动的方向。

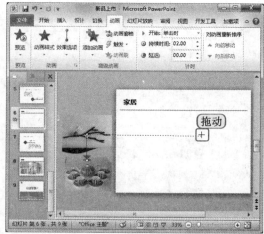

STEP 14 设置动画路径的播放效果

选择动画路径，选择【动画】/【计时】组，在"开始"下拉列表框中选择"上一动画之后"选项，在"持续时间"数值框中输入"0.5"。

STEP 15 设置其他图片的动画路径

按照该方法，为剩余的图片绘制直线动画路径，并将其动画播放方式设置为与左上角图片一样。选择【动画】/【预览】组，单击"预览"按钮★，预览动画效果。

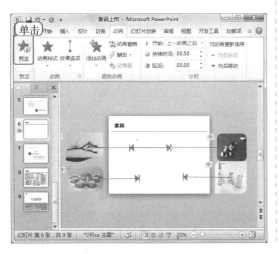

STEP 16 添加动画效果

选择本张幻灯片中的 4 张图片，为其添加"回旋"进入动画，然后打开"动画窗格"，选择第 1 个"回旋"进入动画，将其开始方式设置为"上一动画之后"。

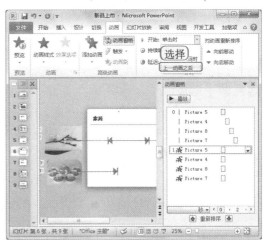

STEP 17 设置其他幻灯片的动画

按照该方法依次为剩余的幻灯片应用动画效果，根据情况将其动画开始方式设置为"上一动画之后"或"与上一动画同时"，并调整动画之间的播放顺序。

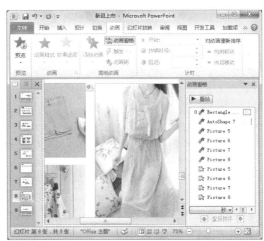

STEP 18 ▶ 设置幻灯片切换动画

选择第1张幻灯片,为其应用"切换"幻灯片切换动画,然后选择【切换】/【计时】组,取消选中 单击鼠标时 复选框,选中 设置自动换片时间: 复选框,在其后的数值框中输入"5"。

STEP 19 ▶ 选择放映类型命令

按照该方法依次设置其他幻灯片的切换效果,然后选择【幻灯片放映】/【设置】组,单击"设置幻灯片放映"按钮。

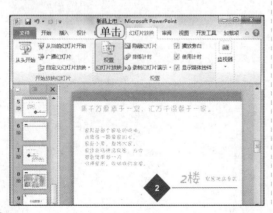

STEP 20 ▶ 设置类型方式

① 打开"设置放映方式"对话框,在其中选中 在展台浏览(全屏幕)(K) 单选按钮,其他设置保持默认不变。

② 单击 确定 按钮。

STEP 21 ▶ 放映幻灯片

按"F5"键进入幻灯片放映状态,幻灯片将自动进行放映,放映结束后按"Esc"键退出放映即可。

7.1.4　关键知识点解析

PowerPoint 2010 具有强大的图片美化功能，如本例中介绍的排列图片、调整颜色、调整对比度和亮度、应用样式等。除此之外，用户在实际编辑幻灯片的过程中，还可为图片应用样式、排列次序、删除背景、隐藏和显示等操作。下面对常用的美化图片的方法进行介绍。

1. 排列图片

当需在一张幻灯片中插入多张图片时，为了版面的美观，就需对插入的图片进行排列。下面对排列图片的方法进行介绍。

⊃ **通过"对齐"下拉列表**：选择需对齐的多张图片，选择【格式】/【排列】组，单击 对齐 按钮，在弹出的下拉列表中选择需要的对齐选项。

⊃ **通过参考线排列**：选择一张图片，将其拖动到一定位置时，在工作界面中将自动出现一条虚线，该虚线为当前幻灯片中其他图片的参考线，如下图所示。

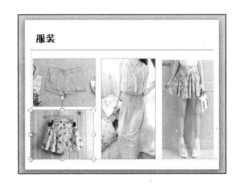

2. 更改图片的叠放次序

叠放次序是指将几个图形重合时，它们之间的叠放层次关系。默认情况下，多个图形将根据插入幻灯片的先后顺序从上到下叠放，顶层的图形会遮住与下层图形重合的部分。更改图片叠放次序的方法是：选择需改变叠放次序的图片，选择【格式】/【排列】组，单击 上移一层 按钮或 下移一层 按钮右侧的 按钮，在弹出的下拉列表中选择所需的选项，即可改变图片的叠放次序。

3. 设置图片特殊效果

PowerPoint 2010 中提供了丰富的图片样式，通过它们可让图片效果更加丰富、生动，从而提高幻灯片的美观性。设置图片特殊效果的方法是：选择图片，再选择【格式】/【图片样式】组，在其中选择相应选项或单击相应按钮，即可快速为图片设置样式。设置图片样式的常用操作方法分别如下。

- 应用图片样式：选择图片，选择【格式】/【图片样式】组，单击样式列表框右下角的 按钮，在弹出的下拉列表中选择所需的图片样式。该方法即为本例中介绍的为图片应用样式的方法。

- 设置特殊图片效果：选择图片，选择【格式】/【图片样式】组，单击"图片效果"按钮 ，在弹出的下拉列表中选择所需选项。该方法主要用于设置图片的立体效果，本章第 2 个实例中将进行详细讲解。

- 设置图片版式：如果有多张图片，并希望为每张图片搭配文本介绍，可设置图片版式。其方法是：选择需设置的图片，选择【格式】/【图片样式】组，单击 图片版式 按钮，在弹出的下拉列表中有多种版式可供选择。该方法与 SmartArt 图形中的"图片"图表一样，用户需通过编辑 SmartArt 图形的方法对其进行编辑。

4. 调整图片亮度和对比度

该方法即本例中介绍的美化图片的方法，主要是对色泽异常、曝光度不足或曝光过度的图片进行修饰。其方法是：选择【格式】/【调整】组，单击"更正"按钮 ，在弹出的下拉列表中选择所需选项。

5. 调整图片的颜色

PowerPoint 2010 可快速调整图片颜色。调整图片颜色的方法是：选择需调整颜色的图片，选择【格式】/【调整】组，单击"颜色"按钮 ，在弹出的下拉列表中选择所需选项。

6. 图片的艺术化

PowerPoint 2010 提供了非常丰富的图片效果，为了提高演示文稿的制作速度，用户可直接调用 PowerPoint 提供的艺术片效果，而不必再使用其他图形图像软件。其方法是：选择图片，选择【格式】/【调整】组，单击"艺术效果"按钮 ，在弹出的下拉列表中选择所需的艺术化效果选项。

7. 删除图片背景

在演示文稿中插入图片时，为了幻灯片的美观性，需要使图片与幻灯片背景相搭配。此时，可通过 PowerPoint 强大的图片编辑功能删除图片的背景，使图片与背景融为一体。删除背景的方法是：选择图片，选择【格式】/【调整】组，单击"删除背景"按钮 ，此时图片的背景将变为紫红色，拖动鼠标调整图片区域的大小。选择【背景消除】/【优化】组，单击"标记要保留的区域"按钮 ，此时鼠标光标变为 形状，将鼠标移动到需删除的图片区域并单击，即可看到已标记区域呈正常颜色显示，表示该区域已保留。选择完成后，选择【背景消除】/【关闭】组，单击"保留更改"按钮✔。

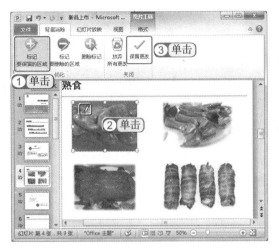 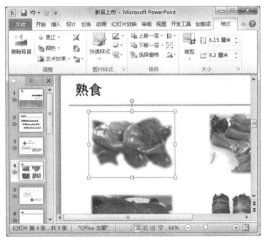

8. 隐藏和显示图片

在 PowerPoint 2010 中编辑幻灯片时，经常会遇到需在同一张幻灯片中插入多张图片的情况。此时，若为重叠放置的图片依次设置图片效果或动画效果，就需频繁调整上层图片的位置，显得非常麻烦。其实，PowerPoint 2010 提供了显示和隐藏幻灯片的功能，可让用户在不改变原图片排列顺序和位置的情况下对图片进行设置。

显示和隐藏图片的方法是：选择任意图片，选择【格式】/【排列】组，单击 选择窗格 按钮，打开"选择和可见性"窗格，在其中可查看本页幻灯片中的所有图片、文本框等对象。在每个对象选项后，均有一个 状标志，单击该图标，即可将所选对象隐藏。同时，在"选择和可见性"窗格中单击 、 按钮，还可调整图片的叠放顺序。

 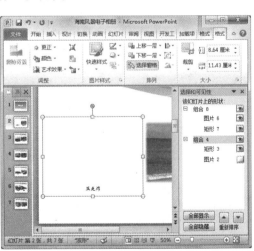

7.2 会展产品宣传

本例将制作会展产品宣传演示文稿，以便在会展期间对公司的家居装修和室内设计等技术的品牌形象进行宣传。在本例中，图片为幻灯片主要元素，将首先为图片设置立体效果，最后再通过图表对计算后的数据进行对比，其最终效果如下图所示。

光盘\素材\第7章\会展产品宣传图片素材
光盘\效果\第7章\会展产品宣传.pptx
光盘\实例演示\第7章\会展产品宣传

◎ 案例背景 ◎

会展是会议、展览和大型活动等集体性活动的简称，其概念内涵是指在一定地域空间内，许多人聚集在一起形成的定期或不定期、制度或非制度的传递和交流信息的群众性社会活动，其概念的外延还包括各种类型的博览会、展览展销活动、大型会议、体育竞技运动、文化活动和节庆活动等。会展具有强大的经济功能，包括联系和交易功能、整合营销功能、调节供需功能、技术扩散功能、产业联动功能以及促进经济一体化功能等。

从商务活动的角度来讲，会展是一种宣传手段，参展宣传的效果好坏直接影响到会展的最终效果。所以企业在参展时，需有目的、有方式地进行宣传。一般来说，为了达到良好的参展效果，需做到以下几个方面。

首先，企业可以与其他市场推广活动协同开展，将参展信息渗透到其他媒体活动中，使会展得到更好的宣传。如在广告中提示会展展位、在网站及定制通信中宣传参展信息等。

其次，企业可以借助会展主办方为参展商提供的免费宣传指南进行宣传。大多数会展都会为参展商提供全面的参展宣传指南，企业应确保这些宣传指南被发放到了合适的人员手中，要充分利用一切免费为企业做宣传的机会。

最后，要重视会展目录。会展目录是最权威的观展指南，里面会对所有参展商进行详细的介绍，包括参展商的企业、展品、展位的分布等信息。随着科技的发展，如今参展目录已不仅是在展会期间发放，它还会在展会相关网站上进行发放，是观众制定观展计划的重要依据。因此，尽可能利用展会中的免费宣传机会，在会展目录中尽可能详细地对企业即将推出的新产品进行介绍，强调产品给客户带来的利益应多于产品本身的技术数据。

本例制作的会展产品宣传演示文稿，主要用于企业参展后在展台向观展人员进行宣传。此类宣传多为产品展示，一般较为重视产品的特点和优势。在本例中，将着重对产品形象进行展示，并要为演示文稿设置合理的动画，将其放映方式设置为观众自行浏览，以方便观展者进行查看。

◎ 关键知识点 ◎

要完成本例的制作，需要掌握几个关键知识点。这几个关键知识点的内容以及其难易程度如下。

⊃ 设置图片的立体化（★★★）

7.2.1 设置模板样式

本例将首先通过母版对幻灯片背景及页面比例进行设置。下面介绍设置母版背景的方法，其具体操作如下：

STEP 01 进入母版

新建空白演示文稿，将其命名为"会展产品宣传"。选择【视图】/【母版视图】组，单击"幻灯片母版"按钮，进入幻灯片母版。

STEP 02 设置幻灯片页面

① 选择【设计】/【页面设置】组，单击"页面设置"按钮，打开"页面设置"对话框，在"幻灯片大小"下拉列表框中选择"自定义"选项，在"宽度"和"高度"数值框中分别输入"33"和"19"。

② 单击 确定 按钮。

STEP 03 设置幻灯片背景

将"会展产品宣传图片素材"文件夹中的图片依次插入幻灯片母版中，其效果如下图所示，然后退出母版编辑状态。

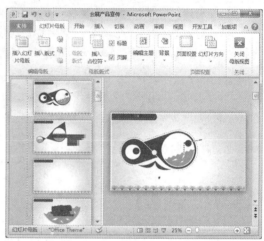

为什么这么做?

本例中，在为幻灯片编辑背景时，并未通过 PowerPoint 设置背景的功能进行操作，而是直接将背景图片插入到幻灯片母版中。使用直接插入图片的方法设置幻灯片背景，相比将图片设置为背景来说，前者的效果更灵活，用户可以根据实际需要对图片大小、图片需要摆放的位置进行调整，以配合幻灯片的风格和版式。一般来说，在将图片插入到幻灯片母版中后，图片将处于最顶层，若需在母版中编辑文本，则可将图片的叠放次序设置为"置于底层"，将占位符显示出来。本例中不需要使用文本占位符，故无须将图片置于底层，只要将其大小调整到覆盖整张幻灯片即可。

7.2.2　为图片设置立体效果

为了让产品图片效果更吸引观展者的眼球，下面将为图片设置立体化的效果，其具体操作如下：

STEP 01　编辑第 1 张幻灯片

在第 1 张幻灯片中绘制横排文本框，并在其中输入文本内容，然后设置文本内容的字体格式，其效果如下图所示。

STEP 02　编辑第 2 张幻灯片

按 "Enter" 键新建一张幻灯片，在该幻灯片中绘制文本框，并输入和设置文本，效果如下图所示。

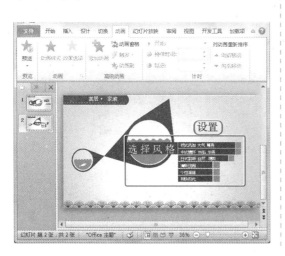

STEP 03　选择 "设置图片格式" 命令

为第 3 张幻灯片应用内容页版式，并在其中插入 "欧式风尚 .jpg" 图片，选择所插入的图片，在其上单击鼠标右键，在弹出的快捷菜单中选择 "设置图片格式" 命令。

STEP 04　设置图片亮度和对比度

打开 "设置图片格式" 对话框，选择 "图片更正" 选项，在 "亮度和对比度" 栏的 "亮度" 数值框中输入 "20"。

STEP 05 设置图片的三维格式

① 选择"三维格式"选项，在"棱台"栏中单击"顶端"按钮，在弹出的下拉列表中选择"硬边缘"选项，在其后的"宽度"和"高度"数值框中均输入"12"。

② 将底端棱台效果设置为与顶端一样，"宽度"和"高度"均设置为"18"。

③ 在"深度"数值框中输入"10"。

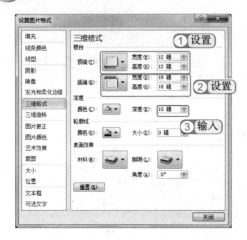

STEP 06 设置图片的三维旋转

① 选择"三维旋转"选项，单击"预设"按钮，在弹出的下拉列表中选择"透视"栏中的"上透视"选项。

② 在"透视"数值框中输入"50"。

STEP 07 设置图片的映像效果

① 选择"映像"选项，单击"预设"按钮，在弹出的下拉列表中选择"紧密映像，8pt 偏移量"选项。

② 在"透明度"数值框中输入"60"，"大小"数值框中输入"15"，其他保持默认设置不变。

③ 单击 关闭 按钮。

STEP 08 完善第 3 张幻灯片

返回幻灯片编辑区，即可查看图片的效果。在该幻灯片中绘制文本框，输入文本，并对文本格式进行设置，效果如下图所示。

STEP 09 插入并裁剪图片

复制幻灯片，在其中插入"中式情怀
1.jpg"和"中式情怀2.jpg"图片，将其裁
剪为"圆角矩形"形状，然后拖动黄色控
制点调整圆角的角度大小。

STEP 10 设置图片三维格式

① 打开"设置图片格式"对话框，选择
"三维格式"选项，在"棱台"栏中单击"顶
端"按钮，在弹出的下拉列表中选择"硬
边缘"选项，在其后的"宽度"和"高度"
数值框中分别输入"12"和"24"。

② 在"角度"数值框中输入"320"。

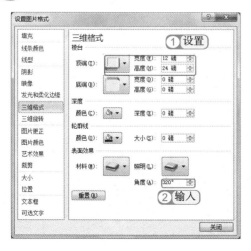

STEP 11 设置图片的阴影效果

选择"阴影"选项，单击"颜色"按钮
，在弹出的下拉列表中选择"黑色"
选项，然后在"透明度"、"大小"、"虚化"、
"角度"和"距离"数值框中分别输入"30"、
"100"、"10"、"90"和"5"。

STEP 12 设置图片的边框效果

① 选择"线型"选项，在"宽度"数值
框中输入"15"。

② 在"联接类型"下拉列表框中选择"圆
形"选项，其他设置保持默认不变。

STEP 13 设置图片的边框颜色

① 选择"线条颜色"选项，选中 ◎ 实线(S) 单选按钮。

② 单击"颜色"按钮 🎨▾，在弹出的下拉列表中选择"白色，背景1，深色15%"选项。

③ 单击 关闭 按钮。

STEP 14 复制图片效果

返回幻灯片编辑区，选择已设置立体效果的图片，按"Shift+Ctrl+C"组合键复制格式，选择另一张未设置效果的图片，按"Shift+Ctrl+V"组合键粘贴格式，然后为幻灯片添加和设置文本，效果如下图所示。

STEP 15 设置图片的样式

复制幻灯片，在其中插入所需图片，调整其大小和位置。选择一张幻灯片，选择【格式】/【图片样式】组，在"快速样式"下拉列表中选择"映像棱台，黑色"选项。

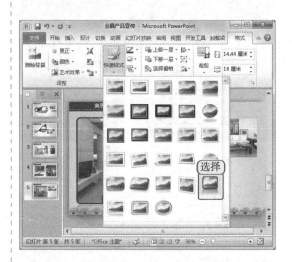

STEP 16 更改图片边框的颜色

选择图片，选择【格式】/【图片样式】组，单击 🖼 图片边框 ▾ 按钮，在弹出的下拉列表中选择"深蓝，文字2，深色50%"选项，设置后的效果如下图所示。

STEP 17▶ 完善第 5 张幻灯片

选择另一张图片，选择【格式】/【图片样式】组，在其列表框中选择"矩形投影"选项，然后在幻灯片中绘制文本框，输入文本并设置其格式，效果如下图所示。

STEP 18▶ 编辑其他幻灯片

按照该方法，依次为第 6、7、8 张幻灯片插入图片，并设置图片的效果。然后新建一张幻灯片，为其应用结束页版式，在其中输入文本并设置文本格式。

7.2.3　设置动画并放映

为图片添加合适的动画，可以让演示文稿的宣传效果更好。下面将添加和放映动画，其具体操作如下：

STEP 01▶ 添加动画

选择第 1 张幻灯片中的标题占位符，在【动画】/【动画】组中为其添加自顶部切入的动画效果，并设置其"效果选项"为"自顶部"，开始方式为"上一动画之后"。

STEP 02▶ 添加切换动画

为本页其他幻灯片对象添加动画，然后选择【切换】/【切换到此幻灯片】组，在"切换方案"下拉列表中选择"库"切换动画。

STEP 03 设置其他幻灯片放映效果

按照该方法依次为每张幻灯片中的图片和文本对象添加动画效果，将其动画开始方式设置为"与上一动画同时"或"上一动画之后"，并统一将图片动画放置于文本动画之前。

STEP 04 选择放映类型命令

选择【幻灯片放映】/【设置】组，单击"设置幻灯片放映"按钮 。

STEP 05 设置放映类型

① 打开"设置放映方式"对话框，选中 ⊙观众自行浏览(窗口)(B) 单选按钮和 ☑循环放映，按 ESC 键终止(L) 复选框，其他设置保持默认不变。

② 单击 确定 按钮。

STEP 06 放映幻灯片

按"F5"键进入幻灯片放映状态，幻灯片将自动进行放映。放映结束后，按"Esc"键退出放映即可。

7.2.4　关键知识点解析

在 PowerPoint 2010 中，用户可以根据需要为图片添加立体化效果，下面对其方法进行介绍。

1.　通过功能组设置图片的立体化

在【格式】/【图片样式】组中单击 ◉ 图片效果 ▾ 按钮，在弹出的下拉列表中选择所需选项即可。PowerPoint 2010 提供的立体效果主要包括预设、阴影、棱台和三维旋转等。下面分别对各效果进行介绍。

- ⊃ **预设效果**：包含了 12 种完全不同的效果，如边框、阴影和棱台等，每种效果都有不同的特色和风格，其质感也有很大差异。

- ⊃ **阴影效果**：即为图片添加阴影，常用于明亮清晰的幻灯片中。PowerPoint 2010 中的图片阴影效果主要有外部、内部和透视 3 种。

- ⊃ **映像效果**：相当于倒影效果。在 PowerPoint 2010 中提供了 9 种预设映像样式，不同的样式其映像程度和范围也不一样。

- ⊃ **发光效果**：是指在图片四周添加光晕。在选用发光效果时，深色背景应尽量选用浅色发光效果，浅色背景可以适当选择深色发光效果。

- ⊃ **柔化边缘**：可以模糊图片和幻灯片背景的边界，让图片与背景的融洽度更高。在 PowerPoint 2010 中提供了多种不同程度的柔化效果。

- ⊃ **棱台效果**：如果想使图片看上去有立体的棱角，或使图片有材质质感，可通过棱台效果来实现。

- ⊃ **三维旋转**：相当于站在三维的角度对图片进行倾斜，使其立体感更强烈。在 PowerPoint 2010 中主要有平行、透视和倾斜 3 种旋转效果。

2.　通过对话框设置图片立体化

除了功能组外，在"设置图片格式"对话框中也可为图片设置立体效果。"设置图片格式"对话框中的功能与【格式】/【图片样式】组几乎一样，但在自定义方面，功能更强大。下面对其进行介绍。

- ⊃ **阴影**：在"设置图片格式"对话框中，用户在选择图片的阴影效果后，可对阴影的"大小"、"透明度"、"虚化"和"距离"等进行自定义设置。

- ⊃ **映像**：在"设置图片格式"对话框中，用户在选择图片的映像效果后，还可对"颜色"、"大小"、"透明度"、"虚化"和"角度"等进行自定义设置。

- ⊃ **发光和柔化边缘**：在"设置图片格式"对话框中，发光和柔化边缘处于同一选项卡中，用户可根据需要对"颜色"、"大小"和"透明度"等进行自定义设置。

- ⊃ **三维旋转**：即功能组中的棱台效果，在"设置图片格式"对话框中可对其"深度"和"材质"等自定义设置。

⊃ 三维旋转：在"设置图片格式"对话框中，用户可以分别对 X、Y、Z 轴的角度进行
自定义调整。

‖7.3 公司产品推广

本例将制作旅游公司产品推广演示文稿，其属于宣传广告类演示文稿的一种，主要用于
推广公司的旅游线路。通过该演示文稿，可以让游客快速了解所推景点的看点和特点，其最
终效果如下图所示。

光盘 \ 素材 \ 第 7 章 \ 公司产品推广图片、轻音乐 .mp3
光盘 \ 效果 \ 第 7 章 \ 公司产品推广 .pptx
光盘 \ 实例演示 \ 第 7 章 \ 公司产品推广

◎ 案例背景 ◎

产品推广就是企业为扩大产品市场份额，提高产品销量和知名度，而将有关产品或服务的信息传递给目标消费者，激发和强化其购买动机，并促使这种购买动机转化为实际购买行为而采取的一系列措施。

产品推广一般都是对某个产品的性能、特点进行宣传介绍，使消费者接受、认可、购买，所以它是一种销售、营销的手段和方式。

在对产品进行市场推广之前，首先需做好产品的推广策划。一般来说，有效的产品推广必须包含以下几个因素。

第一，市场调查与分析。收集信息、分析信息是市场调查的主要任务，无论是企业自身的信息、竞争对手的信息、合作伙伴的信息（客户、物流），还是销售市场的信息，都是决策者需要调查的对象。

第二，有效的产品规划与管理。有效的产品营销策略组合即产品线设计，能够有效地占领市场，提高企业盈利能力。

第三，人员管理。在市场推广过程中，推广能否成功还要取决于人员的多少、素质高低、销售技能、团队士气和团队精神等。

第四，促销活动策划与宣传。制作响亮的宣传口号、占据好的地理环境、充分的宣传等均是产品在进行市场推广时需要重视和注意的因素。

本例制作的产品推广演示文稿，主要用于对旅游公司的线路产品进行推广。本例将使用 PowerPoint 2010 的电子相册功能，制作一个旅游景区的宣传画册，以达到宣传推广的目的。

◎ 关键知识点 ◎

要完成本例的制作，需要掌握几个关键知识点。这几个关键知识点的内容以及其难易程度如下。

⊃ 电子相册的新建（★★★★）　　　　⊃ 电子相册的编辑（★★★★）
⊃ 音频的应用（★★★）

7.3.1 制作电子相册

电子相册以图片为主要内容，因此，在创建电子相册之前，要将所需图片全部插入幻灯片中，才能设计和编辑版式，从而形成相册效果。下面介绍制作电子相册的方法，其具体操作如下：

STEP 01▶ 打开"相册"对话框

新建一个空白演示文稿，选择【插入】/【图像】组，单击"相册"按钮 下方的 ▼ 按钮，在弹出的下拉列表中选择"新建相册"选项，打开"相册"对话框，单击 文件/磁盘(F)... 按钮。

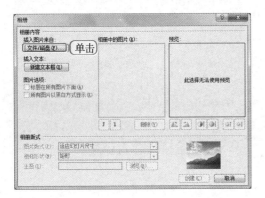

STEP 02▶ 选择插入的图片

打开"插入新图片"对话框，在"查找范围"下拉列表框中选择"公司产品推广图片素材"文件夹，在列表框中按"Ctrl+A"快捷键选择全部图片，然后单击 插入(S) ▼ 按钮。

STEP 03▶ 设置相册版式

返回"相册"对话框，在"图片版式"下拉列表框中选择"适应幻灯片尺寸"选项，单击 创建(C) 按钮。

STEP 04▶ 移动图片顺序

完成图片的插入后，单击"相册"按钮 下方的 ▼ 按钮，在弹出的下拉列表中选择"编辑相册"选项，打开"编辑相册"对话框，在"相册中的图片"列表框中选择"图片1"选项，单击 ↓ 按钮。

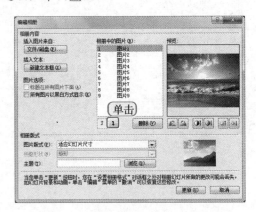

STEP 05 ▶ 调整图片的色调

① 保持选择状态不变，在"预览"列表框下单击调整亮度和对比度的按钮，调整图片的色调效果。

② 单击 更新(U) 按钮。

STEP 06 ▶ 编辑相册文本

选择第 1 张幻灯片，在其中绘制文本框，输入文本，并设置其字体格式。设置完成后的效果如下图所示。

STEP 07 ▶ 调整其他图片

按照该方法依次调整每一张幻灯片中的图片效果，并在其中编辑文本，效果如下图所示。

为什么这么做？

在新建电子相册后，PowerPoint 2010 会默认将第 1 张幻灯片设置为标题页，若用户不需要，可将其删除。由于本例要求图片效果大气、美观，为了突出景观的表现力，特意设置为第 1 张幻灯片中的图片。在以图片为主的幻灯片中，为了搭配图片的效果，还可根据需要在其中加入少量文本，对图片起到修饰或说明的作用。

关键提示——编辑图片效果

通过电子相册功能将图片插入幻灯片中，用户不仅可以通过"编辑相册"对话框对图片进行编辑，还可以通过【格式】/【图片样式】组对图片进行编辑。

7.3.2 添加动画并放映

在电子相册类宣传演示文稿中，为了达到完美的宣传效果，可为幻灯片中的对象添加动画效果，以增加演示文稿的观赏性。下面将为幻灯片中的对象添加动画效果，其具体操作如下：

STEP 01 为幻灯片添加动画

选择第1张幻灯片中的"醉爱"文本框，选择【动画】/【动画】组，为其添加"淡出"进入动画，然后选择【动画】/【高级动画】组，单击 动画窗格 按钮。

STEP 02 选择命令

打开"动画窗格"，在其中选择设置的进入动画，在其上单击鼠标右键，在弹出的快捷菜单中选择"计时"命令。

STEP 03 设置动画计时效果

打开"淡出"对话框，选择"计时"选项卡，在"开始"下拉列表框中选择"上一动画之后"选项。

STEP 04 设置动画播放效果

① 选择"效果"选项卡，在"动画文本"下拉列表框中选择"按字母"选项，在其下的数值框中输入"200"。

② 单击 确定 按钮。

STEP 05 复制动画

选择"醉爱"文本框,选择【动画】/【高级动画】组,单击 动画刷 按钮,然后单击"马尔代夫"文本框,将前一文本框的动画复制到后一文本框中,并将其"延迟"设置为"0.5"。

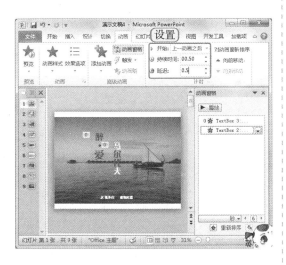

STEP 06 设置其他文本框的进入效果

选择页面最底端的文本框,为其添加"飞入"进入动画,并将其动画效果设置为"自左侧",将其开始方式设置为"上一动画之后",将"持续时间"设置为"1"。

STEP 07 添加动画效果

保持选择该文本框不变,选择【动画】/【高级动画】组,单击"添加动画"按钮 ,为其添加"飞出"退出动画,并将其动画效果设置为"自右侧",将"开始"设置为"上一动画之后","持续时间"设置为"1","延迟"设置为"2"。

STEP 08 添加退出动画

选择"醉爱"和"马尔代夫"文本框,为其添加"基本缩放"退出动画效果,将第1个"基本缩放"动画开始方式设置为"上一动画之后"。

STEP 09 添加幻灯片切换效果

按照该方法依次为其他幻灯片添加动画效果。选择第1张幻灯片，在"切换方案"下拉列表中为其应用"切换"动画。

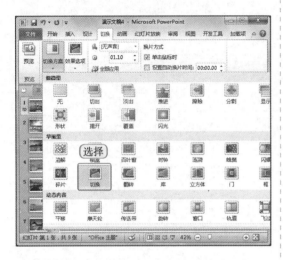

STEP 10 设置幻灯片切换效果

选择【切换】/【计时】组，在"声音"下拉列表框中选择"风铃"选项，单击 全部应用 按钮，将该幻灯片效果应用到全部幻灯片中。

STEP 11 为幻灯片插入背景音乐

① 选择第1张幻灯片，选择【插入】/【媒体】组，单击"音频"按钮，在弹出的下拉列表中选择"文件中的音频"选项，在打开的对话框中选择"轻音乐.mp3"音频文件。

② 单击 插入(S) 按钮。

STEP 12 设置背景音乐播放效果

① 选择音频图标，选择【播放】/【音频选项】组，在"开始"下拉列表框中选择"跨幻灯片播放"选项。

② 选中 ☑ 循环播放，直到停止 和 ☑ 放映时隐藏 复选框。

7.3.3 输出演示文稿

在完成演示文稿的编辑后，可根据需要将其输出为所需格式。下面介绍将演示文稿输出为图片的方法，其具体操作如下：

STEP 01 选择输出命令

将演示文稿保存为"公司产品推广"，然后选择【文件】/【另存为】命令，在"保存类型"下拉列表框中选择"JPEG 文件交换格式"选项，单击 保存(S) 按钮。

STEP 02 查看输出后的图片

在打开的提示框中单击 每张幻灯片(E) 按钮，完成输出操作，然后在保存文件夹中即可查看所保存的图片效果，如下图所示。

7.3.4 关键知识点解析

关键知识点中的"音频的应用"的相关知识点已经在第 5 章的 5.1.6 中进行了详细讲解，这里不再赘述了。下面主要对没进行介绍的"电子相册的新建"和"电子相册的编辑"关键知识点进行讲解。

1. 电子相册的新建

在制作以图片为主要对象的宣传类演示文稿时，使用电子相册可以让制作过程变得更加简单快捷。此外，电子相册功能还可用于制作员工档案、家庭相册等。新建电子相册的方法很简单，只需要选择【插入】/【图像】组，单击"相册"按钮 下方的 按钮，在弹出的下拉列表中选择"新建相册"选项，然后在打开的"相册"对话框中选择图片即可。

2. 电子相册的编辑

在完成电子相册的新建后，用户还可以根据需要对电子相册进行添加文本框、调整图片效果、添加主题、设置图片版式等操作。以上操作均可在"编辑相册"对话框中实现。下面对"编辑相册"对话框的功能进行介绍。

- ⊃ 添加文本框：在"编辑相册"对话框中单击 新建文本框(X) 按钮，可在每张幻灯片的统一位置添加一个文本框，用于添加文本。

- ⊃ 调整图片效果：在"相册中的图片"列表框和"预览"列表框下方单击相应的按钮，可调整图片的顺序、对比度、亮度和旋转角度等。

- ⊃ 调整相册版式：在"相册版式"栏的"图片版式"下拉列表框中可选择图片的版式，包括"1张幻灯片"、"2张幻灯片"、"4张幻灯片"、"1张幻灯片（带标题）和"2张幻灯片（带标题）"等。

- ⊃ 添加主题：在"相册版式"栏的"主题"文本框后单击 浏览(B)... 按钮，在打开的对话框中可为电子相册应用主题。

7.4 高手过招

1. 替换图片

在 PowerPoint 2010 中，若是已经为某张图片设置好了图片效果，却发现该图片与幻灯片内容不符，可以在保留原图片效果的基础上，直接将错误图片替换为正确图片。其方法是：选择需替换的图片，选择【格式】/【调整】组，单击 更改图片 按钮，在打开的"插入图片"对话框中选择所需图片，然后单击 打开(O) ▼ 按钮。

2. 压缩图片

图片相对较多的演示文稿，其占用的存储空间也相对较大，这时，用户可对图片进行压缩，减少演示文稿的大小。压缩图片的方法是：选择图片，选择【格式】/【调整】组，单击 压缩图片 按钮，在打开的对话框中进行相应设置。

PowerPoint 2010

在大型的招标竞标活动及企业内部的策划提案会议中，演示文稿都是一个非常实用的辅助工具。本章将主要运用制作动态图表、绘制立体圆柱图等知识，讲解制作可行性分析与策划类演示文稿的方法。

第8章

Chapter

可行性分析与策划

8.1 规划提案

本例将制作一份规划提案演示文稿，用于对家居卖场、活动、销售等进行规划。通过该演示文稿，可以让企业员工对卖场的总体情况，包括活动策划、销售策划等有一个详细的了解，其最终效果如下图所示。

光盘 \ 素材 \ 第 8 章 \ 规划提案图片素材
光盘 \ 效果 \ 第 8 章 \ 规划提案 .pptx
光盘 \ 实例演示 \ 第 8 章 \ 规划提案

◎ 案例背景 ◎

规划，即进行比较全面的长远的发展计划，是对未来整体性、长期性、基本性问题的思考、考量，并依此设计未来整套行动的方案。一般来说，规划具有长远性、全局性、战略性、方向性、概括性和鼓动性等特点。

规划需要准确而实际的数据，还需运用科学的方法进行整体到细节的设计。依照相关技术规范及标准制定有目的、有意义、有价值的行动方案。其目标具有针对性，数据具有相对精确性，理论依据具有详实及充分性。

规划关系着一个提案的成功与否，合理的规划要根据所要规划的内容，准确整理出当前有效、准确及详实的信息和数据。同时，规划制定的方案应符合相关标准，更应充分考虑实际情况及预期能动力。

本例制作的演示文稿是家居卖场的规划提案，主要通过卖场规划、销售规划和活动规划等这几个方面对家居销售活动进行策划，并依据此提案进行讨论和落实。在本例中，将主要运用制作立体图示等知识，对规划提案的制作方法进行讲解。

◎关键知识点◎

要完成本例的制作，需要掌握几个关键知识点。这几个关键知识点的内容以及其难易程度如下。

⊃ 高级日程表的应用（★★★★）　⊃ 保护幻灯片（★★★）

⊃ 立体形状的应用（★★★★）

8.1.1　绘制并编辑形状

本例将通过绘制形状和插入图片等方式来设计幻灯片的版式，并依次对形状进行编辑美化，其具体操作如下：

STEP 01▶新建并保存演示文稿

启动 PowerPoint 2010，新建一个空白演示文稿，并将其命名为"规划提案"，然后在第 1 张幻灯片中插入"图片 1"，调整图片的大小和位置，效果如右图所示。

STEP 02 ▶ 排列图片

在图片上单击鼠标右键，在弹出的快捷菜
单中选择【置于底层】/【置于底层】命令，
将图片置于底层。

STEP 03 ▶ 绘制同心圆

选择【插入】/【插图】组，单击"形状"
按钮，在弹出的下拉列表中选择"同心圆"
选项，按住"Shift"键不放，拖动绘制同
心正圆，然后按住鼠标左键不放，拖动黄
色控制点调整同心圆的环宽。

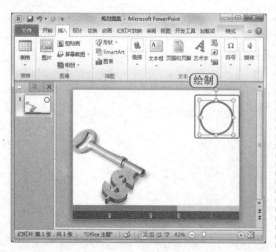

STEP 04 ▶ 编辑同心圆

选择同心圆，选择【格式】/【形状样式】
组，单击 形状填充 按钮，在弹出的下拉
列表中选择"无填充颜色"选项，再单击
形状轮廓 按钮，在弹出的下拉列表中选择
"蓝色"选项。

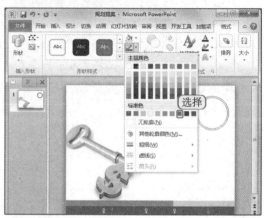

STEP 05 ▶ 绘制其他形状

按照该方法绘制两条直线，设置直线的轮
廓颜色为"蓝色"，并在同心圆中添加文
本框和文本，设置文本的字体格式为"微
软雅黑"、"20"、"橙色"。

STEP 06 ▶ 编辑第 2 张幻灯片

为第 1 张幻灯片添加标题和副标题，设置文本的格式，然后按"Enter"键新建一张空白演示文稿，在其中绘制和编辑如下图所示的形状和线条。

STEP 07 ▶ 绘制形状并填充图片

在空白区域绘制一个圆角矩形，设置矩形的颜色轮廓为"蓝色"，然后在形状上单击鼠标右键，在弹出的快捷菜单中选择"设置形状格式"命令。

STEP 08 ▶ 选择图片

打开"设置形状格式"对话框，在其中选中 ⊙ 图片或纹理填充(P) 单选按钮，单击 文件(F)... 按钮，在打开的对话框中选择所需图片，为形状填充图片效果。

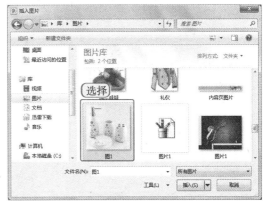

STEP 09 ▶ 查看效果

按照该方法依次复制两个相同大小的形状，并为形状填充图片，然后在幻灯片中绘制文本框，并设置文本格式，设置后的效果如下图所示。

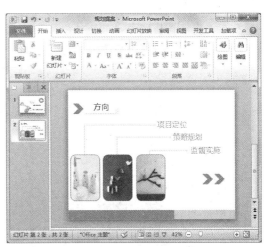

STEP 10 ▶ 绘制和设置形状

新建空白幻灯片，在其中绘制形状，并输入文本。选择【插入】/【插图】组，单击"形状"按钮，在弹出的下拉列表中选择"矩形"选项，绘制一个矩形，将其轮廓设置为"无轮廓"。

STEP 11 ▶ 设置形状的渐变颜色

在形状上单击鼠标右键，在弹出的快捷菜单中选择"设置形状格式"命令，在打开的对话框中选中 ◉ 渐变填充(G) 单选按钮，在"渐变光圈"栏中将第 1、3 个渐变光圈的颜色设置为"蓝色，强调文字颜色 1"，再根据需要将第 2 个渐变光圈的颜色调淡。

STEP 12 ▶ 设置形状的三维格式

① 选择"三维格式"选项，在"棱台"栏中单击"顶端"按钮，在弹出的下拉列表中选择"角度"选项。

② 在其后的"宽度"和"高度"数值框中均输入"1.1"，在"深度"栏的"深度"数值框中输入"34"。

STEP 13 ▶ 设置形状的三维旋转

① 选择"三维旋转"选项，在"旋转"栏的"X:"数值框中输入"356.5"，在"Y:"数值框中输入"25.6"，在"Z:"数值框中输入"359.9"。

② 单击 关闭 按钮。

STEP 14 ▶ 绘制形状

再次绘制一个矩形，打开"设置形状格式"对话框，选中 ◉ 渐变填充⑥ 单选按钮，在"渐变光圈"栏中选择第 2 个渐变光圈，单击 🔳 按钮将其删除，将 3 个渐变光圈拖动到最后，将第 1 个渐变光圈的颜色设置为"蓝色，强调文字颜色 1"，再根据需要将第 2 个渐变光圈的颜色调淡。

STEP 15 ▶ 查看效果

设置完成后，返回幻灯片编辑区即可查看立体形状的效果图。

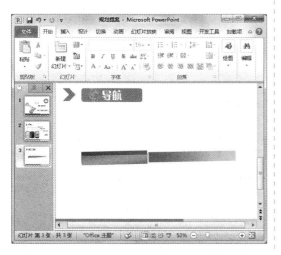

STEP 16 ▶ 输入文本

按照该方法复制 3 个立体的矩形图形和矩形，更改其颜色效果，然后绘制文本框，在形状上添加文本，添加完成后的效果如下图所示。

STEP 17 ▶ 绘制形状并填充图片

按照前面讲解的方法在本张幻灯片中绘制一个圆角矩形，并为其填充图片，效果如下图所示。

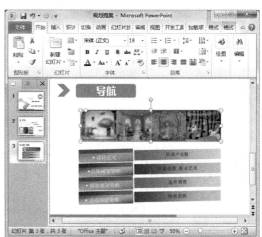

STEP 18 编辑其他幻灯片

按照前面讲解的方法，依次为每张幻灯片添加文本和形状，并设置文本格式，效果如下图所示。

关键提示——绘制立体形状

本例是采用绘制平面图形，并为其制作立体效果的方法制作立体形状，除此之外，用户还可直接绘制立体形状，然后对其编辑，同样也可以制作出具有立体效果的示意图。后一种方法较简单，但是有一定的局限性。

技巧秒杀——复制形状提高效率

本例中每张幻灯片中大部分形状都是相同的，用户可以直接将其复制到空白幻灯片中，而不用一一绘制。

8.1.2 添加和编辑动画

完成幻灯片的编辑后，接下来还可根据需要在幻灯片中添加动画效果，以完善放映效果，其具体操作如下：

STEP 01 为同心圆添加动画

选择第1张幻灯片，选择同心圆形状，在"动画样式"下拉列表中选择"基本缩放"动画，并将其"效果选项"设置为"缩小"。

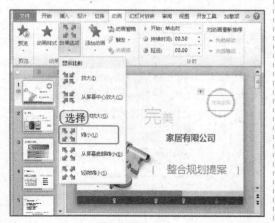

STEP 02 为直线添加动画

选择直线，分别为其添加自左侧切入和自右侧切入的动画，然后将其动画的开始方式分别设置为"上一动画之后"和"与上一动画同时"。

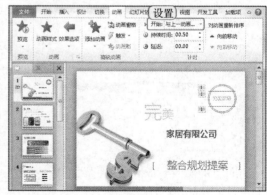

STEP 03 为文本添加动画

选择文本框，为其添加"基本缩放"动画，并将其"效果选项"设置为"缩小"，然后将其开始方式设置为"上一动画之后"，将延迟时间设置为"0.5"。

STEP 04 设置形状动画

选择第 2 张幻灯片，按住"Shift"键选择 3 个圆角矩形形状，为其添加"旋转"的进入动画，并分别将其延迟时间设置为"0"、"0.5"、"1"。

STEP 05 设置直线动画

选择第 1 个矩形上方的竖状直线，为其应用自底部切入的进入动画，选择横状直线，为其应用自左侧切入的进入动画，并将它们的开始方式设置为"与上一动画同时"，然后在"动画窗格"的高级日程表中拖动矩形方块调整动画的延迟时间，如下图所示。

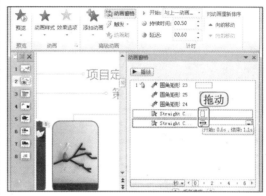

STEP 06 复制并编辑动画

将竖状直线的动画和横状直线的动画分别复制到第 2、3 个圆角矩形上方的直线中，并在"动画窗格"的高级日程表中拖动矩形滑块调整动画的延迟时间，如下图所示。

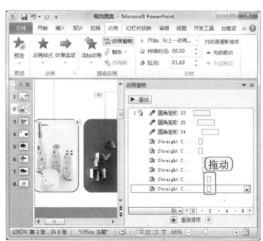

STEP 07 添加和移动动画

选择圆圈形状和文本框，为其应用自左侧切入的进入动画，并将其开始方式设置为"与上一动画同时"，然后在"动画窗格"中将其拖动到第1个横状直线动画之后，如下图所示。

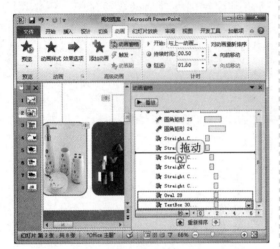

STEP 08 调整文本动画

在"动画窗格"的高级日程表中拖动矩形滑块调整圆圈和文本动画的延迟时间，使其在第1个直线动画后开始播放。

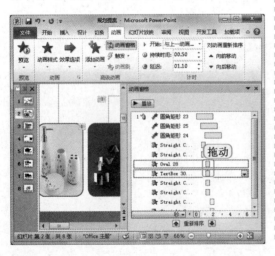

STEP 09 预览动画效果

按照该方法依次为其余的圆圈形状和文本框添加动画，并在动画窗格中调整其播放顺序和延迟时间。调整完成后，即可单击 ▶播放 按钮对动画进行预览，效果如下图所示。

为什么这么做？

在本例中第2张幻灯片的播放效果为形状→直线→文本框，且第1组对象在进行播放时，第2组也将稍作延迟并进行播放。要完成这类动画效果，需要将所有幻灯片对象的动画开始方式均设置成"与上一动画同时"，这样设置的好处是，用户可以根据需要对各个幻灯片对象的延迟时间进行调整，以制作出先后有序连续不断的动画效果。此外，在设置圆圈形状和文本框动画时，本例将其顺序调整至直线动画下方，这样方便对前后两个幻灯片对象的延迟时间进行对比。为了制作出合理的动画效果，用户可边设计，边对动画进行预览。

STEP 10 ▶ 制作其他动画效果

选择本张幻灯片右下方的两个燕尾形形状，为其添加自左侧切入的进入动画，并将它们的动画开始方式设置为"上一动画之后"，效果如下图所示。

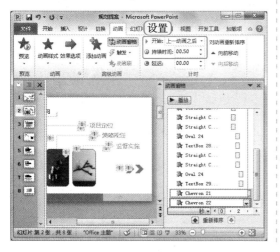

STEP 11 ▶ 添加切换动画

依次为其他幻灯片添加动画效果。选择第 1 张幻灯片，为其应用"切换"动画，在【切换】/【计时】组的"声音"下拉列表框中选择"风铃"选项，然后单击 🔲 全部应用按钮。

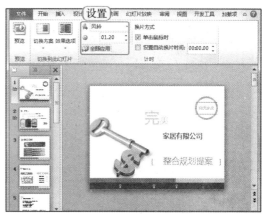

8.1.3 保护幻灯片

对于商业性比较强的演示文稿，用户需对其进行保护，以防止幻灯片内容被删改。下面介绍为演示文稿加密的方法，其具体操作如下：

STEP 01 ▶ 打开对话框设置密码

① 选择【文件】/【信息】命令，单击"保护演示文稿"按钮🔒，在弹出的下拉列表中选择"用密码进行加密"选项，打开"加密文档"对话框，在其中输入密码"12345"。

② 单击 确定 按钮。

> **技巧秒杀——更多密码设置方法**
>
> 在"另存为"对话框中单击 工具(L) ▾ 按钮，在弹出的下拉列表中选择"常规选项"选项，在打开的对话框中也可为演示文稿添加密码。

STEP 02 ▶ 确认密码

在打开的"确认密码"对话框中再次输入密码"12345"，单击 确定 按钮。

STEP 03 ▶ 输入密码打开文档

为演示文稿加密后，再次打开该文档时，会自动打开"密码"对话框，在其中需输入密码，单击 确定 按钮即可打开文档。

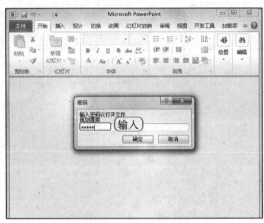

8.1.4　关键知识点解析

关键知识点中"立体形状的应用"的相关知识点已经在第 5 章的 5.2.3 节中进行了详细讲解，这里不再赘述了。下面主要对没进行介绍的"高级日程表的应用"和"保护幻灯片"关键知识点进行讲解。

1. 高级日程表的应用

在设计较复杂的动画效果时，为了更清楚地查看动画的播放时间和持续时间，经常需要使用高级日程表。在 PowerPoint 2010 中，高级日程表是指"动画窗格"中代表动画时间的矩形滑块，如右图即为高级日程表效果图。在高级日程表中，用户可对动画的开始时间和持续时间进行调整。需要注意的是，只有设置为"与上一动画同时"的对象，才可任意调整其开始时间，若将动画开始方式设置为"上一动画之后"，则高级日程表中将出现黑色竖线，此时竖线后的动画无法移动到竖线前，即无法与竖线前的动画统一播放。

在高级日程表中常用的操作主要有两种，分别是调整动画开始时间和持续时间。下面对其调整方法进行介绍。

◯ 调整动画开始时间：将鼠标光标移动到高级日程表中的矩形滑块上，当其变为 ↔ 形状时，按住鼠标左键不放进行拖动，可调整动画的开始时间。

⊃ 调整动画的持续时间：将鼠标光标移动到高级日程表中的矩形滑块左侧或右侧的边缘上，当其变为  形状时，按住鼠标左键不放进行拖动，可调整动画的持续时间

2. 保护幻灯片

为了防止幻灯片内容被删除或篡改，用户可以为幻灯片进行保护。在 PowerPoint 2010 中，主要可以通过将演示文稿标记为最终状态、对演示文稿进行加密和按人员限制权限等方法保护 PPT，下面对个方法进行介绍。

（1）将演示文稿标记为最终状态

将演示文稿标记为最终状态，是指该文档已完成编辑，仅以只读状态供读者查看。将演示文稿标记为最终状态后，将无法直接进行输入或编辑操作，且会在状态栏中显示该文档目前的状态。将演示文稿标记为最终状态的方法是：选择【文件】/【信息】命令，单击"保护演示文稿"按钮🔒，在弹出的下拉列表中选择"标记为最终状态"选项。在打开的提示对话框中单击 确定 按钮，此时，演示文稿标题栏将出现"只读"字样。

（2）对演示文稿进行加密

本例中使用的保护演示文稿的方法是为演示文稿加密，其方法是：选择【文件】/【信息】命令，单击"保护演示文稿"按钮🔒，在弹出的下拉列表中选择"用密码进行加密"选项，在打开的"加密文档"和"确认密码"对话框中输入密码即可。

（3）按人员限制权限

按人员权限限制是指对演示文稿设置查看和更改的权限，只有得到演示文稿制作者的权限才可对演示文稿进行查看或编辑。其方法是：选择【文件】/【信息】命令，单击"保护演示文稿"按钮🔒，在弹出的下拉列表中选择"按人员限制权限"子选项中的"限制访问"选项，打开"选择用户"对话框。在其中显示了处于登录状态的 Windows Live 账户，选择当前账户，

打开"权限"对话框。选中 ☑ 限制对此演示文稿的权限(R) 复选框，在"读取"和"更改"文本框中输入可以读取和更改该演示文稿的用户电子邮箱地址，单击 确定 按钮，完成对演示文稿权限的设置，此时，只有获得授权的用户才可打开该演示文稿。

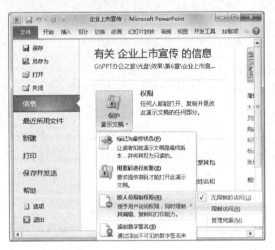
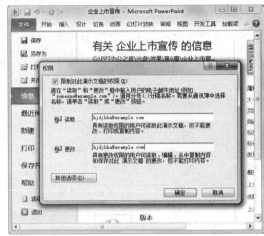

8.2 投资策划书

本例将制作投资策划书演示文稿，以对策划内容进行展示。通过该演示文稿，可以让投资人对当前项目策划的现状、市场地位、产出分析、价值成本等有一个详细的了解，并帮助投资人更好地对项目进行定位，其最终效果如下图所示。

示例文件

光盘 \ 素材 \ 第 8 章 \ 投资策划书图片素材
光盘 \ 效果 \ 第 8 章 \ 投资策划书 .pptx
光盘 \ 实例演示 \ 第 8 章 \ 投资策划书

◎ 案例背景 ◎

投资策划书是公司、企业或项目单位为了达到招商融资或阶段性发展目标，在经过前期对项目科学地调研、分析、搜集与整理有关资料的基础上，根据一定格式和内容要求而编辑整理出的一个全面展示公司和项目状况、未来发展潜力与执行策略的书面材料。

一份成熟的投资策划书不但能够描述出公司的成长历史，展现未来的成长方向和前景，还能量化出潜在的盈利能力。一份成功的策划书，通常需要制作者对自己公司有一个全面的了解，并能够提出行之有效的工作计划。

本例制作的策划书属于项目策划的一种，其主要是通过对项目环境的综合考察和市场调研分析，以项目为核心，针对当前的经济环境、房地产市场的供求状况、同类楼盘的现状及客户的购买行为进行调研分析，再结合项目进行 SWOT 分析，在以上基础上对项目进行系统准确的市场定位和项目价值发现分析，然后根据基本资料对某项目进行定价模拟和投入产出分析，并就规避开发风险进行策略提示，对开发节奏提出专业意见。

在该类演示文稿中，资料的准确性和说服性是演示文稿的重点。本例为了更好地表达幻灯片所需表现的内容，将灵活运用立体图示对部分内容进行图示化展示，以便观众能更好地理解幻灯片，提高幻灯片的表现力。

◎ 关键知识点 ◎

要完成本例的制作，需要掌握几个关键知识点。这几个关键知识点的内容以及其难易程度如下。

➲ 编辑形状顶点（★★★★）　　　　➲ 标记幻灯片（★★★）

8.2.1 编辑幻灯片基本对象

本例将首先在幻灯片中设置背景、添加和设置文本，以及添加超链接等操作，其具体操作如下：

STEP 01 进入母版设置幻灯片背景

新建"投资策划书"演示文稿，进入母版编辑状态，选择第 1 张幻灯片，打开"设置背景格式"对话框。单击 文件(F)... 按钮，在打开的对话框中选择相应的图片，将其插到幻灯片中，作为幻灯片背景，效果如下图所示。

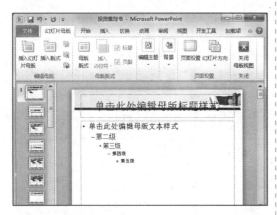

STEP 02 设置并应用其他幻灯片背景

依次将"投资策划书素材图片"文件夹中的其他图片设置成幻灯片背景，退出母版状态，分别为幻灯片应用版式，效果如下图所示。

STEP 03 在幻灯片中输入文本

在幻灯片中绘制文本框，并在其中输入文本，然后依次设置文本的格式，如下图所示。

STEP 04 添加超链接

选择第 2 张幻灯片中的"环境"文本，再选择【插入】/【链接】组，单击"超链接"按钮。

STEP 05 ▶ 设置链接位置

① 打开"插入超链接"对话框，单击"链接到"列表框中的"本文档中的位置"按钮。

② 在"请选择文档中的位置"列表框中选择要链接到的第 3 张幻灯片，并单击 确定 按钮。

STEP 06 ▶ 添加其他超链接

按照该方法为该张幻灯片中的"风险分析"文本添加超链接，添加完成后的效果如下图所示。

8.2.2 绘制立体示意图

下面将在幻灯片中绘制和制作立体图示和圆柱图示，其具体操作如下：

STEP 01 ▶ 绘制形状

选择第 5 张幻灯片，在其中绘制一个椭圆形状，将其形状轮廓设置为"无轮廓"，然后在形状上单击鼠标右键，在弹出的快捷菜单中选择"设置形状格式"命令。

STEP 02 ▶ 设置形状的渐变色

① 打开"设置形状格式"对话框，选择"填充"选项，选中 ⊙ 渐变填充(G) 单选按钮，在"渐变光圈"栏中选择第 1 个渐变光圈滑块。

② 单击"颜色"按钮，在弹出的下拉列表中选择"茶色，背景 2，深色 90%"选项。

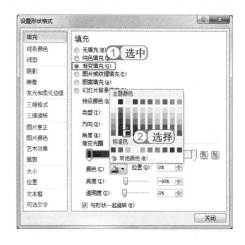

STEP 03 设置形状的三维格式

① 设置第 2 个渐变光圈的颜色为"茶色，背景 2，深色 2%"，然后选择"三维格式"选项，在"棱台"栏中单击"底端"按钮，在弹出的下拉列表中选择"角度"选项。
② 在其后的"宽度"和"高度"数值框中均输入"1"，在"深度"栏的"深度"数值框中输入"20"，在"表面效果"栏的"角度"数值框中输入"90"。

STEP 05 设置形状的三维旋转效果

① 选择"三维旋转"选项，在"旋转"栏的"Y："数值框中输入"325"。
② 单击 关闭 按钮，返回幻灯片编辑区即可查看立体形状的效果。

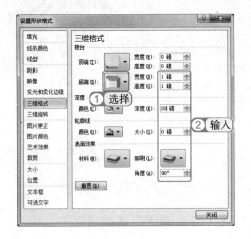

STEP 04 设置形状的阴影效果

选择"阴影"选项，分别在"透明度"、"大小"、"虚化"、"角度"和"距离"数值框中输入"50"、"100"、"10"、"45"和"10"。

STEP 06 绘制并设置形状

绘制一个菱形，在【格式】/【形状样式】组将该形状的填充色和形状轮廓分别设置为"白色，文字 1，深色 50%"和"无轮廓"。

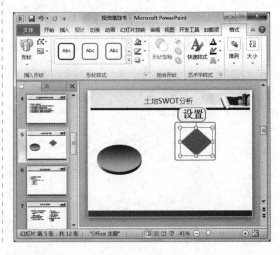

STEP 07 ▶ 设置菱形的渐变色

打开"设置形状格式"对话框,选择"填充"选项,选择第1个渐变光圈,将其颜色设置为"白色,文字1,深色50%",将第2个渐变光圈的颜色设置为"白色,文字1,深色35%"。

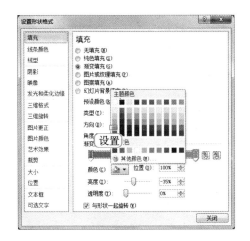

STEP 08 ▶ 设置菱形的三维格式

选择"三维格式"选项,将"棱台"栏的"顶端"设置为"角度",在其后的"宽度"和"高度"数值框中均输入"1",在"深度"栏的"深度"数值框中输入"20",在"表面效果"栏的"角度"数值框中输入"100"。

STEP 09 ▶ 设置菱形的三维旋转效果

选择"三维旋转"选项,在"旋转"栏的"Y:"数值框中输入"320",单击 关闭 按钮,返回幻灯片编辑区即可查看菱形的立体效果。

STEP 10 ▶ 复制和排列形状

按住"Ctrl"键拖动已设置完成的菱形,再复制3个相同大小的形状,将其排列在一起。选择置于上层的形状,在其上单击鼠标右键,在弹出的快捷菜单中选择【置于底层】/【下移一层】命令,排列后的效果如下图所示。

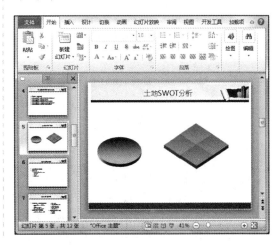

STEP 11 ▶ 复制形状

再次在幻灯片中复制一个立体菱形，按住"Shift"键将其缩小，并叠放于已有菱形的上方，效果如下图所示。

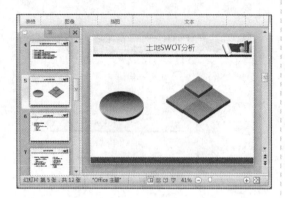

STEP 12 ▶ 更改菱形渐变色

按照该方法继续复制 3 个立体菱形，将其排列在底层的菱形上，选择一个菱形，打开"设置形状格式"对话框，将其渐变色设置为"深蓝，文字 2，深色 50%"和"深蓝，文字 2，淡色 40%"。

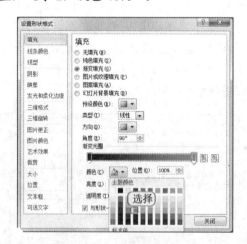

STEP 13 ▶ 更改菱形三维格式

选择"三维格式"选项，在"深度"栏的"深度"数值框中输入"50"，更改形状的深度，效果如下图所示。

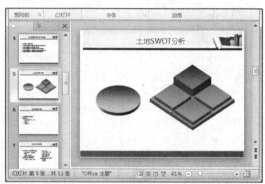

STEP 14 ▶ 查看效果图

按照该方法设置其他菱形的渐变色和深度。设置完成后在本张幻灯片的立体图形上输入文本内容，并设置文本的格式，设置完成后的效果如下图所示。

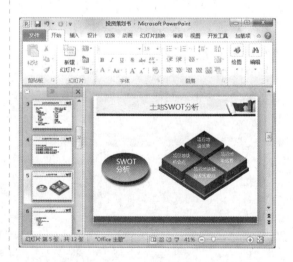

为什么这么做?

　　本例中只需绘制一个立体形状，然后对形状进行复制，再根据需要设置每个形状的渐变色即可，所复制的形状将会保留原形状的样式，节约设置形状格式的时间。此外，按住"Shift"键，可以等比例缩小形状的大小，这样可以让上层形状与下层形状同长宽比。

STEP 15 ▶ 绘制和设置形状

选择第6张幻灯片，在其中绘制一个"环形箭头"，调整形状的方向和位置，并取消形状的轮廓线，然后选择【格式】/【插入形状】组，单击 ⚙️编辑形状 ▾ 按钮，在弹出的下拉列表中选择"编辑顶点"选项。

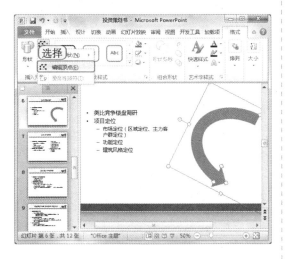

STEP 16 ▶ 编辑顶点

此时，形状上将出现黑色方块状的编辑点，将鼠标光标移动到黑色控制点上，拖动鼠标更改形状，如下图所示。

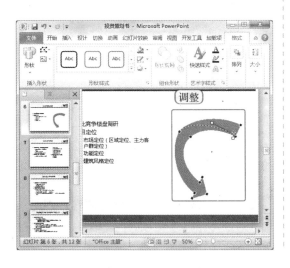

STEP 17 ▶ 应用样式

完成对形状的编辑后，选择形状，选择【格式】/【形状样式】组，在其列表框中选择"强烈效果-蓝色，强调颜色1"。

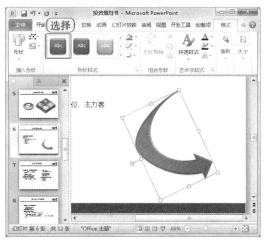

STEP 18 ▶ 绘制圆形并设置渐变色

绘制一个正圆，将其形状轮廓设置为"无轮廓"，打开"设置形状格式"对话框，在其中将第1、3个的渐变光圈的颜色设置为"红色，强调文字颜色2，深色50"，将第2个渐变光圈设置为"红色，强调文字颜色2，淡色60"，并调整光圈位置。

STEP 19 ▶ 绘制椭圆

绘制一个椭圆形状，将其形状轮廓设置为
"无轮廓"，将其填充颜色设置为"白色"，
打开"设置形状格式"对话框，在其中将
其渐变色方向设置为"线性向下"。

STEP 20 ▶ 编辑椭圆渐变效果

将第1个渐变光圈的颜色设置为"白色，
背景1"，在"透明度"数值框中输入"40"。
添加两个渐变光圈，然后将剩余渐变光圈
的颜色设置为"白色，背景1"，将其"透
明度"依次设置为"60"、"80"、"90"
和"100"，并调整各个渐变光圈的位置。

STEP 21 ▶ 查看效果

关闭"设置形状格式"对话框，然后将椭
圆形状放置于正圆形上方，其效果如下图
所示。

STEP 22 ▶ 复制形状并更改其渐变色

选择并复制两个制作完成的高光球体，调
整其大小和位置，并依次更改正圆形的渐
变色，然后在高光球体上添加文本，使其
最终效果如下图所示。

8.2.3 设置动画并放映

以上操作基本完成了对幻灯片的编辑，下面将为幻灯片添加动画并进行放映，其具体操作如下：

STEP 01 ▶ 添加动画

选择第1张幻灯片中的标题占位符，在"动画样式"下拉列表中为其添加自顶部飞入的动画效果，并设置其开始方式为"与上一动画同时"。

STEP 02 ▶ 添加切换动画

为本张幻灯片中的其他对象添加动画，然后选择【切换】/【切换到此幻灯片】组，在"切换方案"下拉列表中选择"翻转"切换动画。

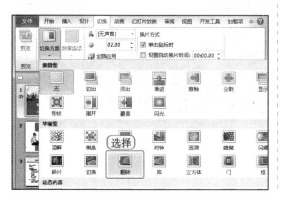

STEP 03 ▶ 组合对象

选择第5张幻灯片，将该张幻灯片中的文本框和形状组合在一起，以方便为图形和文本框添加统一的动画。

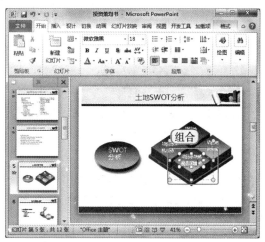

STEP 04 ▶ 为形状设置动画

为第5张幻灯片中左侧的的椭圆应用"回旋"动画，为右侧立体图示添加"出现"动画，并将第1个"出现"动画的开始方式设置为"上一动画之后"。

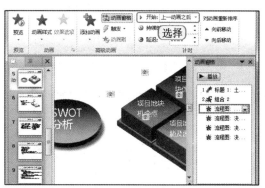

251

STEP 05 ▶ 复制形状并更改其渐变色

依次选择右侧立体图示中顶层的方块，为其添加自底部切入的进入动画，并将它们的开始方式设置为"上一动画之后"。

STEP 06 ▶ 预览动画

完成设置后，选择【动画】/【预览】组，单击"预览"按钮★，预览本张的幻灯片效果。

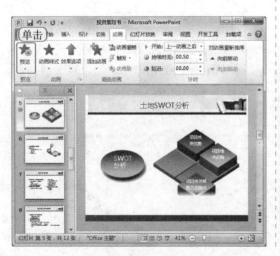

STEP 07 ▶ 标记幻灯片

依次为其他幻灯片设置动画效果，然后按"F5"键进入幻灯片放映模式，单击切换幻灯片，在需要标记的幻灯片上单击鼠标右键，在弹出的快捷菜单中选择【指针选项】/【荧光笔】命令。

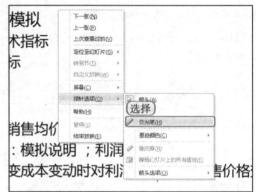

STEP 08 ▶ 标注重要内容并保留墨迹

在幻灯片中按住鼠标左键不放进行拖动，以对幻灯片内容进行标注。完成放映后，按"Esc"键退出放映模式，在打开的提示对话框中单击 保留(K) 按钮，保留墨迹标注。

8.2.4 关键知识点解析

1. 编辑形状顶点

在幻灯片中绘制了形状后，绘制的形状都是固定的，用户也可根据需要将其编辑为任意形状。在 PowerPoint 2010 中，主要是通过编辑图形的顶点来更改图形的形状。编辑形状顶点的方法是：选择【格式】/【插入形状】组，单击 编辑形状 按钮，在弹出的下拉列表中选择"编辑顶点"选项，此时，形状的各个顶点或边线上将出现黑色控制点，单击黑色控制点，将在该控制点两边出现两个白色控制点，用于调整线条的弧度。选择其中一个控制点，按住鼠标左键不放进行拖动，可改变白色控制点所在线段的弧度，如下图所示。

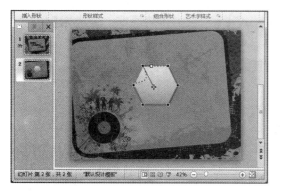 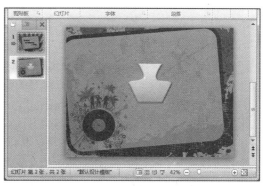

2. 标记幻灯片

若想在放映幻灯片时为重要位置添加标记以突出强调重要内容，此时可以利用 PowerPoint 2010 提供的笔或荧光笔来实现。

（1）幻灯片标记工具

在 PowerPoint 2010 中，笔主要用来圈点幻灯片中的重点内容，有时还可以进行简单的写字操作；而荧光笔则主要用来突出显示重点内容，也可用于简单绘制操作。

（2）使用和设置标记工具

在 PowerPoint 2010 中，笔和荧光笔的使用方法基本一样，下面分别对其进行介绍。

⊃ **使用笔**：在放映状态中的幻灯片上单击鼠标右键，在弹出的快捷菜单中选择【指针选项】/【笔】命令，此时，在幻灯片中将显示一个小红点，按住鼠标左键不放并拖动鼠标即可为幻灯片中的重点内容添加标记。

⊃ **使用荧光笔**：荧光笔的使用方法与笔相似，也是在放映幻灯片上单击鼠标右键，在弹出的快捷菜单中选择【指针选项】/【荧光笔】命令，此时，幻灯片中将显示一个黄色的小方块，按住鼠标左键不放并拖动鼠标即可为幻灯片中的重点内容添加标记。

在选择了笔和荧光笔之后，用户还可根据需要对其颜色进行设置，若是标记错误，还可将墨迹擦除。下面分别介绍更改标记笔颜色和擦除标记的方法。

○ 更改颜色：放映幻灯片时，单击鼠标右键，在弹出的快捷菜单中选择【指针选项】/【墨迹颜色】命令，在弹出的子菜单中可更改标记颜色。

○ 擦除标记：放映幻灯片时，单击鼠标右键，在弹出的快捷菜单中选择【指针选项】/【橡皮擦（或擦除幻灯片上的所有墨迹）】命令，此时，鼠标光标将变为橡皮擦状，拖动鼠标即可擦除墨迹。

8.3 高手过招

1. 图形填色技巧

一般来说，在设置形状的颜色时，应注意与幻灯片主题颜色进行配合，即形状颜色与幻灯片背景颜色要有明显的区分。

在 PowerPoint 2010 中，纯色填充是一种在常规编辑中使用较多的填色类型，其方法简单，需要注意的是，纯色填充需与幻灯片主题相配合。

除了纯色填充之外，渐变填充也是幻灯片中常见的一种填色类型。渐变填充分为两种：一是异色渐变，即图形中存在两种以上不同颜色的渐变；二是同色渐变，是指图形中只有一种颜色，但这种颜色是由浅入深或由深入浅的渐变，如本章中制作高光立体图形就是使用的同色渐变。

2. 图形的绘制技巧

PowerPoint 2010 所提供的图形主要有 9 种分类，基本涵盖了大多数用户常用的形状。通过这些图形，可以让幻灯片中的图形内容更丰富多彩。

在 PowerPoint 2010，灵活使用曲线、任意多边形和自由曲线可以设置出任何用户所需要的平面图形；流程图与矩形图，样式较固定，基本只能调节大小和角度；星与旗帜常用于强调文字，在幻灯片中不利于排版和美观，应慎用；动作按钮则主要用于对幻灯片的放映过程进行控制，对幻灯片内容和美观来说，意义并不是很大。

PowerPoint 2010

年初和年终是各大公司召开规划总结会议的时间。为了方便会议的开展，很多时候都需要借助演示文稿。本章将讲解使用超链接、触发器、电子表格等对象制作规划总结类演示文稿的方法。

第9章
Chapter
工作规划与分配

9.1 年度工作规划

本例将制作年度工作规划演示文稿，用于年初的公司会议，主要对整个公司全年度工作开展的方法和目标进行规划。通过该演示文稿可以清晰地查看公司本年度的战略目标、经营目标和管理目标等，其最终效果如下图所示。

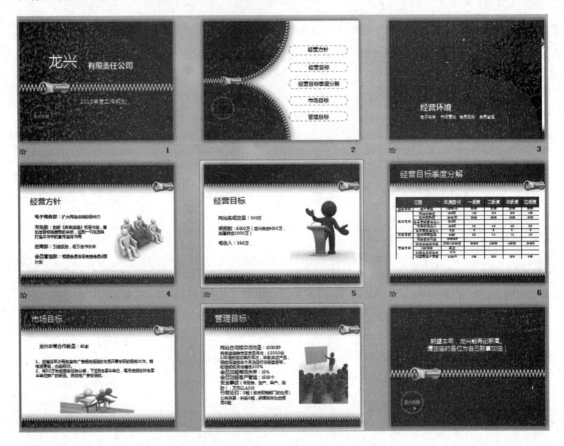

示例文件

光盘\素材\第9章\年度工作规划
光盘\效果\第9章\年度工作规划.pptx
光盘\实例演示\第9章\年度工作规划

◎ 案例背景 ◎

工作规划即工作计划，是商务行政活动中使用范围很广的一种公文。机关、团体、企事业单位的各级机构，对一定时期的工作预先作出安排和打算时，都要制定工作计划。

工作计划有许多不同种类，从计划的具体分类来讲，可以分为长远宏大的"规划"，切近具体的"安排"，繁杂、全面的"方案"，简明、概括的"要点"，深入、细致的"计划"，粗略雏形的"设想"等。

对于规模较大的企业来说，人员多，部门多，所存在的问题也多，常常出现沟通不及时的情况，此时，计划的重要性就体现出来了。对于企业来说，工作规划的重要性主要体现在以下几个方向。

- **提高工作效率**：提前计划，消除错误。
- **提升管理效率**：提前规划，定时汇报，帮助部门之间互相写作和协调。
- **化被动为主动**：做到整体的统筹安排，提高个人工作效率，通过工作计划变个人驱动为系统驱动的管理模式。

规划因具有严肃性，从纯公文的角度来说，规划的正文一般都比较长，且通过"指示性通知"来转发。本例制作的年度工作规划演示文稿属于会议用文档，所以在制作上比公文性质的规划随意。但总的来说，不管是何种形式的规划，有一些内容都是必不可少的，如指导方针和目标要求、主要任务和政策措施、远景展望和号召等。

此外，不论哪种规划，写作中都必须掌握以下五条原则。

第一，对上负责的原则。要坚决贯彻执行党和国家的有关方针、政策和上级的指示精神，反对本位主义。

第二，切实可行的原则。要从实际情况出发定目标、定任务、定标准，既不要因循守旧，也不要盲目冒进。即使是做规划和设想，也应当保证可行，能基本做到，其目标要明确，其措施要可行，其要求也是可以达到的。

第三，集思广益的原则。深入调查研究，广泛听取群众意见、博采众长，反对主观主义。

第四，突出重点的原则。要分清轻重缓急，突出重点，以点带面。

第五，防患未然的原则。要预先想到实行中可能发生的偏差，可能出现的故障，有必要的防范措施或补充办法。

本例将使用超链接、表格、触发器等知识，对工作规划中的各要点进行规划和表述，使企业员工能清晰、准确地领悟规划的方向和目标，让工作规划会议起到应有的效果。

◎ 关键知识点 ◎

要完成本例的制作，需要掌握几个关键知识点。这几个关键知识点的内容及其难易程度如下。

- 触发器的应用（★★★）　　　　　　　- PowerPoint 与 Office 的协作（★★★）

9.1.1 编辑幻灯片背景和内容

本例将先设置幻灯片的背景图片，然后在幻灯片中添加相应的内容，其具体操作如下：

STEP 01 进入母版设置幻灯片背景

新建"年度工作规划"演示文稿，进入母版编辑状态，选择第1张幻灯片，通过"设置背景格式"对话框为幻灯片设置所需的背景，效果如下图所示。

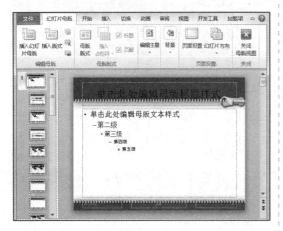

STEP 02 设置并应用其他幻灯片背景

退出幻灯片母版编辑状态，新建3张幻灯片，分别在其中插入图片，用作幻灯片背景图片，效果如下图所示。

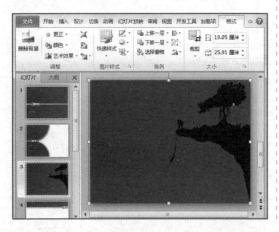

STEP 03 设置图片叠放次序

选择插入的图片，在其上单击鼠标右键，在弹出的快捷菜单中选择【置于顶层】/【置于顶层】命令。

STEP 04 编辑幻灯片内容

设置完成后，依次在每张幻灯片中调整占位符位置，并输入和设置文本内容，然后将"年度工作规划"文件中的图片插入幻灯片中，效果如下图所示。

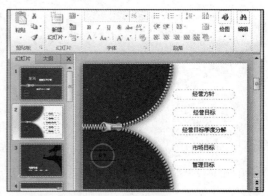

STEP 05 ▶ 导入电子表格

① 选择第6张幻灯片，选择【插入】/【文本】组，单击"对象"按钮。

② 打开"插入对象"对话框，选中 ⊙由文件创建(F) 单选按钮，单击 浏览(B)... 按钮。

STEP 06 ▶ 选择电子表格

在打开的"浏览"对话框中选择需插入的电子表格"经营目标季度分解 .xlsx"，单击 确定 ▼ 按钮。

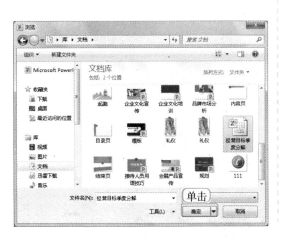

STEP 07 ▶ 查看导入的电子表格效果

返回"插入对象"对话框，单击 确定 按钮。完成操作后，即可将电子表格插入幻灯片中，效果如下图所示。

STEP 08 ▶ 设置表格内容

双击表格，进入表格编辑状态，拖动鼠标选择整个表格内容，选择【开始】/【段落】组，单击"居中"按钮，将表格内容进行居中对齐。

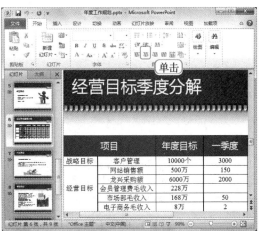

STEP 09 ▶ 设置边框线

保持选择整个表格状态不变，选择【开始】/【字体】组，单击"边框"按钮田，在弹出的下拉列表中选择"所有框线"选项。

STEP 10 ▶ 查看效果

在表格外的空白区域双击，退出幻灯片编辑状态，即可查看当前页幻灯片中表格的效果。

9.1.2 制作弹出菜单

在为幻灯片添加动画效果时，可根据需要将目录页的目录文本制作成弹出菜单。下面为本例中的幻灯片对象添加动画效果，其具体操作如下：

STEP 01 ▶ 为幻灯片添加动画

选择第1张幻灯片，在"动画样式"组中，为幻灯片中的各对象设置相应的动画效果，在"开始"下拉列表框中选择"上一动画之后"选项。

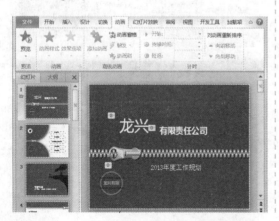

STEP 02 ▶ 单击"超链接"按钮

选择第2张幻灯片中的"经营方针"文本框，选择【插入】/【链接】组，单击"超链接"按钮。

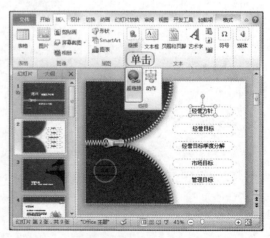

STEP 03 设置超链接

① 打开"插入超链接"对话框,单击"链接到"列表框中的"本文档中的位置"按钮 📄。

② 在"请选择文档中的位置"列表框中选择要链接到的第 4 张幻灯片,并单击 确定 按钮。

STEP 04 添加链接并组合文本框

按照该方法依次为其他目录文本框添加超链接,然后选择所有目录文本框,选择【格式】/【排列】组,单击 🔲 组合·按钮,在弹出的下拉列表中选择"组合"选项,将目录文本框组合起来。

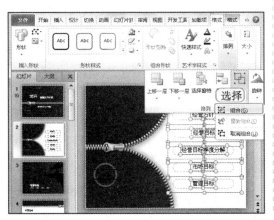

STEP 05 为组合图形添加动画

选择第 2 张幻灯片,为组合图形添加"切入"动画,并将其"效果选项"设置为"自顶部"切入。

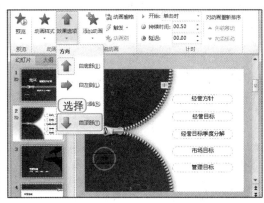

STEP 06 设置触发动画

选择组合动画,选择【动画】/【高级动画】组,单击 🔲 动画窗格 按钮,打开"动画窗格",在动画效果上单击鼠标右键,在弹出的快捷菜单中选择"计时"命令。

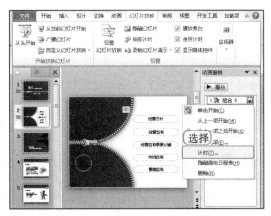

为什么这么做?

本例中组合形状的动画开始方式为默认的"单击时"开始播放,在为幻灯片制作弹出动画时,只需设置好触发对象,即可完成弹出菜单的制作。若将弹出动画的动画开始方式设置为"上一动画之后"或"与上一动画同时",则会出现自动播放的情况,即用户无法控制弹出的时间。

STEP 07 ▶ 设置触发对象

① 打开"切入"对话框，选择"计时"选项卡，单击 触发器(T)▼ 按钮，在展开的选项中选中 ◉ 单击下列对象时启动效果(C): 单选按钮，在其后的下拉列表框中选择"内容占位符5"选项。

② 单击 确定 按钮。

STEP 08 ▶ 添加幻灯片切换效果

依次为其他幻灯片中的对象添加动画效果，然后选择第1张幻灯片，选择【切换】/【切换到此幻灯片】组，在"切换方案"下拉列表中选择"切换"选项。并按照该方法依次设置其他幻灯片的切换动画。

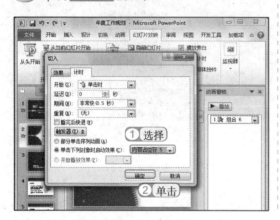

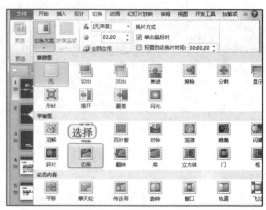

9.1.3　幻灯片放映控制

会议类演示文稿一般都将用于放映，此时需要对幻灯片的放映进行控制。下面介绍幻灯片放映控制的方法，其具体操作如下：

STEP 01 ▶ 开始放映幻灯片

选择【幻灯片放映】/【开始放映幻灯片】组，单击"从头开始"按钮，进入幻灯片放映状态。

STEP 02 ▶ 查看放映效果

单击切换幻灯片，在放映第2张幻灯片时，鼠标光标变为手形，单击可弹出组合图形动画。

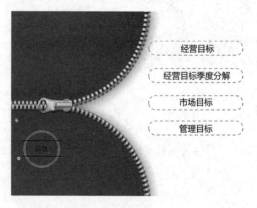

STEP 03 ▶ 设置标记笔的颜色

单击"经营目标"超链接，跳转到第 5 张幻灯片，在该页幻灯片上单击鼠标右键，在弹出的快捷菜单中选择【指针选项】/【墨迹颜色】/【蓝色】命令。

STEP 04 ▶ 标记幻灯片

单击鼠标右键，在弹出的快捷菜单中选择【指针选项】/【笔】命令，在"网站实现交易：500 万"文本下拖动鼠标添加标记。放映完成后按"Esc"键退出放映模式，在弹出的提示框中单击 放弃(D) 按钮，删除墨迹。

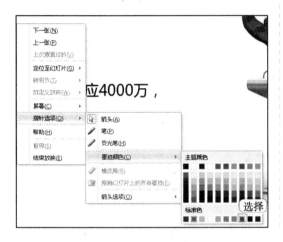

 关键提示——放映和标注

在放映幻灯片时，设置了标注笔之后，单击将无法继续放映，为了放映方便，可先放映再标注。若需在未放映完时进行标注，则可通过方向键对幻灯片进行切换。

9.1.4 关键知识点解析

关键知识点中"触发器的应用"的相关知识已经在第 6 章的 6.1.4 节中进行了详细讲解，这里不再赘述了。下面主要对没进行介绍的"PowerPoint 与 Office 的协作"关键知识点进行讲解。

1. 通过对话框插入电子表格

在 PowerPoint 2010 中导入电子表格的方法有两种，本例是通过对话框导入制作好的电子表格的。此外，还可通过对话框导入空白电子表格，然后在表格中输入数据并进行编辑。下面以导入 Excel 为例，对其方法进行介绍。

○ **导入空白电子表格：** 打开需插入表格的演示文稿，选择【插入】/【文本】组，单击"对象"按钮 ，打开"插入对象"对话框，选中◎新建(N)单选按钮，在"对象类型"列表框中选择"Microsoft Excel 工作表"选项，单击 确定 按钮。

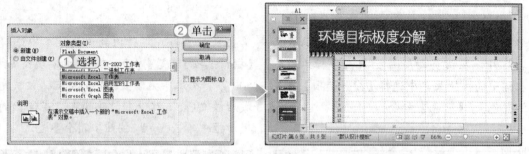

➲ 导入编辑好的电子文档：选择【插入】/【文本】组，单击"对象"按钮，打开"插入对象"对话框，选中◉由文件创建(F)单选按钮，单击 浏览(B)… 按钮，在打开的"浏览"对话框中选择所需插入的电子表格，单击 确定 ▼按钮。

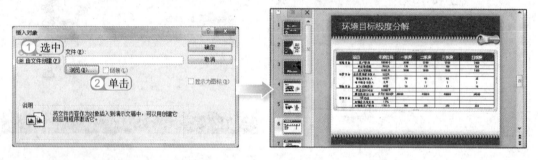

2. 通过命令插入电子表格

通过命令也可以插入电子表格，但所插入的电子表格为空白电子表格。其方法是：选择【插入】/【表格】组，单击"表格"按钮下方的下拉按钮，在弹出的下拉列表中选择"Excel电子表格"选项，即可在幻灯片编辑区插入Excel电子表格。

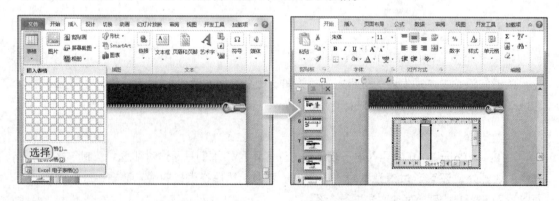

关键提示——删除电子表格

在幻灯片中插入电子表格后，若是需要将其删除，可退出电子表格编辑状态，然后选择该电子表格，按"Delete"键将其删除。

9.2 工作分配方案

本例将制作工作分配方案演示文稿，用于企业对一段时间内的工作任务进行分配，属于会议类演示文稿的一种。通过演示文稿可以清楚地查看工作目标、工作分配表和工作分解图等，其最终效果如下图所示。

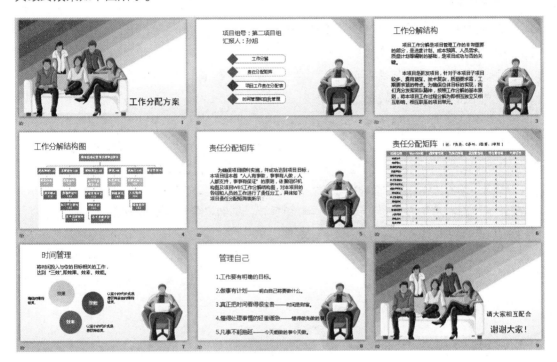

光盘\素材\第9章\工作分配方案图片素材
光盘\效果\第9章\工作分配方案.pptx
光盘\实例演示\第9章\工作分配方案

◎ 案例背景 ◎

工作分配是指企业在开展某项工作前，按照计划将工作细分到每一个部门或每一位员工手中，以达到分工细致、责任明确的目的。

在商务活动中，工作分配的前提是计划，即管理者需有计划地对工作进行划分，同时为了保证任务的按时完成，管理者还需制定好工作完成的时间、完成的质量等评估条件，以作为工作结束后评定和检测的标准。一般来说，团队领导人是制定团队成员发展计划、目标绩效标准的关键角色，同时，领导者还需依循明确可评量的标准，执行和判断员工的工作成效。

为了制定出完善的分配计划，管理者在制定分配计划时需注意以下几点。

- 充分利用有限资源，发挥最大效能。
- 预测问题，防患于未然。
- 事前沟通，取得其他部门的了解与协助。
- 提供达成目标的可行方法。
- 协助评估目标的可行性。
- 避免不必要的重复，减少无谓的浪费。
- 建立优先次序，按部就班，不赶工、不加班。

除此之外，为了让计划更好地实施，管理者还需对成员的工作进行指导和监督，以保证工作的流畅性，同时，一旦设定了计划与标准，团队成员就必须使命必达。

本例制作的工作分配方案演示文稿，主要是对工作分解结构、责任分配、时间管理等内容进行说明。为了方便企业员工的理解和查看，本例将结合 SmartArt 图形、图表等对象对幻灯片进行编辑。

◎ 关键知识点 ◎

要完成本例的制作，需要掌握几个关键知识点。这几个关键知识点的内容以及其难易程度如下。

- SmartArt 图形的应用（★★★★）
- 表格的美化（★★★★）
- 表格的基本操作（★★★）

9.2.1 编辑母版并添加幻灯片基本对象

下面将在幻灯片中对幻灯片母版的背景进行编辑，然后再依次为幻灯片添加文本、形状等对象，其具体操作如下：

STEP 01 新建演示文稿

启动 PowerPoint 2010，新建"工作分配方案"演示文稿，然后选择【视图】/【母版视图】组，单击"幻灯片母版"按钮，进入幻灯片母版编辑状态。

STEP 02 设置幻灯片大小

① 选择【幻灯片母版】/【页面设置】组，单击"页面设置"按钮，打开"页面设置"对话框，在"幻灯片大小"下拉列表框中选择"全屏显示（16:9）"选项。

② 单击 确定 按钮。

STEP 03 设置背景格式

在第 1 张幻灯片上选择【幻灯片母版】/【背景】组，单击 背景样式 按钮，在弹出的下拉列表中选择"设置背景格式"选项，在打开的对话框中为幻灯片设置背景，效果如下图所示。

STEP 04 设置并应用其他幻灯片背景

依次将"工作分配方案图片素材"文件夹中的其他图片设置成幻灯片背景，退出母版状态，分别为幻灯片应用版式，效果如下图所示。

STEP 05 编辑标题页幻灯片

选择第1张幻灯片，在其中输入演示文稿的标题，并设置文本格式，设置完成后的效果如下图所示。

STEP 06 绘制并编辑菱形

选择第2张幻灯片，在其中输入所需文本，然后绘制一个菱形形状，设置其轮廓颜色为"白色，背景1"，填充色为"红色，强调文字颜色2，深色25"，如下图所示。

STEP 07 设置菱形的阴影效果

① 选择菱形，打开"设置形状格式"对话框，选择"阴影"选项，在"透明度"、"大小"、"虚化"、"角度"和"距离"数值框中分别输入"60"、"100"、"4"、"45"和"5"。

② 单击 关闭 按钮。

STEP 08 绘制并编辑圆角矩形

再次在幻灯片中绘制一个圆角矩形，设置其形状轮廓颜色为"红色，强调文字颜色2，深色25"，填充色为"白色，背景1"，效果如下图所示。

STEP 09 ▶ 排列形状

选择圆角矩形，在其上单击鼠标右键，在弹出的快捷菜单中选择【置于底层】/【置于底层】命令，将其放置于菱形下方。

STEP 10 ▶ 复制和编辑形状

将菱形和圆角矩形组合在一起，复制3个相同大小的组合形状，并分别更改每个形状的填充色或轮廓颜色，然后在圆角矩形中绘制文本框和输入文本，效果如下图所示。

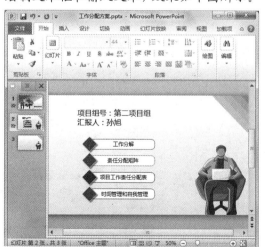

STEP 11 ▶ 插入 SmartArt 图形

① 在第3张幻灯片中输入文本，再新建一张幻灯片，然后选择【插入】/【插图】组，单击"SmartArt"按钮，打开"插入SmartArt图形"对话框，在左侧选择"层次结构"选项，在中间的列表框选择"组织结构图"选项。

② 单击 确定 按钮。

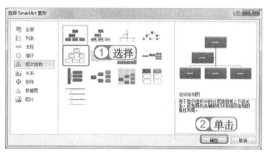

STEP 12 ▶ 删除多余形状

选择第2行的单个形状，然后按"Delete"键将其删除。

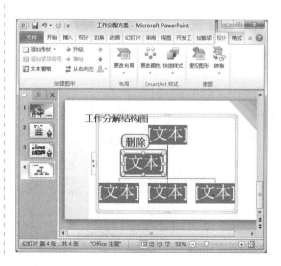

STEP 13 添加形状

选择第2行左起第1个形状，选择【设计】/【创建图形】组，单击 添加形状▼ 按钮，在弹出的下拉列表中选择"在下方添加形状"选项。

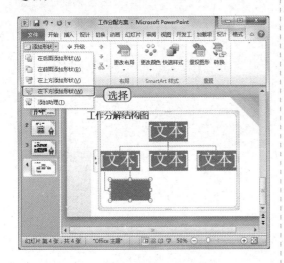

STEP 14 在 SmartArt 图形中输入文本

按照该方法依次为SmartArt图形添加形状，然后单击选择SmartArt图形中的单个形状，切换到常用输入法，在其中输入文本，效果如下图所示。

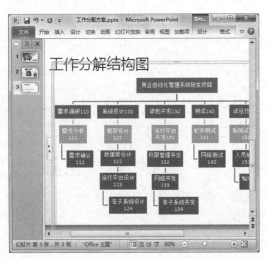

STEP 15 更改 SmartArt 图形颜色

选择SmartArt图形，选择【设计】/【SmartArt样式】组，单击"更改颜色"按钮，在弹出的下拉列表中选择"彩色，强调文字颜色"选项。

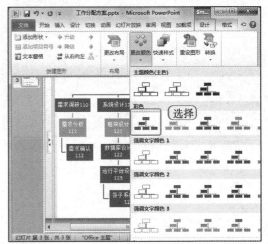

STEP 16 设置 SmartArt 图形样式

选择SmartArt图形，选择【设计】/【SmartArt样式】组，单击"快速样式"按钮，在弹出的下拉列表中选择"白色轮廓"选项。

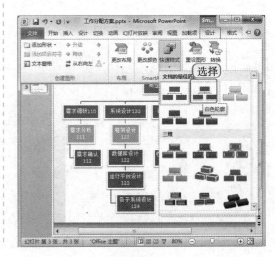

9.2.2 插入并编辑表格

下面将在幻灯片中插入表格，并对表格进行合并单元格、添加底纹和应用样式等操作，其具体操作如下：

STEP 01 选择"插入表格"选项

新建一张幻灯片，在其中输入文本。再新建一张幻灯片，选择【插入】/【表格】组，单击"表格"按钮，在弹出的下拉列表中选择"插入表格"选项。

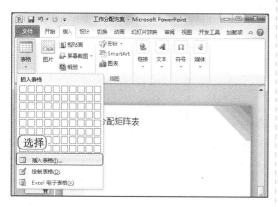

STEP 02 输入表格所需行列数

① 打开"插入表格"对话框，在"列数"和"行数"数值框中分别输入"7"、"17"。
② 单击 确定 按钮。

STEP 03 输入表格数据

在新建的表格中依次输入所需的数据内容，将数据内容的字号设置为"9"，再调整表格的位置和大小，效果如下图所示。

为什么这么做？

本例中需先输入数据内容，再调整表格大小。因为直接插入幻灯片中的表格，有一个默认的最低行高列宽值，但设置字体的大小后，表格大小有时不能满足需要，这时再设置表格大小，就可一次性调整到合适的大小。

关键提示——灵活选择版式

本例中有两种内容页版式，用户需根据幻灯片的版面要求来选择合适的版式，如图表、图示可选择一种版式，纯文本幻灯片可选择一种版式。

STEP 04 合并单元格

选择第 2 行第 3、4 列单元格，选择【布局】/【合并】组，单击"合并单元格" 按钮，对所选择的单元格执行合并操作。

STEP 05 调整行高

将鼠标光标移动到第 1、2 行单元格之间的分割线上，当其变为 形状时，按住鼠标左键不放进行拖动，调整单元格行高。

STEP 06 应用表格样式

依次合并第 3、4 列的其他单元格，然后选择整个表格，选择【设计】/【表格样式】组，单击 按钮，在弹出的下拉列表中选择"中度样式 2- 强调 3"选项。

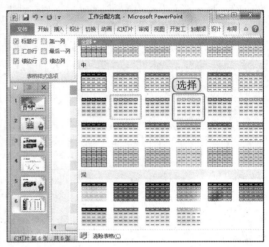

STEP 07 设置表格底纹

选择第 1 行的所有单元格，选择【设计】/【表格样式】组，单击"底纹"按钮 ，在弹出的下拉列表中选择"橄榄色，强调文字颜色 3，深色 25%"选项。

STEP 08 ▶ 设置字体格式

选择第 1 行表格，将其字体格式设置为"微软雅黑"、"9"，并取消字体加粗效果，效果如下图所示。

STEP 09 ▶ 设置边框线颜色

选择表格，选择【设计】/【绘图边框】组，单击 ✎笔颜色 按钮，在弹出的下拉列表中选择"白色，背景 1，深色 25%"选项，以设置边框颜色。

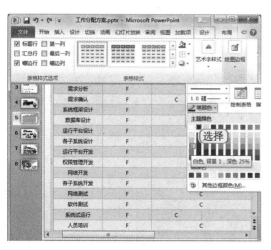

STEP 10 ▶ 添加边框线

保持选择状态不变，选择【设计】/【表格样式】组，单击 边框 按钮，在弹出的下拉列表中选择"所有框线"选项，为整个表格添加边框。

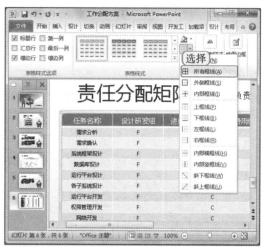

STEP 11 ▶ 制作其他幻灯片

结合本例前面讲解过的方法，依次制作剩余的幻灯片，在其中插入文本、形状等对象，并对其进行编辑，效果如下图所示。

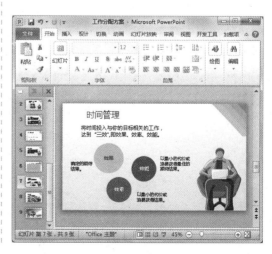

9.2.3 放映和打印幻灯片

下面将在幻灯片中添加动画效果和切换效果，并对幻灯片进行放映测试，其具体操作如下：

STEP 01 添加动画

选择第1张幻灯片中的标题占位符，在"动画样式"下拉列表中为其添加自右侧切入的动画效果，并设置其开始方式为"上一动画之后"。

STEP 02 添加切换动画

按照该方法依次为其他幻灯片中的对象添加动画效果，然后选择第1张幻灯片，选择【切换】/【切换到此幻灯片】组，在"切换方案"下拉列表中选择"翻转"切换动画。

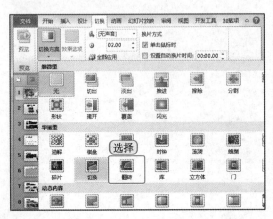

STEP 03 放映幻灯片

按照该方法依次为其他幻灯片添加切换效果，然后选择【幻灯片放映】/【开始放映幻灯片】组，单击"从头开始"按钮，进入幻灯片放映状态。

STEP 04 查看放映效果

单击切换幻灯片，即可对各个幻灯片对象的动画效果进行查看，放映结束后按"Esc"键退出放映状态即可。

STEP 05 查看打印效果

选择【文件】/【打印】命令，在打开的页面右侧可预览打印的效果，拖动下方和右侧的滑块，可依次查看每一张幻灯片的打印效果。

STEP 06 设置打印属性

在左侧打印属性设置栏的"份数"数值框中输入"1"，在"打印机"栏中选择当前打印机，在"设置"栏中选择"打印全部幻灯片"选项，在"幻灯片"栏中选择"四张水平放置的幻灯片"选项，然后单击"打印"按钮，即可开始打印。

9.2.4 关键知识点解析

关键知识点中"SmartArt 图形的应用"的相关知识已经在第 6 章的 6.2.4 节中进行了详细讲解，这里不再赘述了。下面主要对没进行介绍的"表格的基本操作"和"表格的美化"关键知识点进行讲解。

1. 表格的基本操作

若需在幻灯片中通过表格来体现数据，就需先在幻灯片中插入表格。在 PowerPoint 2010 中，主要可以通过直接插入表格来达成目的。在幻灯片中插入表格后，表格的行数、列数、样式等属性都是默认的，用户可以根据需要对其进行编辑。下面即对表格的基本操作进行介绍。

（1）插入表格

在 PowerPoint 2010 中插入表格的方法与插入 SmartArt 图形非常相似，最常用的方法主要是通过占位符和功能面板两种方式进行插入。其方法是：选择【插入】/【表格】组，或在占位符中单击"表格"按钮，在弹出的下拉列表中选择"插入表格"选项，在打开的对话框中输入具体行列数即可。本例已详细介绍过插入表格的方法，这里不再赘述了。

（2）调整表格的大小和位置

一般情况下，直接在幻灯片中插入的表格大小和位置并不能满足需要，此时就需对其大小和位置进行调整，其方法非常简单，与调整形状、图片、SmartArt 图的方法基本类似，只需选择整个表格，将鼠标光标移动到表格边框上，拖动鼠标即可调整其位置或大小。

（3）调整表格的行高和列宽

在 Excel 中，用户可以根据单元格中内容的多少来调整单元格的行高和列宽。在 PowerPoint 2010 中，由于其默认插入的表格的行高和列宽是固定的，所以也需对单元格的行高列宽进行调整。调整表格行高、列宽的方法很简单，其具体为：将鼠标光标移动到表需调整行高或列宽的单元格之间的间隔线上，当其变为 ↕ 或 ↔ 形状时，按住鼠标左键不放向左右或上下方拖动，即可调整表格的行高或列宽。

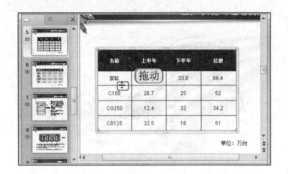
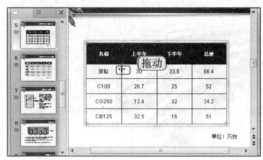

（4）合并与拆分单元格

在 PowerPoint 2010 中还可对插入表格中的单元格进行拆分和合并操作，使表格更能满足需要。其合并单元格和拆分单元格的方法分别介绍如下。

⊃ 合并单元格：拖动鼠标选择需要合并的单元格，选择【布局】/【合并】组，单击"合并单元格"按钮，即可合并单元格。

⊃ 拆分单元格：选择需要拆分的单元格，选择【布局】/【合并】组，单击"拆分单元格"按钮，即可拆分单元格。

（5）添加、删除行和列

在编辑表格时，若出现行、列数不够的情况，可以手动在表格中插入行或列。同时，如果行、列数超过了需求，还可以将多余的行或列删除。其添加行列和删除行列的方法分别介绍如下。

⊃ 添加行或列：将鼠标光标定位到某个单元格中，选择【布局】/【行和列】组，单击相应的按钮，即可在所选单元格上、下、左或右侧添加单元格。

⊃ 删除行或列：将鼠标光标定位到某个单元格中，选择【布局】/【行和列】组，单击"删除"按钮，在弹出的下拉列表中选择所需选项，即可删除行或列。

2.　美化表格

在完成对表格的基本编辑后，为了让表格更符合幻灯片的风格，还可以进一步对表格的外观进行美化，如设置表格文本格式、设置表格样式、设置表格边框、填色以及表格背景等。下面将进行具体介绍。

（1）设置表格文本格式

设置表格文本格式是指为表格中的文本内容设置字体、字号及颜色等格式，同样，也可以设置表格中文本内容的对齐方式,其设置方法与设置幻灯片文本格式的方法基本一样,在【开始】/【字体】组中可设置文本字体样式,在【开始】/【段落】中可设置文本对齐方式,该设置方法已详细介绍过,这里不再赘述了。

此外,选择表格,选择【布局】/【对齐方式】组,也可对文本对齐方式进行设置。在该功能组中,用户可分别对对齐方式、文本方向和单元格边距等进行设置。其中,单击▤、▤、▤、▤、▤或▤按钮均可设置不同的方式对齐,且第1行中的按钮与第2行中的按钮可以同时使用。现将"对齐方式"组中常用于对齐单元格内容的几个按钮的作用介绍如下。

○文本左对齐:是指文本在单元格的水平方向上,位于单元格的左侧。

○文本居中对齐:是指文本在单元格的水平方向上,位于单元格的中间。

○文本右对齐:是指文本在单元格的水平方向上,位于单元格右侧。

○文本顶端对齐:是指文本在单元格的垂直方向上,位于单元格的顶端。

○文本垂直居中对齐:是指文本在单元格的垂直方向上,位于单元格的中间。

○文本底端对齐:是指文本在单元格的垂直方向上,位于单元格的底端。

（2）设置表格样式

在 PowerPoint 2010 中插入表格后,表格的样式均为默认样式,为了满足用户的编辑需要,PowerPoint 提供了多种精美的表格样式供用户选择。其方法是:选择整个表格,选择【设计】/【表格样式】组,单击▾按钮,在弹出的下拉列表中选择所需选项即可,如下图所示。

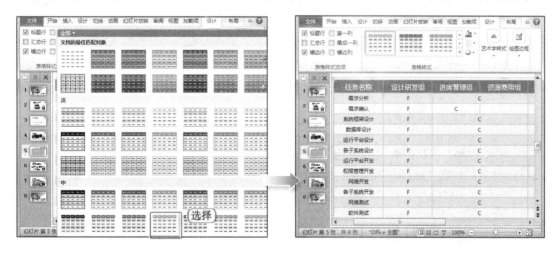

（3）添加表格边框

在 PowerPoint 2010 中,用户可根据需要设置表格边框线的线型、线条粗组、线条颜色,以及边框位置等。

下面将在"月度销售情况报告 .pptx"演示文稿中对表格的边框线型、线条颜色和线条粗细等进行设置,其具体操作如下:

光盘\素材\第9章\月度销售情况报告.pptx
光盘\效果\第9章\月度销售情况报告.pptx

STEP 01 ▶ 选择边框样式

打开"月度销售情况报告.pptx"演示文稿，选择整个表格，选择【设计】/【绘图边框】组，单击"笔样式"下拉列表框右侧的▾按钮，在弹出的下拉列表中选择"实线"选项。

STEP 03 ▶ 设置边框颜色

单击 ✎笔颜色 ▾按钮右侧的▾按钮，在弹出的下拉列表中选择"主题颜色"栏中的"红色，强调文字颜色2"选项。

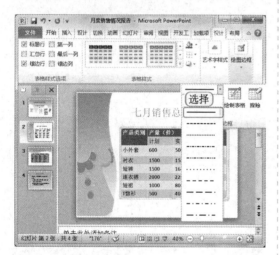

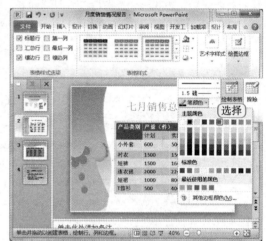

STEP 02 ▶ 设置边框粗细

单击"笔划粗细"下拉列表框右侧的▾按钮，在弹出的下拉列表中选择"1.5磅"选项。

STEP 04 ▶ 添加边框线

选择【设计】/【表格样式】组，单击▦▾按钮，在弹出的下拉列表中选择"所有框线"选项，为表格添加边框。

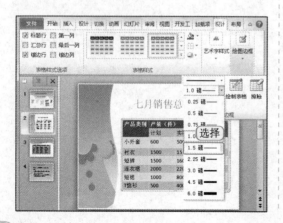

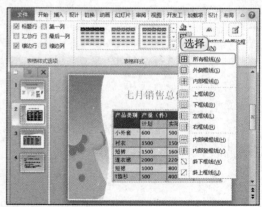

（4）设置表格底纹

除了可通过表格样式来美化表格外，用户还可单独为单元格设置底纹。其方法是：选择设置底纹的单元格，选择【设计】/【表格样式】组，单击"底纹"按钮，在弹出的下拉列表中选择所需选项即可。

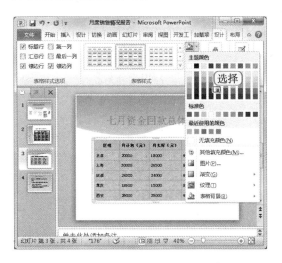 

9.3 高手过招

1. 绘制表格

在 PowerPoint 2010 中，用户可以直接创建表格，也可以手动绘制表格，手动绘制表格的灵活性更高。下面将在"销售报告 .pptx"演示文稿中绘制表格，其具体操作如下：

示例
文件

光盘 \ 素材 \ 第 9 章 \ 销售报告 .pptx
光盘 \ 效果 \ 第 9 章 \ 销售报告 .pptx

STEP 01 绘制表格外部边框

选择【插入】/【表格】组，单击按钮，在弹出的下拉列表中选择"绘制表格"选项。此时，鼠标光标变成形状，拖动鼠标在幻灯片中绘制表格的边框。

STEP 02 绘制表格内部线条

此时,将激活"表格工具"下的"设计"和"布局"选项卡,选择【设计】/【绘图边框】组,单击▦按钮,将鼠标光标移动到表格边框内部,当其变成⌀形状时,在左侧边线处单击并向右拖动绘制内部框线。

STEP 03 完成绘制并输入文本

按照同样的方法向下和右方向拖动鼠标,即可绘制垂直线条和斜线,绘制完成后,在表格中输入文本,完成表格的制作。

2. 擦除表格线

手动绘制的表格,用户也可根据需要对其表格样式进行设置。除此之外,若发现绘制了多余的边框线,还可将其擦除。其方法是:选择表格,选择【设计】/【绘图边框】组,单击"擦除"按钮▦,此时鼠标光标将变为⌀形状,将鼠标光标移动到需要擦除的边框上,按住鼠标左键不放进行拖动,即可将其擦除,如下图所示。

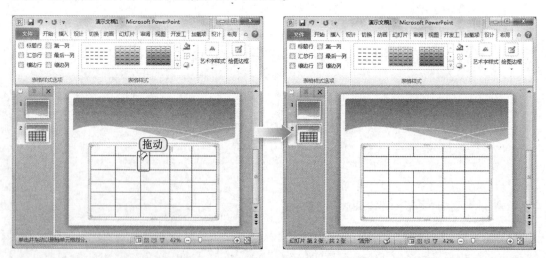

技巧秒杀——退出边框绘制或边框擦除状态

在绘制表格边框或擦除表格边框时,若需退出其状态,只需再次在【设计】/【绘图边框】组中单击▦按钮或▦按钮即可。

在部分商务活动中，工作分析与总结是非常受重视的一部分，它往往关系着一个企业的发展。本章将使用编辑母版、编辑示意图、编辑表格等知识，讲解制作工作分析与总结类演示文稿的具体方法。

C hapter 第10章

工作分析与总结

10.1 生产质量检验与总结

本例将制作产品分析与总结类演示文稿，以对生产活动中的产品质量进行检测，并针对出现的问题制定出进一步的完善方案。通过该演示文稿可以让企业员工清楚地了解产品的优缺点和此后的修改方案，提高企业管理效率，促进产品进一步优化，其最终效果如下图所示。

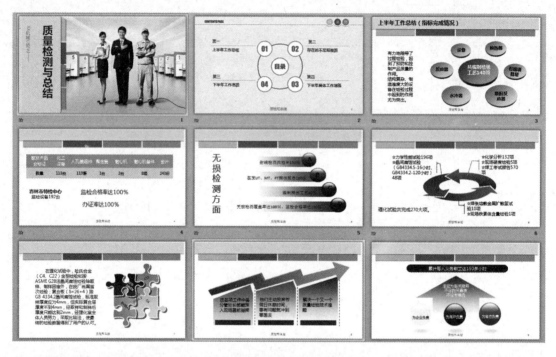

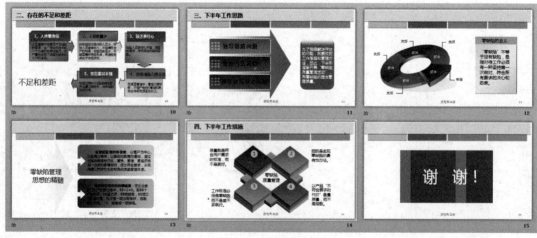

光盘 \ 素材 \ 第 10 章 \ 生产质量检验与总结图片素材
光盘 \ 效果 \ 第 10 章 \ 生产质量检验与总结 .pptx
光盘 \ 实例演示 \ 第 10 章 \ 生产质量检验与总结

◎ 案例背景 ◎

质量检验就是对产品的一项或多项质量特性进行观察、测量、试验，并将结果与规定的质量要求进行比较，以判断各项质量特性合格与否的一种活动。

根据技术标准、产品图样、作业（工艺）规程或订货合同、技术协议的规定、采用相应的检测、检查方法观察、试验、测量产品的质量特性，判定产品质量是否符合规定的要求，这是质量检验的鉴别功能。鉴别是把关的前提，通过鉴别才能判断出产品质量是否合格。

与传统质量检验相比，现代质量检验不仅有把关的作用，同时还起到预防的作用，其预防作用一般表现在工序能力的测定、控制图的使用以及工序生产中的首检和巡检两个方面。

在做完质量检验后，一般都需要准备检测报告。报告的职能也就是信息反馈的职能，可使高层管理者和有关质量管理部门能及时掌握生产过程中的质量状态，评价和分析质量体系的有效性。所以为了能做出正确的质量决策，了解产品质量的变化情况，必须把检验结果，特别是计算所得的指标，用报告的形式反馈给管理决策部门和有关管理部门，以便管理层及时做出正确的判断和采取有效的决策措施。

本例制作的演示文稿即是对质量检测的总结和完善，本例将使用示意图对检测情况进行表现，同时使用表格对合格产品进行统计，使企业工作人员能一目了然地了解到质量检验的结果，以及今后的修改意见和措施。

◎ 关键知识点 ◎

要完成本例的制作，需要掌握几个关键知识点。这几个关键知识点的内容以及其难易程度如下。

⊃ 形状的应用（★★★★）　　　　　　　⊃ 页眉和页脚的应用（★★★）

10.1.1 编辑幻灯片基础对象

本例将首先对幻灯片的背景、文本、幻灯片样式、页眉页脚等基础对象进行编辑，其具体操作如下：

STEP 01 ▶ 打开"页面设置"对话框

新建"生产质量检验与总结"演示文稿，进入母版编辑状态，选择【幻灯片母版】/【页面设置】组，单击"页面设置"按钮，打开"页面设置"对话框。

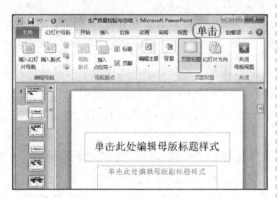

STEP 02 ▶ 设置页面大小

① 在"幻灯片大小"下拉列表框中选择"全屏显示（16:9）"选项。

② 单击 确定 按钮。

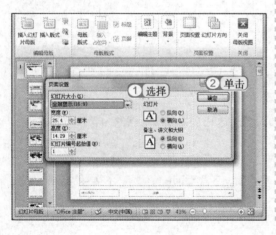

STEP 03 ▶ 进入母版设置幻灯片背景

选择第 1 张幻灯片，在其中插入"生产质量检验与总结图片素材"文件夹中的"图片 2"。

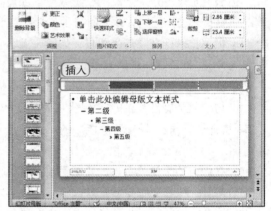

STEP 04 ▶ 设置并应用其他幻灯片背景

依次在第 2、3 张幻灯片中插入"图片 1"、"图片 3"，效果如下图所示。

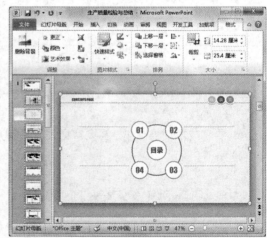

STEP 05▶ 设置图片叠放次序

依次选择第 1、2、3 张幻灯片中的图片，在其上单击鼠标右键，在弹出的快捷菜单中选择【置于底层】/【置于底层】命令。

STEP 06▶ 添加页眉页脚

选择第 1 张幻灯片，选择【插入】/【文本】组，单击"页眉和页脚"按钮。

STEP 07▶ 设置页眉页脚

① 在"页眉和页脚"对话框中选中☑页脚(F)、☑标题幻灯片中不显示(S) 和☑幻灯片编号(N) 3 个复选框，并在☑页脚(F) 复选框下方的文本框中输入"质检与总结"。

② 单击 全部应用(Y) 按钮。

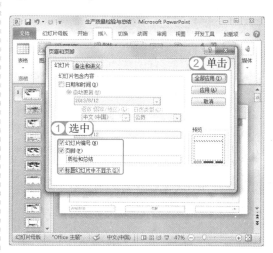

STEP 08▶ 设置页脚字体格式

选择"质检和总结"文本框，选择【开始】/【字体】组，将其文本格式设置为"微软雅黑"、"14"。

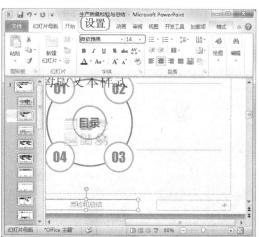

STEP 09 查看效果

退出母版编辑状态，新建一张目录页幻灯片，即可查看到添加页眉页脚后的效果，如下图所示。

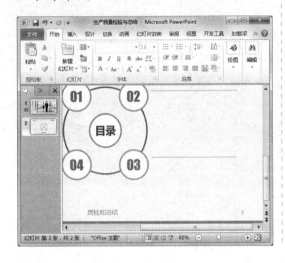

STEP 10 编辑文本

根据需要新建内容页幻灯片，然后依次在标题页、目录页和内容页幻灯片中输入文本内容，并设置文本的格式。

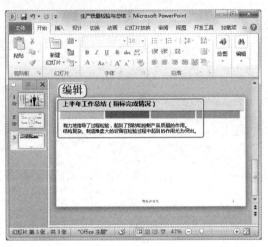

10.1.2　绘制立体示意图

下面将在幻灯片中绘制立体图形，用以表现检测内容，其具体操作如下：

STEP 01 绘制形状

选择第3张幻灯片，在其中绘制一个椭圆，将其轮廓设置为"无轮廓"，然后在形状上单击鼠标右键，在弹出的快捷菜单中选择"设置形状格式"命令。

STEP 02 设置形状的渐变色

① 打开"设置形状格式"对话框，选择"填充"选项，选中◎渐变填充⑥单选按钮。

② 在"渐变光圈"栏中选择第1个渐变光圈滑块，将其颜色设置为"蓝色，强调文字颜色1，深色50%"选项。

STEP 03 ▶ 设置形状的三维格式

① 设置第2个渐变光圈的颜色为"蓝色，强调文字颜色1，淡色40%"，然后选择"三维格式"选项，在"棱台"栏中将"底端"和"顶端"样式设置为"角度"，在其后的"宽度"和"高度"数值框中均输入"1.1"。

② 在"深度"栏的"深度"数值框中输入"30"，在"角度"数值框中输入"90"。

STEP 05 ▶ 更改形状渐变色

复制一个已设置完成的椭圆形，按住"Shift"键将其缩小。选择所复制的形状，打开"设置形状格式"对话框，将其渐变色分别设置为"白色，背景1，深色50%"和"白色，背景1，深色15%"。

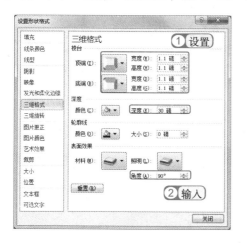

STEP 04 ▶ 设置形状的三维旋转效果

① 选择"三维旋转"选项，单击"预设"按钮，在弹出的下拉列表中选择"上透视"选项。

② 单击 关闭 按钮，返回幻灯片编辑区即可查看立体形状的效果。

STEP 06 ▶ 更改形状三维旋转

① 选择"三维旋转"选项，在"旋转"栏的"Y："数值框中输入"350"。

② 单击 关闭 按钮。

STEP 07 ▶ 复制和排列形状

复制5个相同大小的形状，按住"Shift"键将这5个形状调整为不同大小，并将其分布排列于第1个绘制的椭圆四周，然后根据需要调整文本框的位置，排列后的效果如下图所示。

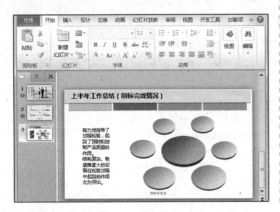

STEP 08 ▶ 输入并设置文本

在本张幻灯片中插入文本框，并输入文本和设置文本的格式，设置完成后的效果如下图所示。

10.1.3 制作质量评定表

下面将制作质量评定表，对合格产品列举和统计，其具体操作如下：

STEP 01 ▶ 插入表格

新建一张幻灯片，选择【插入】/【表格】组，单击"表格"按钮，在弹出的下拉列表中拖动鼠标选择2行7列表格。

STEP 02 ▶ 输入数据

调整表格的大小和位置，在新建的表格中输入所需的数据内容，效果如下图所示。

STEP 03 应用表格样式

选择整个表格，选择【设计】/【表格样式】组，单击 ▼ 按钮，在弹出的下拉列表中选择"中色样式 1- 强调 6"选项。

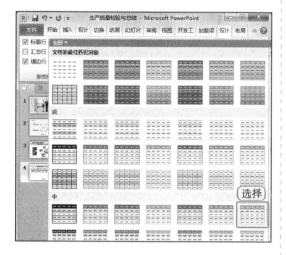

STEP 04 设置表格底纹

选择第 1 行的所有单元格，选择【设计】/【表格样式】组，单击"底纹"按钮 ，在弹出的下拉列表中选择"橙色，强调文字颜色 6，淡色 60%"选项。

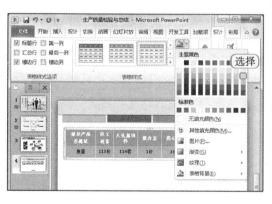

STEP 05 设置字体格式

选择第 1 行表格，将其字体格式设置为"微软雅黑"、"18"，并取消字体加粗效果。将第 2 行文本字体格式设置为"微软雅黑"、"16"。

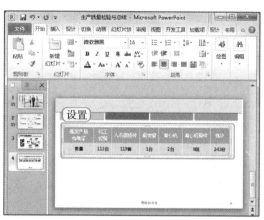

STEP 06 取消边框线

选择【设计】/【表格样式】组，单击 边框 ▼ 按钮，在弹出的下拉列表中选择"无框线"选项，取消表格边框线。

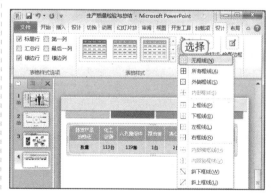

为什么这么做？

　　本例中先设置表格样式，再设置字体样式，这是因为在设置了表格数据的字体格式后，再为表格应用样式，则表格样式自带的字体样式将覆盖掉事先设置好的字体格式。

STEP 07 ▶ 完善第 4 张幻灯片

完成表格的美化后，继续在第 4 张幻灯片中绘制文本框，并输入文本，设置文本格式，效果如下图所示。

STEP 08 ▶ 制作其他幻灯片

依次新建幻灯片，根据需要在幻灯片中添加图片、文本和示意图等对象，并对这些对象进行编辑，效果如下图所示。

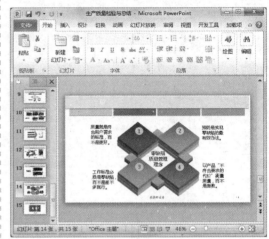

10.1.4 添加动画并放映

为了完善本例，可为幻灯片对象添加简洁的动画效果，其具体操作如下：

STEP 01 ▶ 为幻灯片添加动画

选择第 1 张幻灯片，在"动画样式"下拉列表中为幻灯片设置动画效果，然后选择动画，选择【动画】/【计时】组，为幻灯片设置播放方式。

STEP 02 ▶ 添加切换动画

为其他幻灯片中的对象添加动画，然后依次选择每张幻灯片，选择【切换】/【切换到此幻灯片】组，在"切换方案"下拉列表中为幻灯片添加切换动画，然后按"F5"键对幻灯片进行放映。

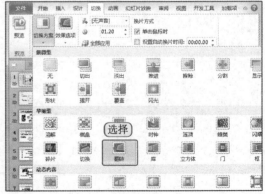

10.1.5　关键知识点解析

关键知识点中"形状的应用"的相关知识已经在第 5 章的 5.2.3 节中进行了详细讲解，这里不再赘述了。下面主要对没进行介绍的"页眉和页脚的应用"关键知识点进行讲解。

在 PowerPoint 2010 中，可以在一般编辑和母版编辑两种状态下设置幻灯片的页眉页脚，可供设置的内容包括日期、时间、编号和页码等内容。为幻灯片设置页眉页脚，可以使幻灯片看起来更加严谨专业。

这两种状态的设置方法相同，具体是：选择【插入】/【文本】组，单击"页眉和页脚"按钮，打开"页眉和页脚"对话框，选择"幻灯片"选项卡，在其中根据需要选中相应的单选按钮或复选框即可。

为了方便用户了解，下面将"页眉和页脚"对话框的"幻灯片"选项卡中各选项的作用分别进行介绍。

- ⊃ **日期和时间**复选框：选中该复选框，可以在幻灯片中添加日期，同时会激活●自动更新和●固定两个单选按钮。选中●自动更新单选按钮，则幻灯片中插入的时间会随着当前时间同步改变；选中●固定单选按钮，则会固定显示一个日期。
- ⊃ **幻灯片编号**复选框：选中该复选框，可以为幻灯片添加页码。
- ⊃ **页脚**复选框：选中该复选框，并在其下的文本框中输入文本，可以为幻灯片添加页脚标注。
- ⊃ **标题幻灯片中不显示**复选框：选中该复选框，则所设置的页眉页脚信息将不会在首页标题幻灯片中显示。

技巧秒杀——直接设置页眉页脚

除了通过页眉页脚功能添加幻灯片页眉页脚外，用户还可以直接在母版中设计和制作页眉页脚信息。需要注意的是，若将页眉页脚信息放置于母版第 1 张幻灯片中，则标题页幻灯片中也会出现页眉页脚信息，所以为了美观，建议在相应的幻灯片版式中进行设置。

10.2　年终销量总结

本例将制作年终销量总结演示文稿，用于对公司本年度的销售情况进行总结，并为来年的销售情况制定一个目标。通过本例可以使公司员工对本年度的销售情况有一个统一的认识，其最终效果如下图所示。

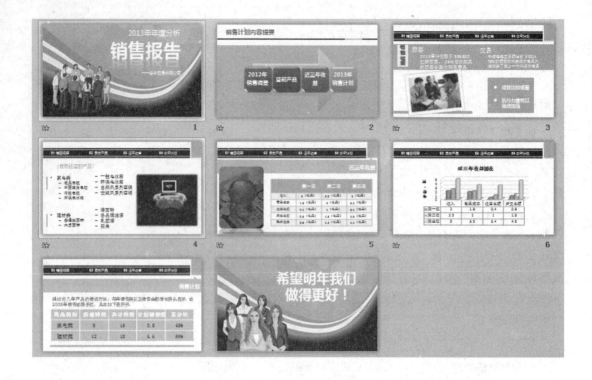

光盘\素材\第10章\年终销量总结图片素材
光盘\效果\第10章\年终销量总结.pptx
光盘\实例演示\第10章\年终销量总结

◎ 案例背景 ◎

　　在商务活动中，年终总结是指企业或个人对一年来的工作进行回顾和分析，从中吸取经验和教训，引出规律性认识，以指导今后工作和实践活动的一种应用文体。年终总结在生产活动中有着非常重要的作用，是推动工作前进的重要依据。每一次具体实践都有成绩与失误、经验与教训，及时总结，就会及时取得经验教训。它是寻找工作规律的重要手段，任何一种事物和工作都有一定的内在联系和外部制约，都有它自身的发展、运动规律，而要找寻、发现客观规律的途径就是总结。

　　年终总结一般包括一年来的情况概述、成绩和经验、存在的问题和教训、今后努力的方向等内容。其中，情况概述主要是对工作的主客观条件、有利和不利条件以及工作的环境和基础等进行分析；成绩和经验是总结的中心，总结的目的就是要肯定成绩，找出缺点，弄清成绩和缺点是怎样产生的；问题和教训则是为了今后的工作能顺利开展，而对以往工作中的不足和问题进行分析、研究、概括、集中，并上升到理论的高度来认识；最后还需做出来年的打算，根据今后的工作任务和要求，吸取前一年工作的经验和教训，明确努力方向，提出改进措施等。

　　本例制作的年终总结演示文稿通过对上一年度的销售情况进行分析、总结，然后制定出来年计划的一种会议总结类演示文稿。本例将主要使用表格、图表等知识对销售情况进行展示，使企业员工能清楚地明白企业当年的销售收益和来年的销售目标。

◎关键知识点◎

　　要完成本例的制作，需要掌握几个关键知识点。这几个关键知识点的内容以及其难易程度如下。

◯ 表格的应用和操作（★★★★）　　　　　◯ 图表的应用（★★★★）

10.2.1　编辑幻灯片基本对象

　　本例将首先对幻灯片的页面、背景、文本、幻灯片样式等基础对象进行编辑，其具体操作如下：

STEP 01 ▶ 设置页面大小

新建"年终销量总结"演示文稿，选择【幻灯片母版】/【页面设置】组，单击"页面设置"按钮▭，打开"页面设置"对话框，将其页面大小设置为"全屏显示（16:9）"。

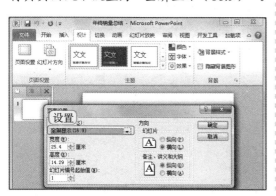

STEP 02 ▶ 进入母版，设置幻灯片背景

进入母版编辑状态，为幻灯片设置背景样式，效果如下图所示。

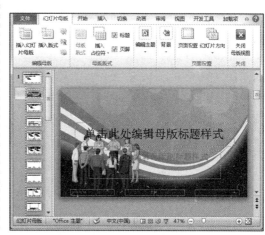

STEP 03 编辑标题页幻灯片

选择第1张母版幻灯片,在其中绘制文本框,并输入文本内容,使其效果如下图所示。

STEP 04 隐藏背景图案

① 在母版视图中任意选择一个幻灯片版式,在其上单击鼠标右键,在弹出的快捷菜单中选择"设置背景格式"命令,打开"设置背景格式"对话框,在其中选中 ☑隐藏背景图形(H) 复选框。

② 单击 关闭 按钮。

STEP 05 重设背景

此时,该幻灯片版式的背景将被隐藏,在其中插入图片,为其应用不同的背景样式,效果如下图所示。

STEP 06 编辑幻灯片

退出幻灯片母版编辑状态,在第1张幻灯片中输入文本,添加艺术字,并为其设置"映像"艺术字效果,如下图所示。

STEP 07 ▶ 编辑目录页幻灯片

新建一个幻灯片版式，在其中绘制一个矩形形状，将其形状轮廓设置为"无轮廓"，并将其填充色设置为与主题页幻灯片相似。

STEP 08 ▶ 插入 SmartArt 图形

在目录页幻灯片中绘制文本框添加文本，然后选择【插入】/【插图】组，单击"SmartArt"按钮，在打开的对话框中选择"连续块状流程"选项，单击 确定 按钮。

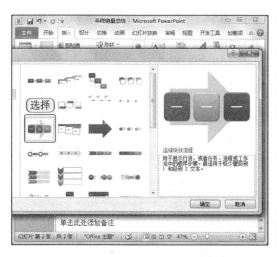

STEP 09 ▶ 添加形状

选择SmartArt图形中的第3个形状，选择【设计】/【创建图形】组，单击 添加形状 按钮，在弹出的下拉列表中选择"在后面添加形状"选项，在其后添加一个形状。

STEP 10 ▶ 编辑 SmartArt 图形的颜色

在 SmartArt 图形中添加文本内容，然后选择【设计】/【SmartArt 样式】组，单击"更改颜色"按钮，在弹出的下拉列表中选择"彩色范围，强调文字颜色 4-5"选项。

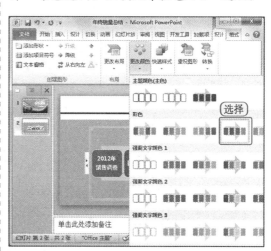

STEP 11 ▶ 编辑 SmartArt 图形的样式

保持 SmartArt 图形选择状态不变，选择【设计】/【SmartArt 样式】组，在"快捷样式"下拉列表中选择"优雅"选项。

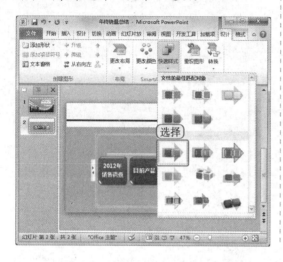

STEP 12 ▶ 编辑幻灯片

新建两张内容幻灯片，在其中绘制文本框和形状，并插入和编辑图片、文本等内容，效果如下图所示。

10.2.2 制作销量报告表

下面将制作一张年度销量报告表，其具体操作如下：

STEP 01 ▶ 插入表格

新建一张内容幻灯片，选择【插入】/【表格】组，单击"表格"按钮 ，在弹出的下拉列表中选择"插入表格"选项，在打开对话框的"列数"和"行数"数值框中分别输入"4"、"6"，单击 确定 按钮。

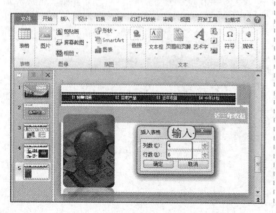

STEP 02 ▶ 设置表格样式

完成表格的插入后，在其中输入所需的数据内容，然后选择整个表格，选择【设计】/【表格样式】组，单击 按钮，在弹出的下拉列表中选择"中度样式 1- 强调 3"选项。

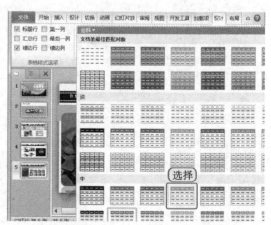

STEP 03 设置数据内容的格式

选择第1行表格，将其字体格式设置为"微软雅黑"、"20"，并取消字体加粗效果，然后将表格中其余数据字号设置为"16"。

STEP 04 添加边框线

选择【设计】/【绘图边框】组，单击 ✎笔颜色▼ 按钮，在弹出的下拉列表中选择"浅绿"选项，然后选择选择【设计】/【表格样式】组，单击 ▦边框▼ 按钮，在弹出的下拉列表中选择"所有框线"选项。

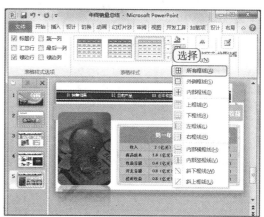

10.2.3 制作销售收益图表

下面将制作一个近三年的销售收益图表，其具体操作如下：

STEP 01 插入图表

新建幻灯片，选择【插入】/【插图】组，单击"图表"按钮 📊，打开"插入图表"对话框。选择"柱形图"选项，在右侧的"柱形图"栏中选择"簇状圆柱图"选项，单击 确定 按钮。

STEP 02 输入数据

① 此时，系统将自动启动 Excel 2010，在蓝色框线内的相应单元格中输入需在图表中表现的数据。

② 单击 × 按钮，退出 Excel 2010。

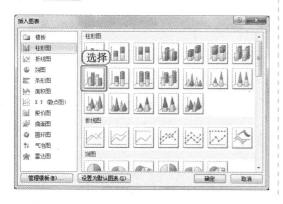

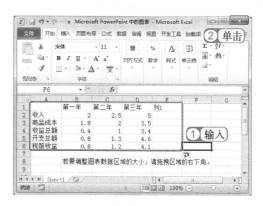

STEP 03 查看效果

返回到幻灯片编辑窗口，即可看到插入的图表，效果如下图所示。

STEP 04 应用图表样式

选择整个图表，选择【设计】/【图表样式】组，单击▼按钮，在弹出的下拉列表中选择"样式29"选项。

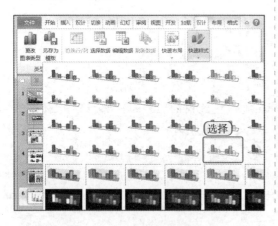

STEP 05 更改图表布局

选择【设计】/【图表布局】组，单击▼按钮，在弹出的下拉列表中选择"布局4"选项，更改图表布局。

STEP 06 编辑其他幻灯片

按照该方法依次编辑剩下的幻灯片，在其中添加和编辑表格，效果如下图所示。

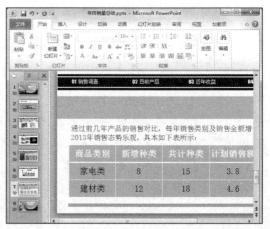

10.2.4 添加动画并放映

下面将根据需要为部分幻灯片对象添加动画效果和切换效果，然后对幻灯片进行放映，其具体操作如下：

STEP 01 为幻灯片添加动画

选择第1张幻灯片，选择【动画】/【动画】组，在其中为幻灯片设置动画效果，然后选择动画，选择【动画】/【计时】组，设置各对象的动画开始方式为"上一动画之后"。

STEP 02 添加幻灯片切换效果

依次为除形状、表格、图表外的其他幻灯片对象添加动画效果，然后选择第1张幻灯片，选择【切换】/【切换到此幻灯片】组，在"切换方案"下拉列表中选择"切换"选项。并按照该方法依次设置其他幻灯片的切换动画。

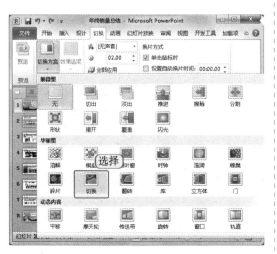

STEP 03 开始放映幻灯片

选择【幻灯片放映】/【开始放映幻灯片】组，单击"从头开始"按钮，进入幻灯片放映状态。单击切换幻灯片，测试放映效果。放映完成后，按"Esc"键退出放映模式。

为什么这么做？

在设置本例的幻灯片动画效果时，没有为形状、表格和图表等对象设置动画效果，这是因为本例的演示文稿属于会议类演示文稿，场合比较严肃正式，不需要设置过多的动画效果。此外，例子中的形状较多，若一一设置，可能会让幻灯片的播放过于混乱。如果想活跃幻灯片版面，也可根据需要为图表表格等对象添加简单的进入动画或强调动画，以引起员工的重视和注意即可。

10.2.5 关键知识点解析

关键知识点中"表格的应用和操作"的相关知识已经在第 9 章的 9.2.4 节中进行了详细讲解，这里不再赘述了。下面主要对没进行介绍的"图表的应用"关键知识点进行讲解。

图表是指以数据对比的方式来显示数据，它可轻松地体现数据之间的关系，所以，对于抽象的表格数据来说，使用图表来表现数据可更为直观。在幻灯片中添加图表的方法与添加表格基本一样，其具体是：选择【插入】/【插图】组，单击"图表"按钮 📊，打开"插入图表"对话框，在其中选择所需选项即可。下面对常用的图表知识进行讲解。

1. 编辑图表数据

创建图表后，如果发现图表中数据有误，或在后期工作中发现统计数据发生了变化，可以对数据进行重新编辑。其方法是：选择图表，选择【设计】/【数据】组，单击"编辑数据"按钮 📊，打开 Excel 2010，在其中直接对数据进行修改，然后关闭 Excel 即可。

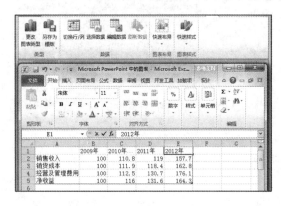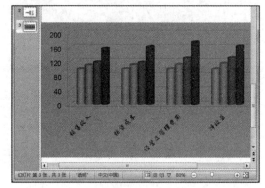

2. 更改图表类型

如果创建了图表后发现所选图表并不能直观地反映数据，或者其表现效果不如另一种图表明确，可将当前图表更改为其他图表类型。其方法是：选择需修改图表类型的图表，选择【设计】/【类型】组，单击"更改图表类型"按钮 📊，在打开的"更改图表类型"对话框中重新选择适合的图表类型，然后单击 确定 按钮即可更改图表类型。

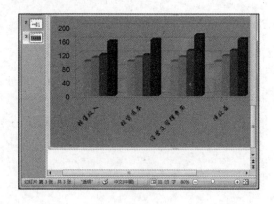

3. 更改图表布局

更改图表的布局方式是指对图表中的标题、图例项和图表内容等项目的排列方式进行更改。PowerPoint 2010 提供了多种图表布局方式，一般默认为创建的图表布局格式为"布局 1"不同的布局方式其呈现出的效果也有一定差异，用户可以根据幻灯片的具体需要选择合适的图表布局。更改图表布局的方法是：选择【设计】/【图表布局】组，单击▾按钮，在弹出的下拉列表中选择所需布局即可。本例中即对图表的布局进行了更改，此处不再赘述。

4. 应用图表样式

与美化图片和表格一样，在 PowerPoint 2010 中用户也可根据需要对图表进行美化，PowerPoint 2010 提供了丰富的图表样式，以供不同的用户进行选择。应用图表样式的方法是：选择图表，选择【设计】/【图表样式】组，单击▾按钮，在弹出的下拉列表中选择所需选项即可。本例中即对图表的样式进行了更改，此处不再赘述。

5. 自定义图表样式

为了达到更好的视觉效果，在修改了默认的图表布局方式和图表样式之后，用户还可以对图表进行一些个性化的美化操作，如设置图表区的背景颜色、数据系列格式、网格线样式、坐标轴字体格式以及图例显示格式等。

示例文件

光盘\素材\第 10 章\财务分析报告 .pptx
光盘\效果\第 10 章\财务分析报告 .pptx

STEP 01▶ 设置图表区域格式

打开"财务分析报告 .pptx"演示文稿，选择第 3 张幻灯片中的图表，在图表区上单击鼠标右键，在弹出的快捷菜单中选择"设置图表区域格式"命令。

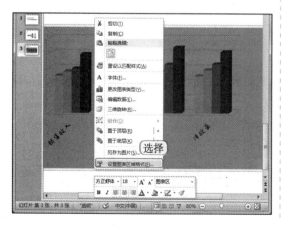

STEP 02▶ 设置图表背景颜色

打开"设置图表区格式"对话框，选择"填充"选项，选中 ⊙ 纯色填充(S) 单选按钮，在"填充颜色"栏中单击"颜色"按钮右侧的 ⚙▾ 按钮，在弹出的下拉列表中选择"白色，背景 1，深色 35%"选项，单击 关闭 按钮。

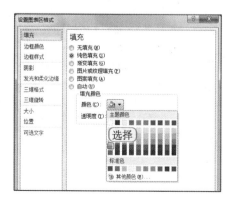

STEP 03 设置数据点样式

返回幻灯片编辑区，在图表上选择表示2009年的数据点，选择【格式】/【形状样式】组，单击 按钮，在弹出的下拉列表中选择"强烈效果-蓝-灰，强调颜色5"选项。

STEP 05 设置图例样式

选择图例，在其上单击鼠标右键，在弹出的快捷菜单中选择"设置图例格式"命令，在打开的"设置图例格式"对话框中选择"填充"选项，选中 ◉ 渐变填充(G)单选按钮，单击"预设颜色"按钮 ，在弹出的下拉列表中选择"铬色"选项。

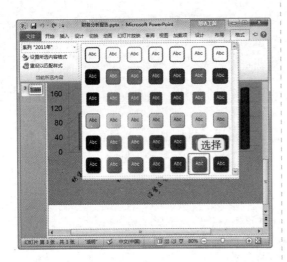

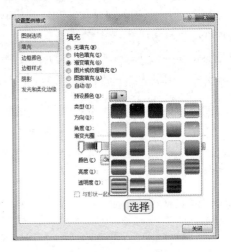

STEP 04 更改数据点颜色

选择代表2012年的数据点，选择【格式】/【形状样式】组，单击 形状填充 按钮右侧的 按钮，在弹出的下拉列表中选择"深红强调文字颜色6、深色25%"选项。

STEP 06 更改坐标轴刻度

在纵坐标轴上单击鼠标右键，在弹出的快捷菜单中选择"设置坐标轴格式"命令，打开"设置坐标轴格式"对话框。在"主要刻度单位"栏中选中 ◉ 固定(X)单选按钮，在其后的数值框中输入"40"，单击 关闭 按钮，即可将纵坐标的刻度单位从原本的20改为40，效果如下图所示。

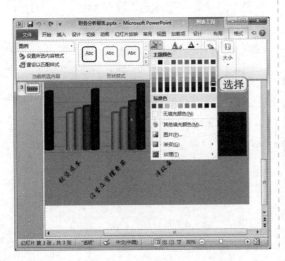

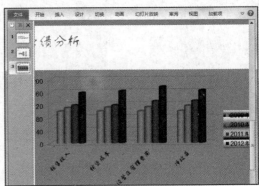

技巧秒杀——将图片设置为图表背景

在"设置图表区格式"对话框中选中⊙ 图片或纹理填充(P)单选按钮，再单击 文件(F)... 按钮，在打开的对话框中选择图片，即可将该图片用作图表区的背景。

10.3 高手过招

1. 图表使用原则

当使用表格无法表达数据含义时，用户可选择使用图表来表达数据。图表在幻灯片中使用广泛，要想更好地发挥图表的作用，在使用、编辑图表时应注意如下几点原则。

- 内容表达：一个图表只能表达一种主题，否则会显得杂乱无章。且制作的图表内容必须完整，数据必须正确，这样制作的图表才显得专业，更有参考价值。

- 选择适当的图表类型：不同的图表类型可以表达不同的图表内容。为了更好地表达图表中的数据，用户需要根据情况选择适当的图表类型，如折线图侧重于表现各数据间的变化。若是图表类型选择的不适当，很可能使观赏者产生歧义。

- 图表结构简洁：在幻灯片中不但要文字简洁，图表也必须简洁。复杂的图表往往由于数据量过多，会使观赏者失去耐心，同时也会造成演讲者在对数据进行讲解时出现一定困扰。所以，在制作图表时一定要对数据进行优化，以最简单的方法对数据进行说明。

2. 常用图表选择技巧

在 PowerPoint 2010 中，使用频率较高的图表主要包括柱形图、折线图、饼图和条形图等，其中不同的图表，其使用范围和场合均有一定的差别，用户需根据具体的数据内容和场合来决定所需的图表。下面对常用图形的选择技巧进行介绍。

- 柱/条形图：通过柱形或条形来表示数据变化的图示模式，主要用于对各种数据进行分类和对比，是非常常见的图表类型，下图即为柱形图。

- 折线图：用于显示随时间而发生变化的连续数据。在折线图中，类别数据沿水平轴均匀分布，所有值数据沿垂直轴均匀分布。

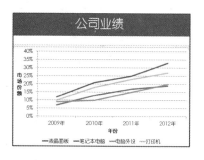

⊃饼图：用于显示一个数据系列中各分类数据的大小与它们总和的比例。在幻灯片中使用饼图时，饼图的数据总和一般都为1，各类别分别代表整个饼图的一部分。

⊃雷达图：又可称为戴布拉图、蜘蛛网图，是对同一对象的多个指标进行描述和评价的图表，是财务分析报表的一种。雷达图主要用于评价企业经营状况，如对企业收益性、生产性、流动性、安全性和成长性的评价。

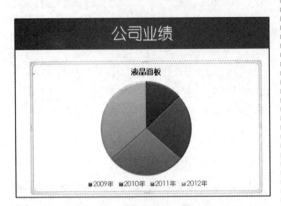

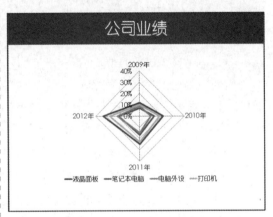

⊃面积图：用于强调数量随时间变化的程度，也可用于表现总值趋势。

⊃圆环图：与拼图一样，圆环图主要用于显示各个部分和整体的关系。它可以包含多个数据系列，主要可分为圆环图和分高型圆环图两类。

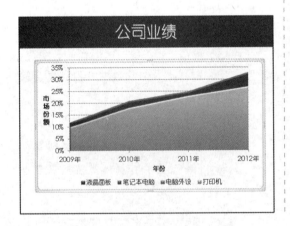

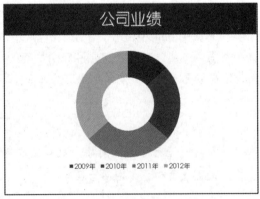

在工作报告类演示文稿中，既有上级对下级的工作分配和规划，也有下级对上级的工作报告和总结。

本章将主要使用超链接、设置形状、添加图示等知识，对汇报、报告等演示文稿的制作方法进行介绍，使用户能快速地制作出下级对上级的汇报类演示文稿。

PowerPoint 2010

Chapter 第11章

工作报告

▌▌11.1 市场调研报告

本例将制作市场调研报告演示文稿，用于对市场调研情况进行报告，主要由市场调研人员制作。通过该演示文稿可以让领导阶层和企业员工清楚地了解目前市场的基本情况，有助于企业依据调查结果对产品或销售进行进一步优化，其最终效果如下。

光盘 \ 素材 \ 第 11 章 \ 市场调研报告图片素材
光盘 \ 效果 \ 第 11 章 \ 市场调研报告 .pptx
光盘 \ 实例演示 \ 第 11 章 \ 市场调研报告

◎ 案例背景 ◎

　　市场调研是市场调查与市场研究的统称，它是个人或组织根据特定的决策问题而系统地设计、搜集、记录、整理、分析及研究市场各类信息资料、报告调研结果的工作过程。而市场调研报告，则是经过在实践中对某一产品客观实际情况进行了调查了解后，将调查了解到的全部情况和材料进行分析研究，揭示出本质，寻找出规律，总结出经验，最后再以书面形式陈述出来的一种资料。

　　制作市场调研报告需要实事求是地反映和分析客观事实。调研报告主要包括两个部分：一是调查，二是研究。调查，应该深入实际，准确地反映客观事实，详细地收集和整理材料。研究，即在掌握客观事实的基础上，认真分析，透彻地揭示事物的本质。在制作调研报告中，也可以提出一些看法，以供其他决策者进行分析，然后经过政策预评估，并制定对策。

　　一般来说，市场调研具备市场调研的针对性、新颖性、真实性和时效性等特点，市场调查报告的写作要有明确的目的性，要针对实际工作的需要。调查报告的针对性越强，其指导意义、参考价值就越大，同时在调查时，也要注意材料的真实性，以及需选用恰当合理、科学细致的调查方法。

　　本例制作的演示文稿即主要对市场、品牌、交通和销售等情况进行调查分析，并通过图示、图表等对象对调查结果进行展示，是企业管理层和决策者能通过该调研报告，制定出适合公司产品发展和销售的对策。

◎ 关键知识点 ◎

　　要完成本例的制作，需要掌握几个关键知识点。这几个关键知识点的内容以及其难易程度如下。

⊃ 图表的应用（★★★★）　　　　　⊃ 表格的应用操作（★★★）
⊃ 自定义图表布局（★★★★）

11.1.1　编辑幻灯片基本内容

本例将首先对幻灯片的背景、页眉页脚等对象进行设计和编辑，其具体操作如下：

STEP 01 ▶ 设置页面大小

① 新建"市场调研报告"演示文稿，选择【幻灯片母版】/【页面设置】组，单击"页面设置"按钮。

② 打开"页面设置"对话框，将其页面大小设置为"全屏显示（16:9）"。

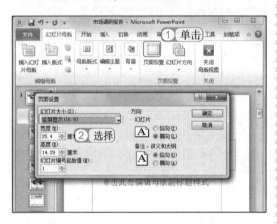

STEP 02 ▶ 进入母版设置幻灯片背景

进入母版编辑状态，依次为幻灯片设置背景样式，效果如下图所示。

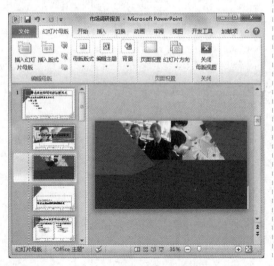

STEP 03 ▶ 隐藏背景图案

在母版视图中任意选择一个幻灯片版式，打开"设置背景格式"对话框，在其中选中☑隐藏背景图形(H)复选框。此时，该幻灯片版式的背景将被隐藏，在其中插入图片，为其应用不同的背景样式，效果如下图所示。

STEP 04 ▶ 添加页眉页脚

选择第1张幻灯片，选择【插入】/【文本】组，单击"页眉和页脚"按钮。

STEP 05 ▶ 设置页眉页脚

① 在"页眉和页脚"对话框中选中☑幻灯片编号(N)和☑标题幻灯片中不显示(S)两个复选框。

② 单击全部应用(Y)按钮。

STEP 07 ▶ 设置其他幻灯片页脚格式

选择其他幻灯片版式，将其页脚的文本格式设置为"黑体"、"14"、"黑色"。

STEP 06 ▶ 设置内容页页脚格式

选择幻灯片编号文本框，选择【开始】/【字体】组，将其文本格式设置为"黑体"、"32"、"蓝色"。

STEP 08 ▶ 编辑幻灯片

退出幻灯片母版编辑状态，在第 1 张幻灯片中输入文本，然后调整文本框的旋转角度，如下图所示。

STEP 09 绘制形状

新建一张目录页幻灯片，在其中绘制文本框并输入文本，然后绘制一个正五边形，将其形状轮廓设置为"无轮廓"，形状填充色设置为"蓝色"。

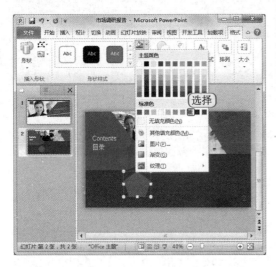

STEP 10 制作目录页效果

复制3个相同大小的形状，将其形状轮廓设置为"无轮廓"，然后更改它们的填充色，并在形状上绘制文本框和输入文本，效果如下图所示。

STEP 11 编辑内容页幻灯片

新建一张幻灯片，在其中分别绘制竖排文本框和横排文本框，然后输入文本并设置文本格式，效果如下图所示。

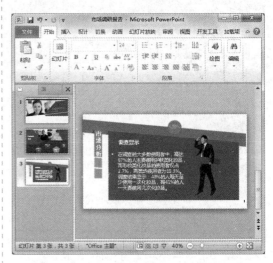

STEP 12 绘制和编辑形状

新建一张幻灯片，在其中绘制文本框，输入文本并设置文本格式，然后绘制一个六边形，将其形状轮廓设置为"无轮廓"，形状填充色设置为"白色，背景1，深色50%"。

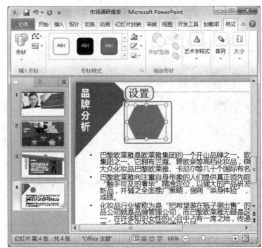

STEP 13 编辑幻灯片内容

复制两个相同大小的形状,将其形状轮廓设置为"无轮廓",然后更改它们的填充色,并在形状上绘制文本框和输入文本,效果如下图所示。

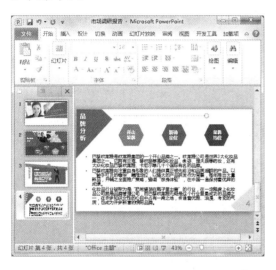

关键提示——页眉页脚的应用

在为幻灯片添加页眉页脚时,用户应根据版面的需求进行添加。如添加页眉时,不宜放置于幻灯片中间及靠中的位置,这样不利于版面美观。同时页脚的字号、颜色等,也需配合幻灯片整体的字体和颜色样式等进行设置。本例中内容页幻灯片的页脚有一个类似于折角的灰色三角形,为背景图片自带样式。若用户想对页脚进行美化,也可自行绘制形状并进行设置。

11.1.2 制作图表和表格

下面将在幻灯片中插入表格、图表等对象,并对其进行编辑,其具体操作如下:

STEP 01 插入表格

新建一张幻灯片,在其中输入相应的文本,选择【插入】/【表格】组,单击"表格"按钮,在弹出的下拉列表中拖动鼠标选择 7 行 2 列表格。

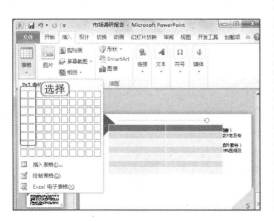

STEP 02 输入数据并设置文本格式

调整表格的大小和位置,在新建的表格中输入所需的数据内容,选择【设计】/【表格样式】组,单击按钮,在弹出的下拉列表中选择"中色样式 1- 强调 2"选项。

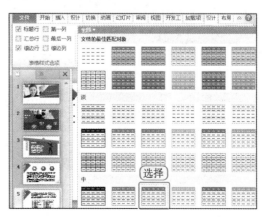

STEP 03 设置边框线的颜色和粗细

选择【设计】/【绘图边框】组，单击
笔颜色按钮，在弹出的下拉列表中选择"红
色，强调文字颜色2，深色25%"选项，在"笔
画粗细"下拉列表中选择"0.75磅"选项。

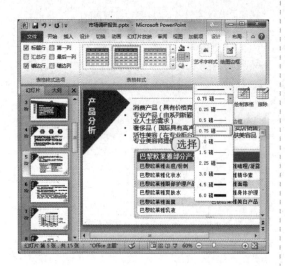

STEP 04 添加边框线

选择【设计】/【表格样式】组，单击
边框按钮，在弹出的下拉列表中选择"所
有框线"选项。

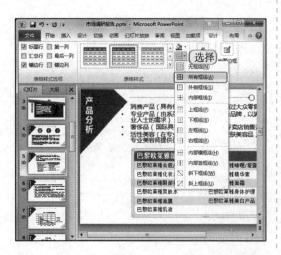

STEP 05 插入柱形图表

新建一张幻灯片，并在其中输入文本内容，
然后再新建一张幻灯片，选择【插入】/【插
图】组，单击"图表"按钮，打开"插
入图表"对话框。选择"柱形图"选项，
在右侧的"柱形图"栏中双击"簇状柱形图"
选项。

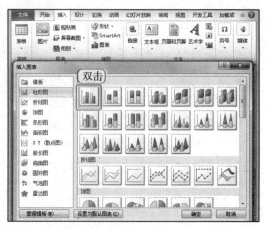

STEP 06 输入数据

① 此时，系统将自动启动 Excel 2010，
在蓝色框线内的相应单元格中输入需在图
表中表现的数据。

② 输入完成后单击 ✕ 按钮，退出 Excel
2010。

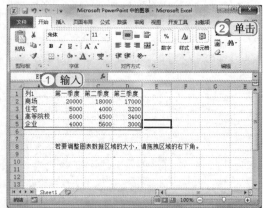

STEP 07 查看效果

返回到幻灯片编辑窗口，即可看到插入的图表，根据需要调整图表的大小和位置，效果如下图所示。

STEP 08 应用图表样式

选择整个图表，选择【设计】/【图表样式】组，单击"快速样式"按钮，在弹出的下拉列表中选择"样式12"选项。

STEP 09 添加图层标题

选择【布局】/【标签】组，单击"图表标题"按钮下方的按钮，在弹出的下拉列表中选择"图表上方"选项，将在图表上方添加一个标题。

STEP 10 添加网格线

选择【布局】/【坐标轴】组，单击"网格线"按钮，在弹出的下拉列表中选择"主要纵网格线"子列表中的"主要网格线"选项，为图表添加网格线。

STEP 11 添加趋势线

① 选择【布局】/【分析】组，单击"趋势线"按钮，在弹出的下拉列表中选择"线型趋势线"选项，在打开的"添加趋势线"对话框中选择"第二季度"选项。

② 单击 确定 按钮。

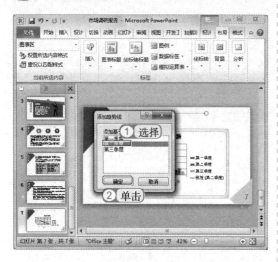

STEP 12 查看效果图

返回幻灯片编辑区，即可查看图表效果，为幻灯片和图表添加标题，完成后的效果如下图所示。

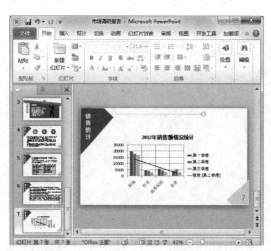

STEP 13 新建饼图

新建一张幻灯片，选择【插入】/【插图】组，单击"图表"按钮，打开"插入图表"对话框。选择"饼图"选项，在该对话框右侧的"饼图"栏中双击"三维饼图"选项。

STEP 14 输入数据

① 此时，系统将自动启动 Excel 2010，在蓝色框线内的相应单元格中输入需在饼图中表现的数据。

② 单击 × 按钮，退出 Excel 2010。

STEP 15 ▶ 应用饼图样式

选择饼图，选择【设计】/【图表样式】组，单击"快速样式"按钮，在弹出的下拉列表中选择"样式28"选项。

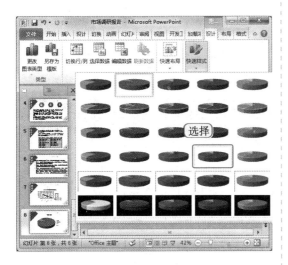

STEP 16 ▶ 更改图表布局

选择【设计】/【图表布局】组，单击"快速布局"按钮，在弹出的下拉列表中选择"布局2"选项，更改图表布局。

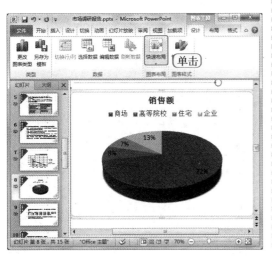

STEP 17 ▶ 更改数据点样式

选择表示高等院校的数据点，选择【格式】/【形状样式】组，单击按钮，在弹出的下拉列表中选择"中等效果-橙色，强调颜色6"选项。

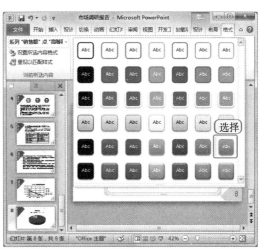

STEP 18 ▶ 查看效果

编辑完成后，返回幻灯片编辑区，即可查看饼图的效果，如下图所示。完成上述操作后，再依次对其他幻灯片进行编辑。

11.1.3　添加动画并放映

下面将在幻灯片中添加动画效果，并对添加的动画效果进行测试放映，其具体操作如下：

STEP 01 为幻灯片添加动画

选择第1张幻灯片，选择【动画】/【动画】组，在其中为幻灯片设置动画效果，然后选择动画，选择【动画】/【计时】组，设置各对象的动画开始方式为"上一动画之后"。

STEP 02 添加幻灯片切换效果

依次为其他幻灯片对象添加动画效果，然后选择第1张幻灯片，选择【切换】/【切换到此幻灯片】组，在"切换方案"下拉列表中选择"库"选项。按照该方法依次设置其他幻灯片的切换动画。

STEP 03 开始放映幻灯片

选择【幻灯片放映】/【开始放映幻灯片】组，单击"从头开始"按钮，进入幻灯片放映状态。单击切换幻灯片，测试放映效果。

STEP 04 设置标注笔

单击切换幻灯片，在需要标记的幻灯片上单击鼠标右键，在弹出的快捷菜单中选择【指针选项】/【荧光笔】命令。

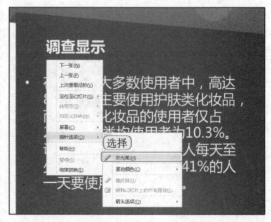

STEP 05 ▶ 更改笔颜色

再次单击鼠标右键，在弹出的快捷菜单中选择【指针选项】/【墨迹颜色】/【蓝色】命令。

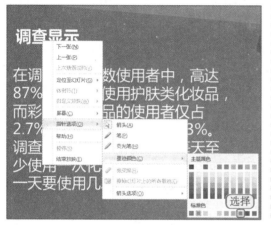

STEP 06 ▶ 标注重要内容并保留墨迹

在幻灯片中按住鼠标左键不放进行拖动，对幻灯片内容进行标注。完成放映后，按 "Esc" 键退出放映模式，在弹出的提示框中单击 保留(K) 按钮，保留墨迹标注。

11.1.4 关键知识点解析

关键知识点中"表格的应用操作"和"图表的应用"的相关知识点已经分别在第9章的9.2.4节和第10章的10.2.5节中进行了详细讲解，这里不再赘述了。下面主要对没进行介绍的"自定义图表布局"关键知识点进行讲解。

在 PowerPoint 2010 中，图表的编辑功能十分强大，除了第10章中介绍的美化图表方法外，用户还可以根据需要对图表数据进行标记分析，如添加网格线、添加趋势线、显示数据标签等，下面对各功能组进行详细介绍。

- ➜ **"当前所选内容"功能组**：该功能组主要对图标内容进行选择和重设。其中，下拉列表框中主要用于对图表中的各个元素进行选择。单击 设置所选内容格式 按钮可打开相应的格式对话框，对图表各元素进行精确设置。单击 重设以匹配样式 按钮可清除图表中已设置的自定义格式。

- ➜ **"插入"功能组**：该功能组主要用于插入图片、形状和文本框等对象，其插入方法与插入图片等方法一样。

- ➜ **"标签"功能组**：该功能组主要用于对图表标题、坐标轴标题、图例位置和模拟运算表等进行设置。其设置方法是：单击相应的按钮，在弹出的下拉列表中选择相应的选项即可。

- "坐标轴"功能组：该功能组主要用于对图表的坐标轴样式和网格线进行设置，单击相应的按钮，在弹出的下拉列表中选择相应的选项即可。本例中通过该功能组对网格线进行了设置，以方便用户对数据进行对比和分析。
- "背景"功能组：该功能组主要用于对图表的绘图区背景、背景墙、图表基底和旋转角度等先进行设置，主要起到美化图表的作用。
- "分析"功能组：该功能组主要用于对图表中的数据添加辅助线，具体包括趋势线、折线、涨/跌柱线和误差线等。其方法是：单击相应的按钮，在弹出的下拉列表中选择相应的选项即可。

‖11.2 述职报告

本例将制作述职报告演示文稿，用于公司员工对当前工作进行总结和汇报，并针对工作中的相关问题制作出解决方案。通过该演示文稿可以让部门领导更清楚地了解员工工作的开展情况，并依此做出相关计划和变更，其最终效果如下图所示。

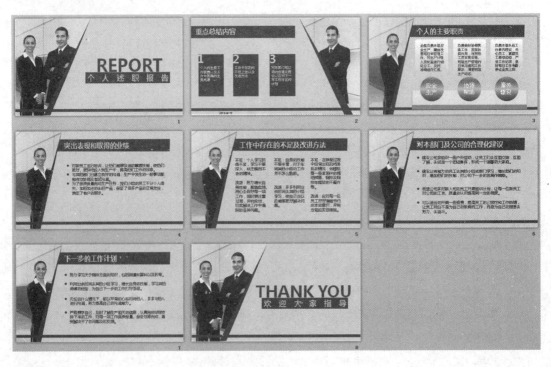

光盘\素材\第 11 章\述职报告图片素材
光盘\效果\第 11 章\述职报告.pptx
光盘\实例演示\第 11 章\述职报告

◎案例背景◎

　　述职报告是大型企业进行个人年度总结的一种形式，一般是针对个人一年的岗位职责执行情况、个人指标完成情况进行总结性汇报。

　　述职报告的写作方式一般为两种：一种是四大段式，即做法＋成绩＋不足＋改进；另一种是逐条答复式，每条职责需逐个回答，即做法＋效果＋问题＋改进。一般来说，采取哪种方式需根据人力资源部门或上级的要求确定。

　　述职报告是总结个人岗位职责执行情况或指标完成情况的报告，它主要具有如下几个特点。

　⊃**个人性**：述职报告需对自身所负责的组织或者部门在某一阶段的工作进行全面的回顾，并且要从工作实践中去总结成绩和经验，找出不足，从而对过去的工作做出正确的评价。

　⊃**规律性**：述职报告要写事实，但不是把已经发生过的事实简单地罗列出来。它必须对搜集来的事实、数据、材料等进行认真的归类、整理、分析和研究。通过这一过程，从中找出某种带有普遍性的规律，得出公正的评价和结论。

　⊃**真实性**：述职报告是工作业绩考核、评价、晋升的重要依据，述职者一定要实事求是、真实客观地陈述，力求全面、真实、准确地反映出述职者在所在岗位的职责情况。

　　本例制作的演示文稿即是采用四大段式的写作方式，对本年度做法、成绩、不足以及改进等进行陈述的一种述职报告，并将根据需要将部分内容通过立体图示的方法表现出来。

◎关键知识点◎

　　要完成本例的制作，需要掌握几个关键知识点。这几个关键知识点的内容以及其难易程度如下。

　⊃**立体图示的制作和应用**（★★★★）　　⊃**页眉页脚的应用**（★★★）

11.2.1 编辑幻灯片基本对象

下面将对幻灯片的图片背景、文本图片等对象进行编辑，其具体操作如下：

STEP 01 设置页面大小

① 新建"述职报告"演示文稿，选择【幻灯片母版】/【页面设置】组，单击"页面设置"按钮。

② 打开"页面设置"对话框，将其页面大小设置为"（全屏显示 16:9）"。

STEP 03 添加页眉页脚

① 选择第 1 张幻灯片，选择【插入】/【文本】组，单击"页眉和页脚"按钮，在弹出的"页眉和页脚"对话框中选中 ☑日期和时间(D) 和 ☑标题幻灯片中不显示(S) 两个复选框。

② 单击 全部应用(Y) 按钮。

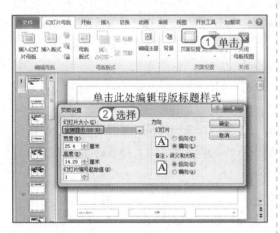

STEP 02 进入母版设置幻灯片背景

进入母版编辑状态，依次为幻灯片设置背景样式，效果如下图所示。

STEP 04 设置内容页页脚格式

选择幻灯片日期文本框，选择【开始】/【字体】组，将其文本格式设置为"黑体"、"12"、"深蓝，文字 2，深色 50%"。

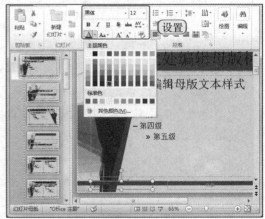

STEP 05 ▶ 编辑标题页幻灯片

退出幻灯片母版编辑状态，在第1张幻灯片中输入文本，设置文本格式，然后设置标题文本框中文本的对其方式为"两端对齐"，效果如下图所示。

STEP 06 ▶ 绘制并设置形状

新建一张目录页幻灯片，绘制一个矩形形状，将其形状轮廓设置为"无轮廓"，将其填充色设置为"蓝色，强调文字颜色1，深色 50%"。

STEP 07 ▶ 复制形状

选择绘制的矩形形状，复制两个相同大小的形状，将其并排排列，然后在其中绘制文本框，输入文本并设置文本格式，效果如下图所示。

> **技巧秒杀——固定页脚的日期**
>
> 在设置页脚时，选中☑日期和时间(D)复选框和◉固定(X)单选按钮，在其下的文本框中输入所需插入的日期，即可使幻灯片中的日期不随当前日期而发生变化。

> **关键提示——对齐形状**
>
> 在复制形状时，为了让形状同一水平线上对齐，可按住"Shift"键对形状进行拖动，该方法也适用于水平对齐图片、文本框等对象。

11.2.2 绘制立体图示

下面将在幻灯片中绘制立体图示，以对幻灯片内容进行归纳，其具体操作如下：

STEP 01 绘制并设置形状

新建一张幻灯片，绘制一个矩形，将其填充色设置为"白色，背景1，深色25%"，形状轮廓设置为"无轮廓"。

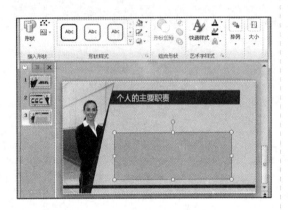

STEP 02 设置三维格式

打开"设置形状格式"对话框，选择"三维格式"选项，将"棱台"设置为"角度"，在其后的"宽度"和"高度"数值框中均输入"1.1"，在"深度"栏的"深度"数值框中输入"20"，在"表面效果"栏的"角度"数值框中输入"190"。

STEP 03 设置三维旋转

① 选择"三维旋转"选项，在"Y："数值框中输入"290"。

② 单击 关闭 按钮。

STEP 04 查看效果

在矩形形状上绘制3个正圆，将其形状轮廓设置为"无轮廓"，效果如下图所示。

STEP 05 设置形状渐变色

选择正圆，打开"设置形状格式"对话框，选中 ⊙ 渐变填充(G) 单选按钮，在其中将第1、3个渐变光圈的颜色设置为"红色，强调文字颜色2，深色50"，将第2个渐变光圈设置为"红色，强调文字颜色2，淡色60"，并调整光圈位置。

STEP 06 绘制椭圆

绘制一个椭圆形状，将其形状轮廓设置为"无轮廓"，填充颜色设置为"白色"，如下图所示。

STEP 07 编辑椭圆渐变效果

打开"设置形状格式"对话框，在其中将其渐变色方向设置为"线性向下"，将第1个渐变光圈的颜色设置为"白色，背景1"，在"透明度"数值框中输入"40"。添加两个渐变光圈，然后将剩余渐变光圈的颜色设置为"白色，背景1"，将其透明度依次设置为"60"、"80"、"90"和"100"，并调整各个渐变光圈的位置。

STEP 08 查看效果

关闭"设置形状格式"对话框，然后将椭圆形状放置于正圆形上方，其效果如下图所示。

STEP 09 复制形状格式

选择已设置好格式的正圆形，按"Shift+Ctrl+C"组合键进行复制，然后分别选择未设置格式的正圆形，按"Shift+Ctrl+V"组合键粘贴格式，效果如下图所示。

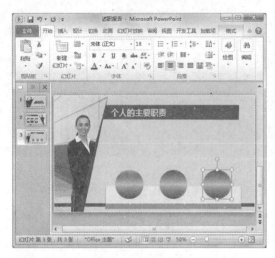

STEP 10 更改形状渐变色

按照前面设置形状渐变色的方法依次更改剩余两个形状的渐变色，然后复制椭圆形状，将其分别放置于正圆上方，以制作出高光效果，使其最终效果如下图所示。

STEP 11 绘制并设置形状

绘制3个矩形，将其填充色设置为"白色"，将第2个渐变光圈的透明度设置为"100"，并调整第2个渐变光圈的位置，如下图所示。

STEP 12 编辑文本内容

在本页幻灯片中绘制文本框，并根据需要添加文本，设置文本的格式，添加完成后的效果如下图所示。然后使用前面讲解的方法制作其他幻灯片。

11.2.3　添加动画并放映

下面将在幻灯片中添加动画效果，并设置动画效果的播放方式，然后对幻灯片进行放映，其具体操作如下：

STEP 01 为幻灯片添加动画

选择第 1 张幻灯片，选择【动画】/【动画】组，在其中为幻灯片设置动画效果，然后选择动画，选择【动画】/【计时】组，设置各对象的动画开始方式为"上一动画之后"。

STEP 02 添加幻灯片切换效果

依次为其他幻灯片对象添加动画效果，然后选择第 1 张幻灯片，选择【切换】/【切换到此幻灯片】组，在"切换方案"下拉列表中选择"库"选项，并按照该方法依次设置其他幻灯片的切换动画。

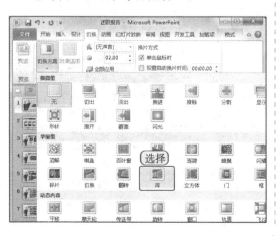

STEP 03 开始放映幻灯片

选择【幻灯片放映】/【开始放映幻灯片】组，单击"从头开始"按钮，进入幻灯片放映状态。

STEP 04 测试放映幻灯片

单击切换幻灯片，测试放映效果。放映完成后，按"Esc"键退出放映模式。

11.2.4　关键知识点解析

关键知识点中"立体图示的制作和应用"和"页眉页脚的应用"的相关知识点已经分别在前面的章节中进行了详细讲解，关于其具体位置分别如下。

⊃ **立体图示的制作**：该知识的具体位置在第 5 章的 5.2.3 节。

⊃ **页眉页脚的应用**：该知识的具体位置在第 10 章的 10.1.5 节。

▎▎11.3　用户体验报告

本例制作的用户体验报告主要用于企业调研人员对企业产品的用户体验情况进行调查和统计。通过本演示文稿可让企业管理人员对产品操作的友好程度、吸引程度等用户反馈情况有一个整体了解，以帮助产品进行优化和改进，其最终效果如下图所示。

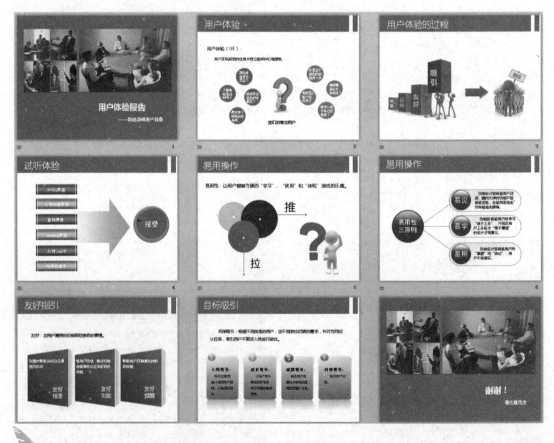

光盘＼素材＼第 11 章＼用户体验报告图片素材
光盘＼效果＼第 11 章＼用户体验报告 .pptx
光盘＼实例演示＼第 11 章＼用户体验报告

◎案例背景◎

　　用户体验是一种纯主观性的，用户在使用产品的过程中建立起来的感受。由于体验具有主观性，个体差异决定了每个用户真实体验的差异，所以，一般情况下用户体验是无法通过其他途径来完全模拟或再现的。但是对于一个界定明确的用户群体来讲，其用户体验的共性应能够经由良好的设计实验来分析出来。

　　国外把用户体验设计分为视觉设计、交互设计、用户行为研究、可用性分析和测试等。其中，视觉设计包括界面设计、图标设计、颜色和布局设计、风格设计等；交互设计是指人机交互，即在一定场景内用户获悉指令、判断含义、作出回应的过程设计；用户行为研究主要用于定义目标用户群特征、研究用户喜好、习惯和期望等；可用性分析和测试则用于分析和发现可用性问题并提出改进。

　　为了让设计更符合使用者需求，在进行用户体验设计时需要注意以下几点。

　　◯ 针对目标用户进行设计。

　　◯ 良好清晰的视觉效果。

　　◯ 减少交互和多余操作。

　　◯ 主动提供帮助。

　　◯ 将简单的东西留给用户。

　　在完成用户体验设计并将产品投入市场之后，为了优化用户体验设计，使其最大程度地满足用户的需要，可以对用户体验进行调查和反馈。

　　本例制作的用户体验报告演示文稿即是根据调查对游戏用户的使用体验进行总结的演示文稿。为了方便表述，将使用图示对总结内容进行归纳展示。

◎关键知识点◎

　　要完成本例的制作，需要掌握几个关键知识点。这几个关键知识点的内容以及其难易程度如下。

　　◯ 立体图示的制作（★★★★）

11.3.1 编辑母版和图示

下面将设置幻灯片的背景，并为幻灯片添加图示，其具体操作如下：

STEP 01 ▶ 插入背景图片

启动 PowerPoint 2010，新建一个空白演示文稿，并将其命名为"用户体验报告"，进入幻灯片母版，为幻灯片添加背景图片，效果如下图所示。

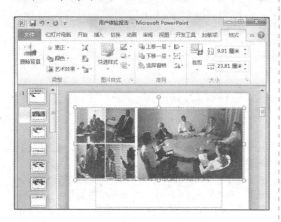

STEP 02 ▶ 设置主题页背景

在主题页幻灯片中绘制一个覆盖整页幻灯片的矩形形状，将其颜色设置为"蓝色"，形状轮廓设置为"无轮廓"，然后将形状置于底层。

STEP 03 ▶ 设置内容页背景

在母版第1张幻灯片中绘制一个矩形形状，然后将其形状格式设置为与主题页相同，并对其进行排列，效果如下图所示。

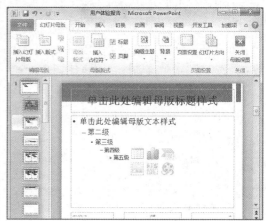

STEP 04 ▶ 编辑标题页内容

退出母版编辑状态，在其中输入文本，并设置文本的格式，效果如下图所示。

STEP 05 ▶ 添加形状

新建一张内容页幻灯片，在其中输入文本，然后绘制8个正圆，并设置形状的填充色，将形状轮廓设置为"无轮廓"，效果如下图所示。

STEP 06 ▶ 添加文本

在正圆上绘制文本框，输入文本，并设置文本的格式为"微软雅黑"、大小为"14"，效果如下图所示。

STEP 07 ▶ 插入图片

新建一张内容页幻灯片，在其中插入图片，调整图片的大小和位置，并在图中相应位置绘制文本框，添加文本，调整文本框旋转角度，完成后的效果如下图所示。

STEP 08 ▶ 绘制箭头

在幻灯片中绘制一个右箭头形状，将其形状颜色设置为"白色，背景1，深色50%"，形状轮廓设置为"无轮廓"。

STEP 09 设置三维格式

选择右箭头形状，打开"设置形状格式"对话框，选择"三维格式"选项，将"棱台"设置为"角度"，在其后的"宽度"和"高度"数值框中均输入"3"，在"深度"栏的"深度"数值框中输入"10"，在"表面效果"栏的"角度"数值框中输入"90"。

STEP 10 设置三维旋转

① 选择"三维旋转"选项，在"Y："数值框中输入"135"。

② 单击 关闭 按钮。

STEP 11 查看效果

返回幻灯片编辑区，即可查看右箭头形状的效果，如下图所示。

STEP 12 绘制矩形

新建幻灯片，在其中绘制3个大小不同的矩形，取消其轮廓线，并将其排列成如下图所示的样式。

STEP 13 设置形状的渐变颜色

选择中间的大矩形，单击鼠标右键，在弹出的快捷菜单中选择"设置形状格式"命令，打开"设置形状格式"对话框。选中 ◉ 渐变填充(G) 单选按钮，在"渐变光圈"栏中将第 1、3 个渐变光圈的颜色设置为"深蓝，文字 2，深色 50%"，第 2 个渐变光圈的颜色设置为"深蓝，文字 2，淡色 40%"。

STEP 14 绘制椭圆

按照该方法设置两侧小矩形的渐变色，然后再次绘制一个矩形形状，将其形状轮廓设置为"无轮廓"，填充颜色设置为"白色"，如下图所示。

STEP 15 编辑矩形渐变效果

打开"设置形状格式"对话框，在其中将其渐变色方向设置为"线性向下"，添加渐变光圈，然后将所有渐变光圈的颜色设置为"白色，背景 1"，并将其透明度依次设置为"40"、"60"、"80"和"100"，然后调整各个渐变光圈的位置。

STEP 16 查看效果

将该矩形形状放置于大矩形上方，然后按照该方法依次为两侧小矩形设置高光效果，效果如下图所示。

STEP 17 复制和编辑图示

将已制作完成的高光立体图示组合起来，然后复制5个相同大小的图示，依次更改其颜色，并对其进行排列，效果如下图所示。

STEP 18 绘制和编辑箭头

在该张幻灯片中绘制一个右向箭头，设置其渐变方向为"线性向右"，并设置其渐变色依次为"白色，背景1"和"白色，背景1，深色35%"。

STEP 19 绘制和编辑圆形

绘制两个大小不等的正圆形，将其重叠放置。设置底部圆形的填充颜色为"白色，背景1，深色50%"，轮廓为"无轮廓"。设置其"三维格式"为"角度"，并分别在"宽度"和"高度"数值框中输入"6"、"3"。

STEP 20 完善本张幻灯片内容

将顶部圆形的三维格式效果设置为与底部圆形相同，设置其填充颜色为"橄榄色，强调文字颜色3，深色50%"，然后在本页幻灯片中输入文本内容，效果如下图所示。

11.3.2　添加动画并放映

下面将在幻灯片中添加简单的动画效果，然后对幻灯片进行放映测试，其具体操作如下：

STEP 01▶ 完成其他幻灯片的编辑

综合本例前面所讲的知识，依次编辑剩余的幻灯片，完成编辑后的效果如下图所示。

STEP 02▶ 为幻灯片添加动画

选择第 1 张幻灯片，选择【动画】/【动画】组，在其中为幻灯片对象设置动画效果，然后选择动画，选择【动画】/【计时】组，在其中根据需要设置动画的播放方式。

STEP 03▶ 添加幻灯片切换效果

依次为其他幻灯片对象添加动画效果，然后选择第 1 张幻灯片，选择【切换】/【切换到此幻灯片】组，在"切换方案"下拉列表中设置动画切换效果，并按照该方法依次设置其他幻灯片的切换动画。

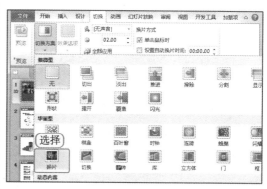

STEP 04▶ 放映幻灯片

选择【幻灯片放映】/【开始放映幻灯片】组，单击"从头开始"按钮，进入幻灯片放映状态。单击切换幻灯片，测试放映效果。放映完成后，按"Esc"键退出放映模式。

11.3.3　关键知识点解析

关键知识点中"立体图示的制作"相关知识点已经在第 5 章的 5.2.3 节中进行了详细讲解，这里不再赘述了。

▋11.4　高手过招

1. 自由选择数据源

幻灯片中的图表和 Excel 一样，可以通过选择数据源来确定图表的数据。其方法是：选择图表，选择【设计】/【数据】组，单击"选择数据"按钮，打开 Excel 电子表格和"选择数据源"对话框，然后直接在电子表格中拖动鼠标进行选择，或在"选择数据源"对话框中进行选择和编辑即可。

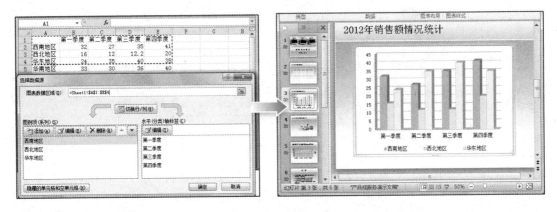

2. 保存图表为模板

选择图表后，在【设计】/【类型】组中单击"另存为模板"按钮，然后在打开的对话框中设置模板名称并单击 保存(S) 按钮，即可保存该图表。在完成图表的保存后，如需使用该图表模板，可在"插入图表"对话框或"更改图表类型"对话框中选择"模板"选项，然后在右侧的列表框中选择所需的模板，最后单击 确定 按钮即可将其插入到幻灯片中。

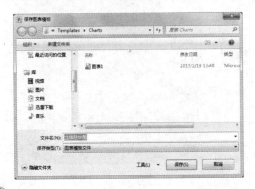

工作总结是日常工作中非常常见的一部分，绝大多数公司在经过一段时间的工作后，都会对该阶段的工作情况进行总结，以便更好地开展后期工作。本章将主要使用母版、表格、超链接、保护幻灯片等知识，对总结类演示文稿的制作方法进行介绍。

PowerPoint 2010

C第12章
hapter

工作总结

12.1 财务工作总结

本例将制作财务工作总结演示文稿，对企业财务部的工作情况进行分析。通过该演示文稿可以了解财务部在上一阶段工作中的成绩以及存在的缺陷，让企业对财务部的工作情况有一个全面的了解，以对此后的工作做好安排和调整，其最终效果如下图所示。

◎ 案例背景 ◎

　　财务工作总结是财会从业人员在经过一段时间的工作后，对前阶段工作中出现的问题、总结出的经验、得到的收获以及解决办法等进行的总结。根据总结，可以更好地理清财务工作中的优劣点，为此后的财务工作打下基础。

　　一般来说，财务工作总结均包括标题、前言、主体和结尾 4 部分。

　　标题即总结的名称，可以是对财务总结的主要方向、主要内容的一种概括。如果一个标题不能表达出完整的意思，可以在正标题下再拟副标题。此外，标题也可是泛指的总结，此标题常用于对财务工作进行全面总结，且总结为主要目的。

　　前言可对现阶段工作变化情况、主要成绩或总结的目的等进行概述。

　　主体是总结的核心部分。主体一般需包括过程、做法、体会、经验和教训等，并且要作理论的概括，总结出规律性。

　　结尾可提出今后的努力方向，或指出存在的问题，或表示自己的态度。

　　本例制作的财务工作总结演示文稿，即是对财务工作中现阶段的工作成绩、存在缺陷、工作思路和工作感想等进行的总结。为了方便展示，将使用图表、图示等对象，使与会人员能清楚地了解财务现状和此后的打算。

◎ 关键知识点 ◎

　　要完成本例的制作，需要掌握几个关键知识点。这几个关键知识点的内容以及其难易程度如下。

　　⊃ 表格的应用和操作（★★★★）　　　　　　　⊃ 导入文档（★★★★）

12.1.1 设计和编辑幻灯片基本对象

下面将在幻灯片中设计幻灯片的样式，并对形状、表格、文本等对象进行编辑，其具体操作如下：

STEP 01 设置页面大小

① 新建"财务工作总结"演示文稿，选择【设计】/【页面设置】组，单击"页面设置"按钮□。

② 打开"页面设置"对话框，将其页面大小设置为"全屏显示（16:9）"。

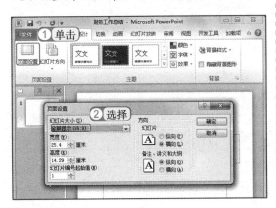

STEP 02 绘制并设置形状

在第 1 张幻灯片中绘制矩形和直线，取消形状轮廓，并依次设置它们的填充色，使其效果如下图所示。

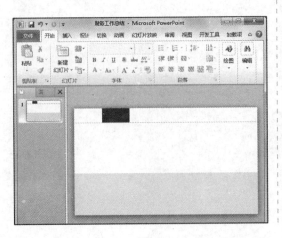

STEP 03 添加图片和文本

完成形状的设置后，在第 1 张幻灯片中添加图片和文本，完成第 1 张幻灯片的编辑，效果如下图所示。

STEP 04 编辑第 2 张幻灯片

新建幻灯片，继续在其中绘制形状，并添加文本，制作如下图所示的效果。

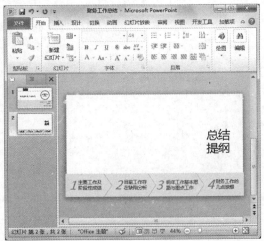

STEP 05 ▶ 插入表格

选择【插入】/【表格】组，单击"表格"按钮 ▦，在弹出的下拉列表中选择"插入表格"选项，在打开对话框的"列数"和"行数"数值框中分别输入"5"和"3"。

STEP 06 ▶ 设置表格底纹

选择整个表格，选择【设计】/【表格样式】组，单击 🎨 底纹 ▾ 按钮，在弹出的下拉列表中选择"白色，背景1"选项。

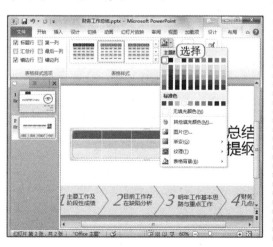

STEP 07 ▶ 设置底纹透明度

在表格上单击鼠标右键，在弹出的快捷菜单中选择"设置形状格式"命令，打开"设置形状格式"对话框。选择"填充"选项，在"透明度"数值框中输入"100"。

STEP 08 ▶ 调整单元格透明度效果

依次选择任意单元格，打开"设置形状格式"对话框，选择"填充"选项，在"透明度"数值框中输入"40"，使其呈现透明和不透明的间隔效果。

STEP 09 插入图片

在本张幻灯片中插入图片，调整图片的大小，叠放于表格之上，然后将图片置于底层，效果如下图所示。

STEP 10 编辑第 3 张幻灯片

新建幻灯片，将第 2 张幻灯片底端的形状和文本复制于第 3 张幻灯片中，然后将第 2 ～ 4 个目录文本框的字体颜色设置为"白色，背景 1，深色 35"。

STEP 11 插入和编辑表格

新建一个 1 列 5 行的表格，调整其大小和位置，然后选择第 2 ～ 5 行单元格，选择【布局】/【合并】组，单击"合并单元格"按钮。

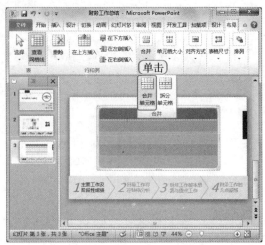

STEP 12 设置表格底纹

选择第 1 行单元格，选择【设计】/【表格样式】组，单击 底纹 按钮，在弹出的下拉列表中选择"蓝色，强调文字颜色 1，深色 50%"选项。

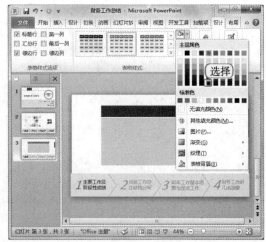

STEP 13 ▶ 设置表格边框颜色和线条

将合并的单元格的底纹设置为"白色，背景1，深色35"，然后选择第1行单元格，选择【设计】/【绘图边框】组，单击 ✐笔颜色▾按钮，在弹出的下拉列表中选择"黑色"选项，在"笔画粗细"下拉列表框中选择"6.0磅"。

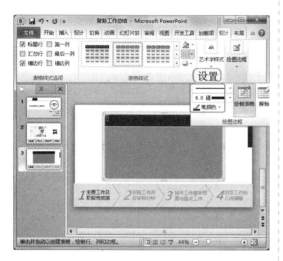

STEP 14 ▶ 设置表格下边框

选择【设计】/【表格样式】组，单击 ⊞边框▾按钮，在弹出的下拉列表中选择"下框线"选项。

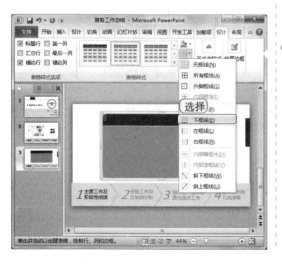

STEP 15 ▶ 输入和设置文本

在设置好的表格中输入文本，再设置文本格式分别为"微软雅黑"、"18"、"白色"和"微软雅黑"、"14"、"白色"，然后将文本设置为居中显示，设置完成后的效果如下图所示。

为什么这么做？

本例中先通过"绘图边框"功能组设置了表格下框线的线型粗细和边框颜色，然后再设置表格的框线，该方法为设置表格框线格式的常用方法。同时，本例只设置了表格的下框线，且下框线粗细为6磅，该设置可以让单元格呈现出阴影效果，同时可以很好地区分标题和内容，使页面看上去更整洁、协调。

STEP 16 绘制形状并编辑形状顶点

新建幻灯片，在其中绘制一个梯形，选择【格式】/【插入形状】组，单击 编辑形状 按钮，在弹出的下拉列表中选择"编辑顶点"选项。

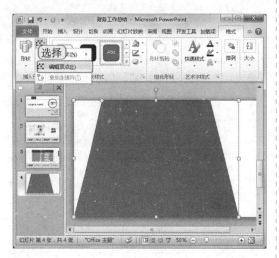

STEP 17 设置形状格式

拖动形状顶点处的黑色控制点，改变梯形形状，然后再取消形状的轮廓，并将其填充色设置为与主题颜色相同。

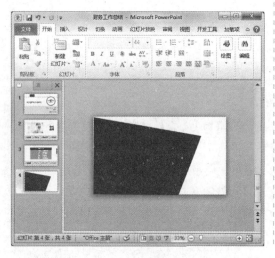

STEP 18 完善内容

按照该方法绘制其他形状，并设置形状轮廓和填充颜色，然后绘制文本框，在其中输入文本，设置文本格式，调整文本框的旋转角度，效果如下图所示。

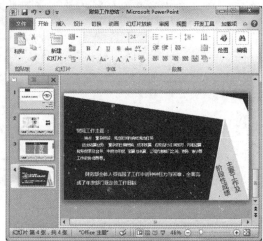

STEP 19 编辑其他幻灯片

按照前面讲解的方法依次编辑其他幻灯片，效果如下图所示。

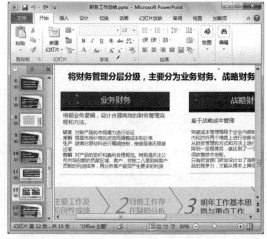

12.1.2 导入和编辑总账表

下面将在幻灯片中导入总账表，并对总账表进行简单的编辑，其具体操作如下：

STEP 01 导入电子表格

在第 7 张幻灯片后新建空白幻灯片，选择【插入】/【文本】组，单击"对象"按钮🖹，打开"插入对象"对话框，选中◉由文件创建(F)单选按钮，单击 浏览(B)... 按钮。

STEP 02 选择电子表格

① 在打开的"浏览"对话框中选择所需插入的电子表格"总账表 .xlsx"选项。

② 单击 确定 ▼按钮。

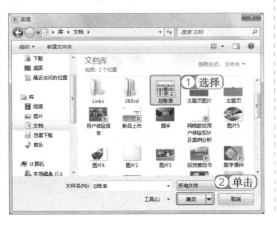

STEP 03 查看导入的电子表格效果

返回"浏览"对话框，单击 确定 按钮。完成操作后，即可将电子表格插入幻灯片中，效果如下图所示。

STEP 04 调整表格列宽

双击表格进入表格编辑状态，将鼠标光标移动到列标分割线上，按住鼠标左键不放进行拖动，调整列的宽度。

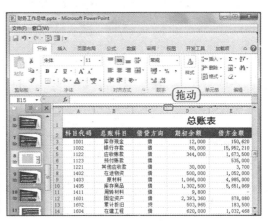

STEP 05 ▶ 取消边框线

选择整个表格，选择【开始】/【字体】组，单击"边框"按钮田，在弹出的下拉列表中选择"无框线"选项。

STEP 06 ▶ 查看效果

在表格外的空白区域双击，退出幻灯片编辑状态，然后在幻灯片中添加文本和形状，使其效果如下图所示。

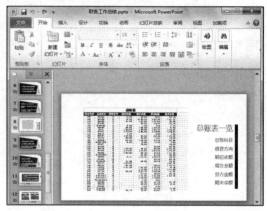

12.1.3　添加动画并放映

下面将为幻灯片添加简单的动画效果，然后对动画进行放映测试，其具体操作如下：

STEP 01 ▶ 为幻灯片添加动画

选择第1张幻灯片，选择【动画】/【动画】组，在其中为幻灯片设置动画效果，然后选择动画，选择【动画】/【计时】组，设置各对象的动画开始方式为"上一动画之后"。

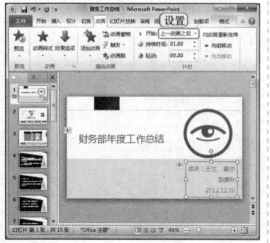

STEP 02 ▶ 为文本框设置动画效果

选择第2张幻灯片，选择页面底部的第1个组合文本框，为其应用"擦除"动画效果，并将其动画效果设置为"自左侧"。

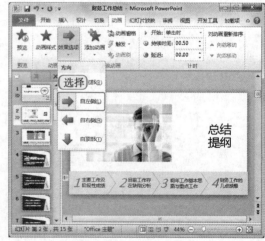

STEP 03 ▶ 设置形状的动画效果

选择页面底部的右向箭头，为其应用"飞入"动画效果，并将其动画效果设置为"自左侧"。然后根据该方法依次设置其他文本框和形状的动画。

STEP 04 ▶ 统一设置动画开始方式

打开"动画窗格"，按住"Shift"键选择第 2 ~ 7 个动画效果，在【开始】/【计时】组中将其动画开始方式统一设置为"上一动画之后"。

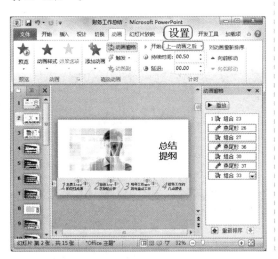

STEP 05 ▶ 添加幻灯片切换效果

依次为其他幻灯片对象添加动画效果，然后选择第 1 张幻灯片，选择【切换】/【切换到此幻灯片】组，在"切换方案"下拉列表中选择"库"选项。并按照该方法依次设置其他幻灯片的切换动画。

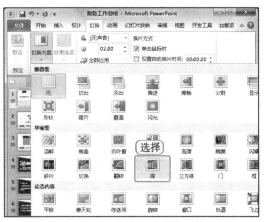

STEP 06 ▶ 开始放映幻灯片

选择【幻灯片放映】/【开始放映幻灯片】组，单击"从头开始"按钮，进入幻灯片放映状态。单击切换幻灯片，测试放映效果。放映完成后，按"Esc"键退出放映模式。

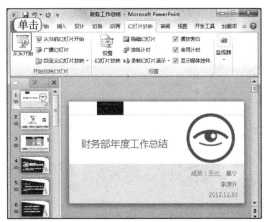

12.1.4　关键知识点解析

关键知识点中"表格的应用和操作"和"导入文档"的相关知识已经分别在前面的章节中进行了详细讲解，关于其具体位置分别如下。

　⮕ 表格的应用和操作：该知识点的具体位置在第9章的9.2.4节。

　⮕ 导入文档：该知识点的具体位置在第9章的9.1.4节。

▌12.2　年度工作总结

本例将制作年度工作总结演示文稿，主要用于对公司一整年的工作情况进行总结。通过该演示文稿可以让公司人员对本年度公司的营运情况、不足之处和来年措施等有一个整体的了解，其最终效果如下图所示。

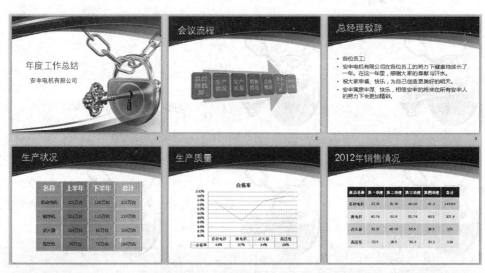

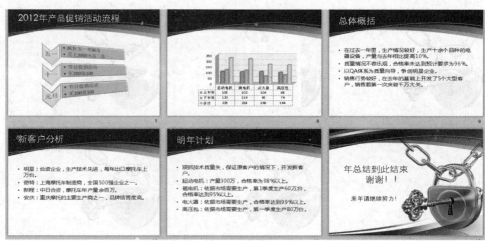

光盘＼素材＼第 12 章＼年度工作总结图片素材
光盘＼效果＼第 12 章＼年度工作总结.pptx＼年度工作总结.pdf
光盘＼实例演示＼第 12 章＼年度工作总结

◎ 案例背景 ◎

　　工作总结是指把一个时间段的工作进行一次全面系统的总检查、总评价、总分析和总研究，并分析成绩的不足，从而得出引以为戒的经验。

　　工作总结的分类很广，如按范围分，可分为班组总结、单位总结、行业总结和地区总结等。按内容分，可分为工作总结、教学总结、学习总结、科研总结、思想总结和项目总结等。按时间分，可分为月份总结、季度总结、半年总结、年度总结和一年以上的时期总结等。按性质分，可分为全面总结和专题总结等。

　　本例制作的演示文稿既是单位总结，又是年度总结。全公司的年度总结与其他总结的写作方法基本类似，主要需要总结的方面包括公司本年度的基本情况，如工作性质、基本建制、人员数量和主要工作任务等；其次，还需总结出本年度的成绩，如取得了哪些成绩，采取了哪些措施，收到了什么效果等；最后，需要对经验教训和来年打算进行归纳总结，以便公司来年更好地展开各项工作。

　　使用 PPT 制作的工作总结，除了内容要全面、数据要合理之外，还可以根据需要制作目录、添加公司图片等。本例将综合使用 SmartArt 图形、表格、图表等对象，对公司的年度总结进行编辑，使企业员工可以清楚地了解公司整年的生产运营情况，以及来年的打算和计划。

◎ 关键知识点 ◎

　　要完成本例的制作，需要掌握几个关键知识点。这几个关键知识点的内容以及其难易程度如下。

⊃ 表格的应用（★★★）　　　　⊃ SmartArt 图形的应用（★★★★）

⊃ 图表的应用（★★★）　　　　⊃ 共享幻灯片（★★★）

12.2.1 编辑幻灯片母版

本例将先在幻灯片母版中设置幻灯片的背景图片和字体格式，以统一幻灯片的样式，其具体操作如下：

STEP 01 进入母版设置幻灯片背景

① 新建"年度工作总结"演示文稿，进入母版编辑状态，选择第1张幻灯片，单击 背景样式 按钮。

② 在弹出的下拉列表中选择"设置背景格式"选项，在打开的对话框中为幻灯片设置背景，效果如下图所示。

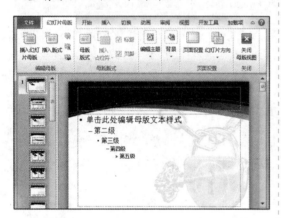

STEP 02 设置并应用其他幻灯片背景

选择第2张幻灯片，为标题页幻灯片设置所需背景。

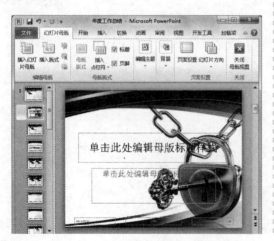

STEP 03 编辑标题页字体格式

选择标题页幻灯片的标题占位符，选择【开始】/【字体】组，设置其字体格式为"华文细黑"、"44"，设置副标题占位符的字体格式为"华文细黑"、"28"、"黑色"。

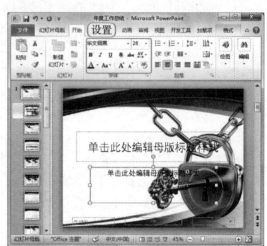

STEP 04 编辑标题页幻灯片

设置内容页标题占位符的格式为"华文细黑"、"44"、"白色"，内容占位符的格式为"微软雅黑"、"26"。退出母版编辑状态，在标题幻灯片中输入文本。

12.2.2 编辑幻灯片基本对象

下面将为幻灯片添加 SmartArt 图形、表格、图表等对象，并对这些对象进行编辑，其具体操作如下：

STEP 01 插入 SmartArt 图形

新建幻灯片，选择【插入】/【插图】组，单击 SmartArt 按钮，在打开的对话框中选择"连续块状流程"选项，插入一个 SmartArt 图形。

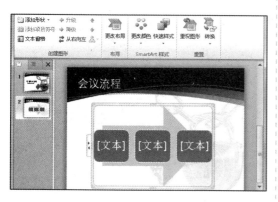

STEP 02 添加形状

选择一个 SmartArt 图形中的形状，选择【设计】/【创建图形】组，单击 添加形状 按钮，在弹出的下拉列表中选择"在后面添加形状"选项，为 SmartArt 图形添加 4 个形状。

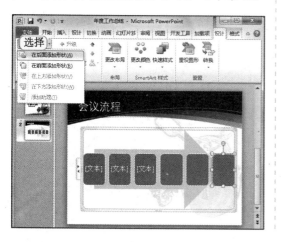

STEP 03 编辑 SmartArt 图形的颜色

在 SmartArt 图形中添加文本内容，然后选择【设计】/【SmartArt 样式】组，单击"更改颜色"按钮，在弹出的下拉列表中选择"彩色范围，强调文字颜色 4-5"选项。

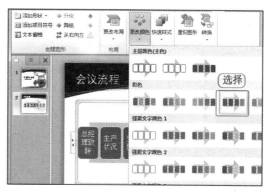

STEP 04 编辑 SmartArt 图形的样式

保持 SmartArt 图形选择状态不变，选择【设计】/【SmartArt 样式】组，单击"快速样式"按钮，在弹出的下拉列表中选择"日落场景"选项。

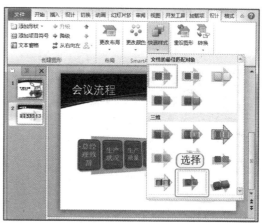

STEP 05 ▶ 插入表格

新建一张幻灯片，选择【插入】/【表格】组，单击"表格"按钮，在弹出的下拉列表中选择"插入表格"选项，在打开对话框的"列数"和"行数"数值框中分别输入"4"、"6"，插入一个4列6行的表格，并在其中输入文本。

STEP 06 ▶ 设置表格底纹

选择表格第1列，选择【设计】/【表格样式】组，单击底纹按钮，在弹出的下拉列表中选择"白色，背景1，深色35%"选项。

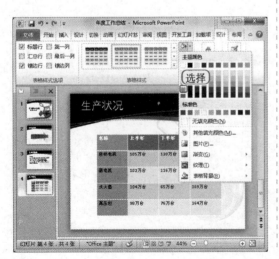

STEP 07 ▶ 设置表格字体样式

依次设置其他列的填充颜色，选择第1行单元格，将其字体样式设置为"微软雅黑"、"28"，将其他单元格的字体样式设置为"微软雅黑"、"20"，然后选择整个表格，单击"居中"按钮，再单击对齐文本按钮，在弹出的下拉列表中选择"中部对齐"选项。

STEP 08 ▶ 设置单元格凹凸效果

选择整个表格，选择【设计】/【表格样式】组，单击效果按钮，在弹出的下拉列表中选择"单元格凹凸效果"子列表中的"松散嵌入"选项。

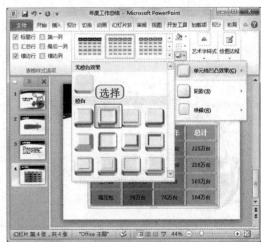

STEP 09 ▶ 插入图表

新建幻灯片，选择【插入】/【插图】组，单击"图表"按钮，打开"插入图表"对话框。选择"折线图"选项，在右侧的"折线图"栏中选择"折线图"选项。

STEP 10 ▶ 输入数据

① 此时，系统将自动启动 Excel 2010，在蓝色框线内的相应单元格中输入需在图表中表现的数据。

② 单击 X 按钮，退出 Excel 2010。

STEP 11 ▶ 应用图表样式

返回幻灯片编辑区，选择整个图表，选择【设计】/【图表样式】组，单击"快速样式"按钮，在弹出的下拉列表中选择"样式 27"选项。

STEP 12 ▶ 更改图表布局

选择【设计】/【图表布局】组，单击"快速布局"按钮，在弹出的下拉列表中选择"布局 5"选项，更改图表布局。

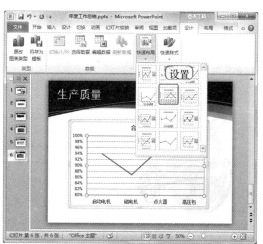

STEP 13 ▶ 插入和设置表格

新建一张幻灯片，插入一个6列5行的表格，在其中输入文本，并将表格内容的对齐方式设置为居中对齐，效果如下图所示。

STEP 14 ▶ 应用表格样式

选择整个表格，选择【设计】/【表格样式】组，单击▾按钮，在弹出的下拉列表中选择"中度样式1-强调3"选项。

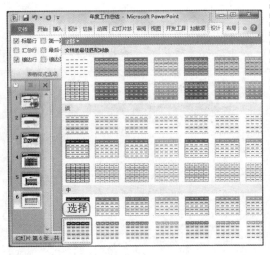

STEP 15 ▶ 插入 SmartArt 图形

新建幻灯片，选择【插入】/【插图】组，单击 SmartArt 按钮，在打开的对话框中选择"垂直V形列表"选项，然后在插入的 SmartArt 图形中输入文本。

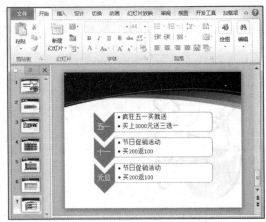

STEP 16 ▶ 设置 SmartArt 图形的样式

选择【设计】/【SmartArt样式】组，单击"更改颜色"按钮，在弹出的下拉列表中选择"彩色范围，强调文字颜色4-5"选项，然后单击"快速样式"按钮，在弹出的下拉列表中选择"日落样式"样式。

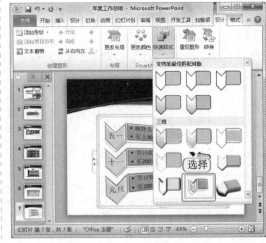

STEP 17 ▶ 插入图表

新建幻灯片，选择【插入】/【插图】组，单击"图表"按钮，打开"插入图表"对话框。选择"柱形图"选项，在右侧的"柱形图"栏中选择"簇状圆柱图"选项，然后在 Excel 2010 中输入需在图表中表现的数据。

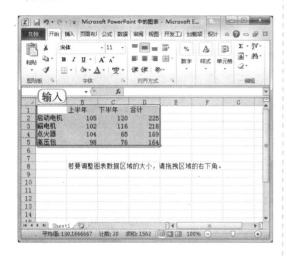

STEP 18 ▶ 应用图表样式

返回幻灯片编辑区，选择整个图表，选择【设计】/【图表样式】组，单击"快速样式"按钮，在弹出的下拉列表中选择"样式37"选项。

STEP 19 ▶ 更改图表布局

选择【设计】/【图表布局】组，单击按钮，在弹出的下拉列表中选择"布局 5"选项，更改图表布局。

STEP 20 ▶ 编辑其他幻灯片

依次新建幻灯片，在其中输入文本，完成演示文稿基本对象的编辑操作，效果如下图所示。

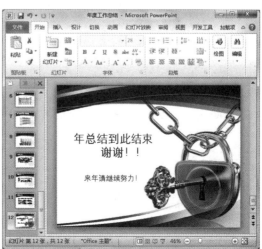

12.2.3　添加动画并输出幻灯片

下面将为幻灯片添加简单的动画效果,然后远程放映幻灯片,并将幻灯片输出为PDF文件,其具体操作如下:

STEP 01 为幻灯片添加动画

选择第1张幻灯片,选择【动画】/【动画】组,在其中为幻灯片设置动画效果,然后选择动画效果,选择【动画】/【计时】组,设置各对象的动画开始方式为"上一动画之后"。

STEP 02 添加幻灯片切换效果

依次为其他幻灯片对象添加动画效果,然后选择第1张幻灯片,选择【切换】/【切换到此幻灯片】组,在"切换方案"下拉列表中为幻灯片设置切换效果。然后按照该方法依次设置其他幻灯片的切换动画。

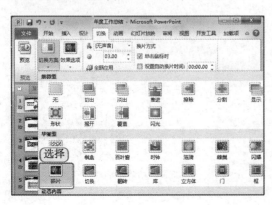

STEP 03 放映测试

选择【幻灯片放映】/【开始放映幻灯片】组,单击"从头开始"按钮,进入幻灯片放映状态。按"PageDown"或"PageUp"键切换,测试放映效果。放映完成后,按"Esc"键退出放映模式。

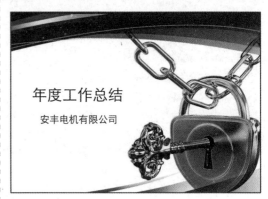

STEP 04 启动广播

选择【幻灯片放映】/【开始放映幻灯片】组,单击"广播幻灯片"按钮,打开"广播幻灯片"对话框,单击 启动广播(S) 按钮。

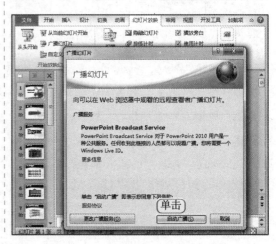

STEP 05 ▶ 登录 Windows Live

在打开的对话框中将提示连接到"PowerPoint Broadcast Service",并打开一个登录对话框,在其中输入 Windows Live 的账号和密码,单击 确定 按钮。

STEP 06 ▶ 复制广播地址

广播幻灯片准备完毕后,将打开一个含有链接地址的对话框,单击"复制链接"超链接,将链接地址复制到剪贴板上。

STEP 07 ▶ 放映幻灯片

将该链接地址发送给需要远程观看演示文稿播放的用户,对方获得这个地址后,在浏览器中打开该链接,就可以进入放映准备页面。此时,演讲者在"广播幻灯片"中单击"开始放映幻灯片"按钮,就可以开始演示文稿的播放。在放映时,对方可以同步观看幻灯片演示。

STEP 08 ▶ 另存演示文稿

放映完成后,退出放映状态,然后选择【文件】/【另存为】命令,打开"另存为"对话框。在"保存类型"下拉列表中选择 PDF 选项,单击 选项(O)... 按钮。

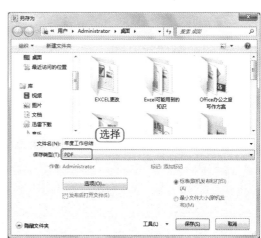

STEP 09 设置输出选项

打开"选项"对话框，在其中根据需要进行选择和设置，然后单击 确定 按钮，返回"另存为"对话框，再单击 保存(S) 按钮。

STEP 10 查看文件

稍等片刻，完成 PDF 文件的输出之后，打开文件保存的文件夹，双击 PDF 文件即可打开文件并查看效果，如下图所示。

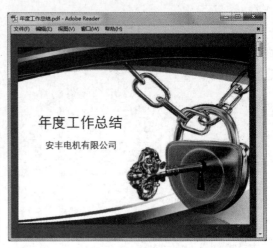

12.2.4 关键知识点解析

关键知识点中"表格的应用"、"SmartArt 图形的应用"和"图表的应用"的相关知识已经分别在前面的章节中进行了详细讲解，关于其具体位置分别如下。

◯ 表格的应用：该知识点的具体位置在第 9 章的 9.2.2 节。

◯ SmartArt 图形的应用：该知识点的具体位置在第 6 章的 6.2.4 节。

◯ 图表的应用：该知识点的具体位置在第 10 章的 10.2.5 节。

下面对没有讲解的"共享幻灯片"关键知识点进行讲解。

在 PowerPoint 2010 中，主要可以通过两种方式共享幻灯片：一种是通过远程放映对幻灯片进行分享；另一种是通过发布幻灯片进行共享。下面分别对其进行讲解。

1. 远程放映幻灯片

PowerPoint 2010 具有广播幻灯片的功能，通过该功能可以将幻灯片远程播放给其他用户。对于为远距离公司客户讲解方案、开展集团公司会议或网上远程教学等情况来说，远程演示文稿的同步广播非常方便，对方即使未安装 PowerPoint 2010 也可进行观看。本例中采用了远程播放幻灯片的方法对幻灯片内容进行共享。远程播放幻灯片的方法是：选择【幻灯片放映】/【开始放映幻灯片】组，单击"广播幻灯片"按钮，打开"广播幻灯片"对话框，单击 启动广播(S) 按钮，登录到 Windows Live，并将广播地址分享出去即可。

2. 发布幻灯片

发布幻灯片是指将幻灯片存储到幻灯片库中，以达到共享和调用各张幻灯片的目的。其方法是：打开需发布的演示文稿，选择【文件】/【保存并发送】命令，在打开的页面中间双击"发布幻灯片"按钮，打开"发布幻灯片"对话框。在其中选中需发布到幻灯片库的幻灯片旁边的复选框，再单击 浏览(B)... 按钮，打开"选择幻灯片库"对话框，在该对话框中选择发布位置后单击 选择(E) 按钮，返回"发布幻灯片"对话框，最后单击 发布(P) 按钮即可。

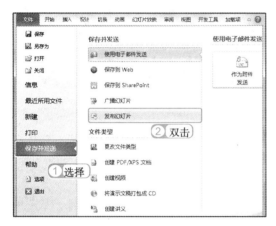

||12.3 高手过招

1. 为 SmartArt 图形中的文本设置艺术化效果

在形状或 SmartArt 图形中的文本，也可以根据需要对其格式进行设置，其设置方法与直接设置文本格式的方法一样，只需选择所需设置格式的文本，选择【开始】/【字体】组或【设计】/【艺术字样式】组，即可将形状或 SmartArt 图形中的文本设置成喜欢的格式。如下图即为将 SmartArt 图形中的文本设置为艺术字的效果图。

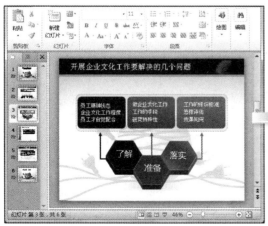

2. 更改 SmartArt 图形中单个形状的样式

在幻灯片中绘制了形状后，用户可根据需要设置形状的样式，其实在 SmartArt 图形中，也可更改单个形状的样式。其方法与更改形状的方法一样，选择单个形状，选择【格式】/【形状】组，单击 ▾ 按钮，在弹出的下拉列表中选择所需更改为的形状即可。也可选择形状，打开 "设置形状格式" 对话框，在其中进行设置，如下图所示。

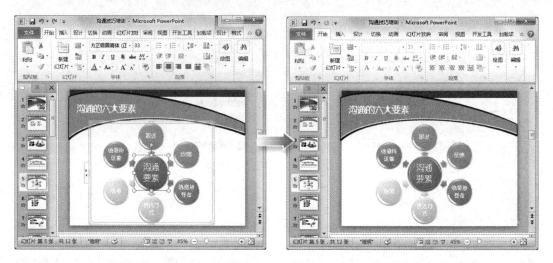

求职和竞聘是进入职场的第一步，为了让求职人员能更好地展示自己的能力和个性，很多公司会给员工提供自我推荐的机会。本章将主要通过设计版式、编辑图片、应用动画效果等内容，讲解制作求职竞聘类演示文稿的方法。

PowerPoint 2010

C第13章
hapter

求职与竞聘

‖13.1 个人求职简历

本例将制作个人求职简历演示文稿，主要用于商务人员进行求职应聘。通过该演示文稿可让求职者更清晰地展现自己的能力、个性、经验和创意等，以得到企业的认可和接受，其最终效果如下图所示。

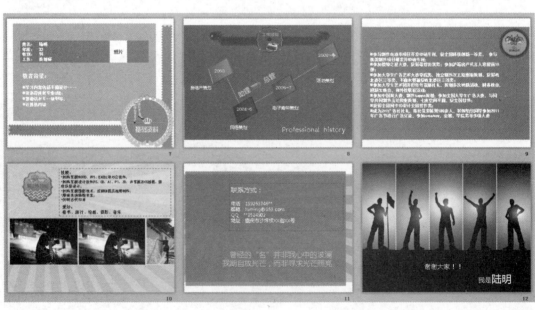

光盘\素材\第 13 章\个人求职简历图片素材
光盘\效果\第 13 章\个人求职简历.pptx
光盘\实例演示\第 13 章\个人求职简历

◎ 案例背景 ◎

　　求职简历又称求职资历或个人履历，是求职者将自己与所申请职位紧密相关的个人信息经过分析整理并清晰简要地表述出来的书面求职资料，是招聘者在阅读求职者或求职申请后根据求职者经历、经验、爱好和特长等信息对其进行判定，进而决定是否给予面试机会的重要的依据性材料。

　　求职信的写法并没有严格规定，但一般来说，都需包含姓名、性别、地址、邮编、电话和电子邮箱等内容。这些内容可放在简历第一页的上部，以方便招聘者与自己联系。

　　此外，为了方便招聘者了解自己，一般还需对求职意向、教育背景、工作经历和获奖经历等进行阐述说明。其中，求职意向即求职者所希望从事的职位；教育背景是指求职者的接受教育情况，一般是把最高的学历或者学位放在最前面，然后依次往前推导；工作经历是指求职者的工作资历经验，最好是与申请职位相关的内容，可采取由近及远的顺序安排，也可采取将与所申请职位最相关的内容置前的顺序进行安排；获奖经历是指求职者在教育或工作中所荣获的奖项。

　　为了让个人简历发挥的作用更大，求职者在制作简历时，还需了解自己的特长，确定自己的职业方向，了解所要选择的目标企业及职位以及市场行情等。

　　本例制作的个人求职简历演示文稿，则主要是对求职者的基础资料、爱好特长、工作经历、获奖经历等进行介绍，并灵活运用动作按钮、动画等元素，对求职简历的播放效果进行美化，以提高求职者的"出镜"率。

◎ 关键知识点 ◎

　　要完成本例的制作，需要掌握几个关键知识点。这几个关键知识点的内容以及其难易程度如下。

　　⮩ 制作立体图形（★★★★）　　　　　⮩ 编辑美化图片（★★★★）
　　⮩ 动画的应用（★★★）

13.1.1 制作目录导航

下面将为幻灯片制作目录导航效果，使幻灯片放映者能自如地对幻灯片进行控制，其具体操作如下：

STEP 01▶ 新建演示文稿

新建"个人求职简历"演示文稿，在第1张幻灯片中插入图片，然后在其中输入文本，并设置文本格式，效果如下图所示。

STEP 02▶ 编辑第2张幻灯片

新建幻灯片，在其中插入图片，调整图片的大小，并对其进行排列，然后再添加文本信息，效果如下图所示。

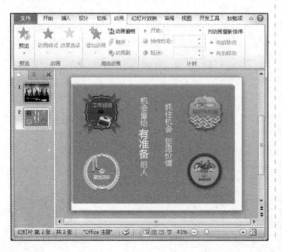

STEP 03▶ 复制幻灯片

选择第2张幻灯片，在其中按住鼠标左键不放进行拖动，然后按"Ctrl"键复制4张幻灯片，如下图所示。

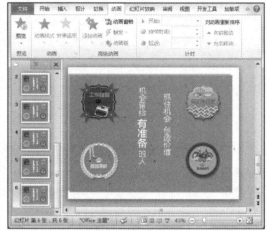

STEP 04▶ 调整图片大小

选择第3张幻灯片，选择左下方的图片，按住"Ctrl"键等比例调整图片的大小，然后依次调整第4～6张幻灯片中其余3张图片的大小。

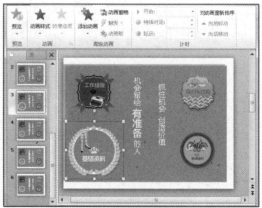

13.1.2 制作立体图示

下面将在幻灯片中插入图片、绘制形状、编辑形状和制作立体图示，其具体操作如下：

STEP 01 插入图片

新建幻灯片，在其中插入图片，调整图片的大小、位置和旋转角度，使其效果如下图所示。

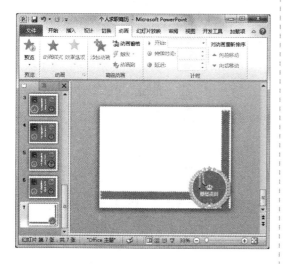

STEP 02 绘制和设置形状

在幻灯片空白区域绘制一个矩形形状，取消其形状轮廓，并将其填充颜色设置为"白色，背景1，深色25%"，然后将形状置于顶层。

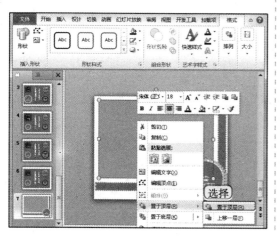

STEP 03 编辑形状并输入文本

再次绘制一个矩形形状，取消其形状轮廓，并将其填充颜色设置为"红色，强调文字颜色2，深色25%"，然后在幻灯片中添加文本，效果如下图所示。

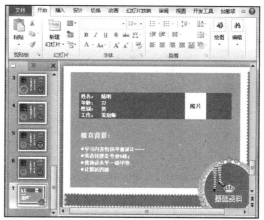

STEP 04 绘制和设置形状

新建幻灯片，在其中绘制一个矩形，将其形状轮廓设置为"无轮廓"，然后在形状上单击鼠标右键，在弹出的快捷菜单中选择"设置形状格式"命令。

STEP 05 ▶ 设置形状的渐变色

① 打开"设置形状格式"对话框，选择"填充"选项，选中◎渐变填充(G)单选按钮，在"渐变光圈"栏中选择第1个渐变光圈滑块。

② 单击"颜色"按钮，在弹出的下拉列表中选择"橄榄色，强调文字颜色3，深色25%"选项。

STEP 06 ▶ 设置形状的渐变色

在渐变光圈条上单击，新建一个渐变光圈，然后分别设置第2、3个渐变光圈的颜色，并拖动光圈，调整光圈的位置，如下图所示。

STEP 07 ▶ 设置形状的三维格式

① 选择"三维格式"选项，在"棱台"栏中单击"顶端"按钮，在弹出的下拉列表中选择"圆"选项。

② 在其后的"宽度"和"高度"数值框中均输入"5"。

STEP 08 ▶ 设置形状的阴影效果

选择"阴影"选项，单击"预设"按钮，在弹出的下拉列表中选择"左上对角透视"选项，其具体的阴影效果参数设置如下图所示。

STEP 09 ▶ 设置形状的三维旋转效果

选择"三维旋转"选项,单击"预设"按钮，在弹出的下拉列表中选择"右向对比透视"选项,其旋转参数设置如下图所示,单击 关闭 按钮。

STEP 10 ▶ 查看效果

返回幻灯片编辑区,即可查看设置格式后的矩形效果,如下图所示。

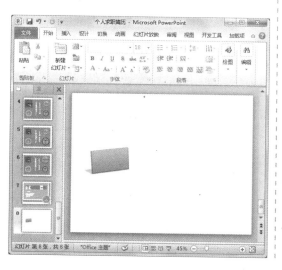

STEP 11 ▶ 复制形状并更改颜色

选择已设置完成的矩形形状,对其进行复制操作,复制 3 个相同大小的形状,然后打开"设置形状格式"对话框,在其中对所复制形状的颜色进行更改。

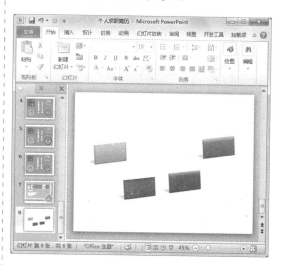

STEP 12 ▶ 调整形状的角度并输入文本

根据需要调整文本的旋转角度,然后在其中输入文本内容,并设置文本的字体格式,效果如下图所示。

STEP 13 ▶ 绘制并编辑直线线型

绘制直线形状,选择【格式】/【形状样式】组,单击 形状轮廓 ▾ 按钮,在弹出的下拉列表中选择"虚线"子列表中的"方点"选项。

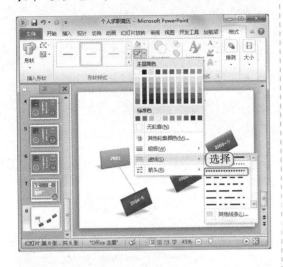

STEP 14 ▶ 编辑虚线粗细

选择虚线形状,选择【格式】/【形状样式】组,单击 形状轮廓 ▾ 按钮,在弹出的下拉列表中选择"粗细"子列表中的"3磅"选项。

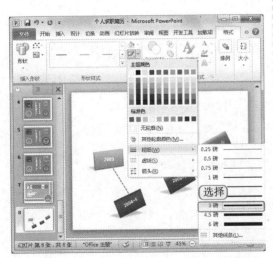

STEP 15 ▶ 复制和调整虚线

选择已设置好的虚线形状,对其进行复制操作,然后将复制的虚线连接到矩形之间,并调整虚线的旋转角度,效果如下图所示。

STEP 16 ▶ 编辑虚线颜色

按住"Shift"键依次选择所有虚线,选择【格式】/【形状样式】组,单击 形状轮廓 ▾ 按钮,在弹出的下拉列表中选择"白色,背景1"选项。

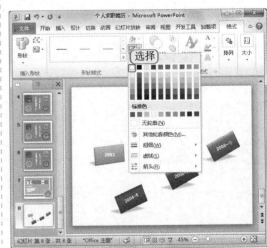

13.1.3 编辑美化图片

下面将在幻灯片中插入图片，并对图片颜色、样式等进行美化，其具体操作如下：

STEP 01 更改图片颜色

选择第 8 张幻灯片，在其中插入与第 2 ~ 6 张幻灯片相同的背景图片，选择【格式】/【调整】组，单击"颜色"按钮，在弹出的下拉列表中选择"蓝色，强调文字颜色 1，深色"选项。

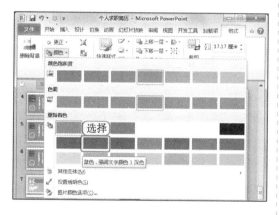

STEP 02 完善幻灯片其他内容

将背景图片置于底层，调整其大小和位置，然后在该张幻灯片中输入文本，并绘制和设置箭头形状，效果如下图所示。

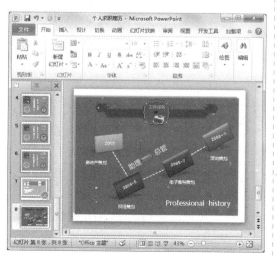

STEP 03 编辑其他幻灯片

按照该方法依次在其他幻灯片中插入背景图片，更改背景图片的颜色，然后依次绘制文本框、虚线框等对象，并添加好文本内容，效果如下图所示。

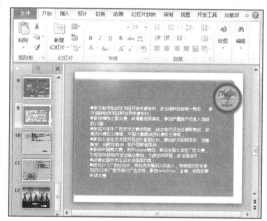

STEP 04 设置形状效果

选择第 10 张幻灯片，在其中绘制一个矩形形状，并将其填充颜色设置为"白色，背景 1"，透明度设置为"65%"。

STEP 05 ▶ 插入图片

选择第 10 张幻灯片，在其中插入图片，再调整图片的大小和位置，并将其并列摆放于幻灯片下方，效果如下图所示。

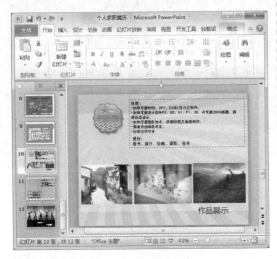

STEP 06 ▶ 为图片应用样式

同时选择 3 张图片，选择【格式】/【图片样式】组，在"快速样式"下拉列表中选择"矩形投影"选项，为图片应用样式。

13.1.4　制作导航动画效果

下面将为幻灯片制作导航动画效果，其具体操作如下：

STEP 01 ▶ 添加动画效果

选择第 2 张幻灯片，同时选择 4 张图片，选择【动画】/【动画】组，在其中为图片应用"缩放"动画效果，并将"效果选项"设置为"幻灯片中心"。

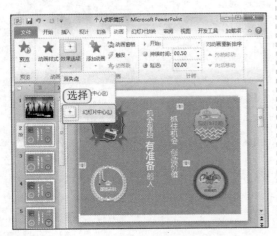

STEP 02 ▶ 添加动作

选择第 2 张幻灯片中左下方的图片，选择【插入】/【链接】组，单击"动作"按钮。

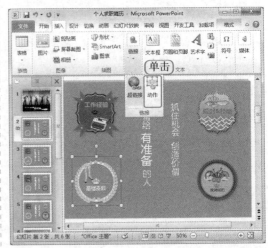

STEP 03 ▶ 选择鼠标移过时的链接对象

① 打开"动作设置"对话框，选择"鼠标移过"选项卡，选中 ⊙ 超链接到(H): 单选按钮，在其下拉列表中选择"幻灯片..."选项。

② 打开"超链接到幻灯片"对话框，在其中选择"幻灯片 3"选项。

③ 单击 确定 按钮返回"动作设置"对话框，再单击 确定 按钮。

STEP 04 ▶ 选择鼠标单击时的链接对象

① 选择第 3 张幻灯片中的左下图片，打开"动作设置"对话框，选择"单击鼠标"选项卡，选中 ⊙ 超链接到(H): 单选按钮，在其下拉列表中选择"幻灯片..."选项。

② 打开"超链接到幻灯片"对话框，在其中选择"幻灯片 7"选项。

③ 单击 确定 按钮。

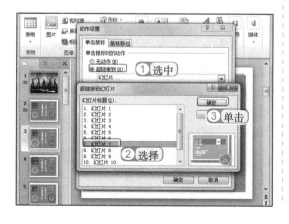

STEP 05 ▶ 为其他图片设置链接对象

按照该方法依次为第 2 ～ 6 张幻灯片中的每张图片设置鼠标移动时的链接对象，即依次将其链接到相对应图片被放大的幻灯片中，然后依次为每一张幻灯片中被放大的图片添加鼠标单击时的链接效果，即链接到图片所对应的内容幻灯片。

为什么这么做？

本例制作的幻灯片导航目录效果主要是通过超链接进行设置的。本例为了制作目录导航动画，复制了 4 张相同的目录页幻灯片，并依次将不同幻灯片中的图片等比例放大。由于在为幻灯片添加动作时，可以分别对鼠标单击和鼠标移动两个链接效果进行设置。这样，在为幻灯片设置鼠标移动链接效果后，将鼠标移动到图片上时，幻灯片将自动跳转到相对应图片被放大的那张目录幻灯片中，形成一种鼠标移过去后，图片被放大的视觉效果。而单击放大后的图片时，则会跳转到所对应的内容幻灯片。需要注意的是，在设置鼠标单击链接效果时，应查看鼠标移动链接效果是否设置，若自动设置了鼠标移动链接效果，则必须将其取消。

STEP 06 ▶ 绘制文本框并编辑文本

选择第 7 张幻灯片，在左下角绘制文本框，输入"MENU"，设置文本格式为"白色"、"Arail"、"18"，然后为文本添加"全映像，8pt 偏移量"效果，如下图所示。

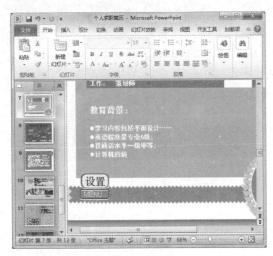

STEP 07 ▶ 绘制和设置动作按钮

① 选择第 7 张幻灯片，绘制 一个任意动作按钮，打开"动作设置"对话框，选择"单击鼠标"选项卡，选中◉超链接到(H): 单选按钮，在其下拉列表中选择"幻灯片…"选项。

② 打开"超链接到幻灯片"对话框，在其中选择"幻灯片 2"选项。

③ 单击 确定 按钮。

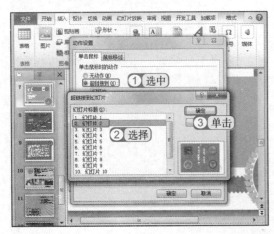

STEP 08 ▶ 更改动作按钮的形状

选择动作按钮，选择【格式】/【插入形状】组，单击 编辑形状 ▾ 按钮，在弹出的下拉列表中选择"更改形状"子列表中的"右弧形箭头"选项。

STEP 09 ▶ 更改动作按钮的样式

选择动作按钮，调整其大小和位置，然后选择【格式】/【形状样式】组，在其中设置动作按钮的轮廓为"无轮廓"，填充颜色为"白色，背景 1"，然后为动作按钮添加"全映像，8pt 偏移量"效果，如下图所示。

STEP 10 ▶ 组合形状

选择动作按钮和文本框，选择【格式】/【排列】组，单击组合按钮，在弹出的下拉列表中选择"组合"选项。

STEP 11 ▶ 复制组合形状

选择组合形状，将其依次复制到第 8 ~ 10 张幻灯片中，效果如下图所示。

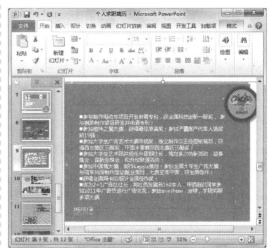

13.1.5 添加动画并放映

本例制作的个人简历属于自我推广的演示文稿，为了让面试官更多地关注自己，可对幻灯片添加动画效果，其具体操作如下：

STEP 01 ▶ 为幻灯片添加动画

选择第 7 张幻灯片，选择幻灯片底端图片，选择【动画】/【动画】组，在其中为幻灯片设置"切入"进入动画，然后将动画"效果选项"设置为"自左侧"。

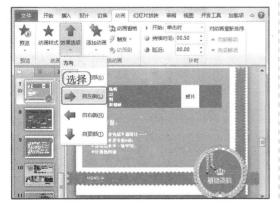

STEP 02 ▶ 复制动画

选择底端图片的动画，单击动画刷按钮，然后单击幻灯片右侧图片，将动画效果复制于该图片中，并更改其动画效果为"自顶部"。

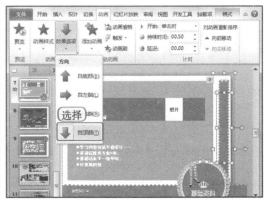

STEP 03 设置动画开始方式

选择右侧图片，选择【动画】/【计时】组，在"开始"下拉列表框中选择"与上一动画同时"选项。

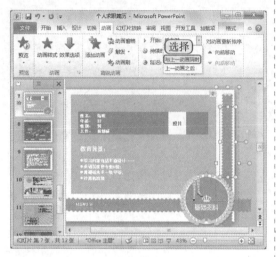

STEP 04 设置图片动画效果

选择幻灯片右下角圆形图片，为其应用"缩放"进入动画，选择【动画】/【高级动画】组，单击"添加动画"按钮，为其添加"陀螺旋"强调动画，并将"陀螺旋"的"持续时间"设置为"1"。

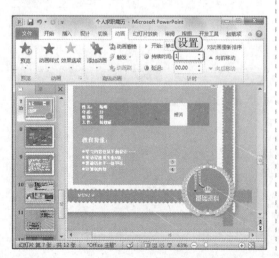

STEP 05 设置动画开始方式

选择【动画】/【高级动画】组，单击动画窗格按钮，打开"动画窗格"。在其中选择圆形图片的两个动画效果，选择【动画】/【计时】组，在"开始"下拉列表框中选择"上一动画之后"选项。

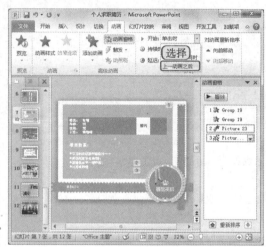

STEP 06 编辑强调动画

在"动画窗格"中选择强调动画效果，在其上单击鼠标右键，在弹出的快捷菜单中选择"计时"命令，打开"陀螺旋"对话框，在其中的"重复"下拉列表框中选择"直到下一次单击"选项。

STEP 07 设置并预览动画

按照该方法，依次为本张幻灯片中的其他对象设置动画效果。设置完成后，单击"动画窗格"中的 ▶ 播放 按钮，对动画效果进行预览，如下图所示。

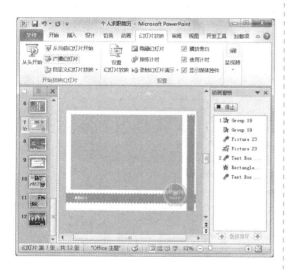

STEP 08 添加幻灯片切换效果

依次为其他幻灯片添加对象动画效果，然后选择第 1 张幻灯片，选择【切换】/【切换到此幻灯片】组，在"切换方案"下拉列表中设置动画切换效果。

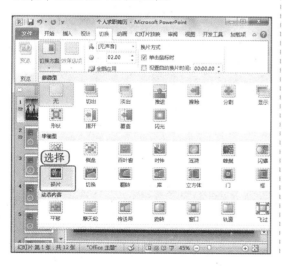

STEP 09 设置幻灯片切换声音

选择【切换】/【切换到此幻灯片】组，单击"效果选项"按钮 ，在弹出的下拉列表中设置切换效果选项，然后选择【切换】/【计时】组，在"声音"下拉列表框中选择"风铃"选项。

STEP 10 放映幻灯片

按照该方法依次为除第 3 ~ 6 张幻灯片外的其他幻灯片设置切换动画，然后选择【幻灯片放映】/【开始放映幻灯片】组，单击"从头开始"按钮 ，进入幻灯片放映状态。

STEP 11 ▶ 查看目录导航效果

单击切换幻灯片，测试幻灯片放映效果。在放映第2张幻灯片时，将鼠标光标移动到任意图片上，可查看图片放大的效果，如下图所示。

STEP 12 ▶ 通过目录导航切换幻灯片

在放大的图片上单击，此时，幻灯片将切换到与该图片所对应的内容幻灯片中，效果如下图所示。

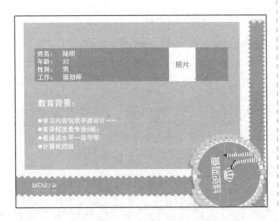

STEP 13 ▶ 通过动作按钮返回目录页

切换到内容幻灯片中后，将鼠标光标移动到动作按钮上，此时，鼠标光标将变为手形，单击，如下图所示。

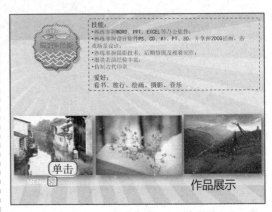

STEP 14 ▶ 完成测试

返回目录导航页后，再次将鼠标光标移动到其他图片中，即可链接到其他内容幻灯片。完成放映后，按"Esc"键退出放映模式。

> **关键提示——检查目录导航中的图片链接**
>
> 为了让图片放大效果和链接内容不出错，在放映幻灯片前，用户应对第2～6张幻灯片中每张图片的鼠标移动链接效果和鼠标单击链接效果进行检查。需要注意的是，需对这几张幻灯片中的每一张图片设置鼠标移动链接效果，而只需对每张幻灯片中被放大的图片设置鼠标单击链接效果。

13.1.6 关键知识点解析

关键知识点中"制作立体图形"、"编辑美化图片"、"动画的应用"等相关知识点已经分别在前面的章节中进行了详细讲解,其具体位置分别如下:

- ➲ 制作立体图形:该知识点的具体位置在第5章的5.2.3节。
- ➲ 编辑美化图片:该知识点的具体位置在第7章的7.1.4节。
- ➲ 动画的应用:该知识点的具体位置在第3章的3.3.7和第8章的8.1.4节。

‖13.2 竞聘报告

本例将制作竞聘报告演示文稿,主要用于办公商务人员进行求职竞争。通过该演示文稿可以让求职者更好地展示自己的才能和创意,更容易脱颖而出,其最终效果如下图所示。

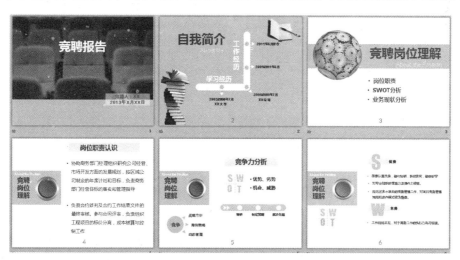

光盘\素材\第13章\竞聘报告图片素材
光盘\效果\第13章\竞聘报告.pptx/竞聘报告
光盘\实例演示\第13章\竞聘报告

◎案例背景◎

竞聘报告又称竞聘演讲稿，是竞聘者在竞聘会议上向与会者发表的一种阐述自己竞聘条件、竞聘优势，以及对竞聘职务的认识，被聘任后的工作设想、打算等的工作文书。

竞聘报告按职位类属进行分类，可分为机关干部竞聘报告、企业干部竞聘报告和事业干部竞聘报告等类别，其中企事业干部竞聘报告为商务人员常用报告。

竞聘演讲的目的，就是要把自己介绍给评选者，让评选者了解自己的基本情况，自己对竞聘岗位的认识和当选后的打算。所以，竞聘演讲的主体内容应该包括以下几方面。

⊃ **介绍自己应聘的基本条件**：基本条件是指竞聘者竞聘的原因，以及凭什么来应聘等。

竞聘者在介绍自己的情况时，一定要有针对性，即针对竞聘的岗位来介绍自己的学历、经历、政治素质、业务能力和已有的成绩等。

⊃ **说明自身的不足之处**：竞聘者在介绍自己应聘的基本条件时，要尽可能地展示自己的长处，但并不代表要对自身的不足之处闭口不言。

⊃ **表明任职后的打算**：竞聘报告并不是单一的表雄心、表能力的报告，为了提高成功率，竞聘者还需在竞聘报告中对职位认识、任职打算等进行说明。

本例制作的竞聘报告主要是对岗位认识、能力分析和工作规划等进行说明，为了提高演示文稿的丰富性，还将使用动画对演示文稿的播放效果进行美化，以增强与会者的印象，提高竞聘成功率。

◎关键知识点◎

要完成本例的制作，需要掌握几个关键知识点。这几个关键知识点的内容以及其难易程度如下。

⊃ 页眉和页脚的应用（★★★★）　　　　⊃ 制作立体图形（★★★★）

⊃ 动画的应用（★★★）

13.2.1 设计幻灯片并添加内容

下面将在幻灯片中插入并编辑图片、添加和编辑页脚、绘制形状、添加文本等操作，其具体操作如下：

STEP 01 添加页眉页脚

新建"竞聘报告"演示文稿，进入幻灯片母版编辑状态，选择第1张幻灯片，选择【插入】/【文本】组，单击"页眉和页脚"按钮。

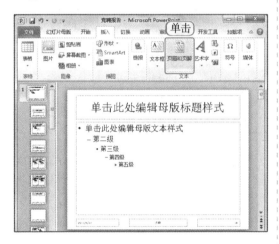

STEP 02 设置页眉页脚

① 弹出"页眉和页脚"对话框，选中☑幻灯片编号(N)和☑标题幻灯片中不显示(S)两个复选框。

② 单击 全部应用(T) 按钮。

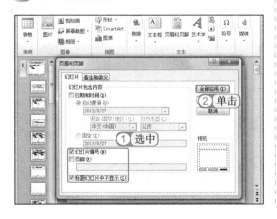

STEP 03 设置内容页页脚格式

选择幻灯片编号文本框，选择【开始】/【字体】组，将其文本格式设置为"黑体"、"32"、"白色，背景1，深色50%"。

STEP 04 更改编号内容

选择编号文本框，将其移动到幻灯片中心位置，如下图所示，然后退出母版编辑状态。

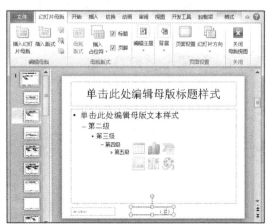

STEP 05 插入图片并绘制形状

在第 1 张幻灯片中插入图片，调整图片的大小和位置，然后在图片下方绘制一个矩形形状。

STEP 06 编辑形状并输入文本

选择矩形形状，将其形状轮廓设置为"无轮廓"，填充颜色设置为"橙色"，然后根据需要在幻灯片中添加输入文本。

STEP 07 为形状设置柔化效果

选择输入了文本的小矩形，选择【格式】/【形状样式】组，单击 ○ 形状效果 ▾ 按钮，在弹出的下拉列表中选择"柔化边缘"子列表中的"5 磅"选项。

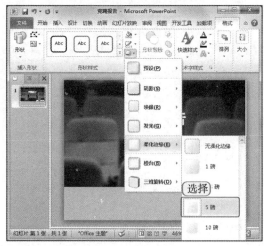

STEP 08 为形状设置透明效果

保持选择状态不变，打开"设置形状格式"对话框，选中 ◉ 纯色填充(S) 单选按钮，在"透明度"数值框中输入"40"。

STEP 09 ▶ 插入图片并绘制形状

新建幻灯片，在其中绘制一个矩形形状，将其形状轮廓设置为"无轮廓"，填充颜色设置为"橙色"，然后在形状上插入图片，调整图片的大小和位置，效果如下图所示。

STEP 10 ▶ 插入和设置圆角矩形

绘制一个圆角矩形，将其形状轮廓设置为"无轮廓"，填充颜色设置为"白色，背景1"，然后将鼠标光标移动到形状的黄色控制点上，调整圆角的弧度。

STEP 11 ▶ 复制和旋转形状

选择圆角矩形形状，复制一个相同大小的圆角矩形，并将其旋转90°，然后将两个矩形垂直连接摆放于幻灯片中，如下图所示。

STEP 12 ▶ 绘制其他形状并添加文本

按照该方法依次绘制"等腰三角形"和"七角星"形状，并对其进行排列，然后绘制文本框，输入文本，设置文本格式，完成后的效果如下图所示。

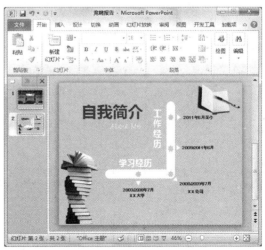

STEP 13 编辑内容幻灯片

新建幻灯片，在其中插入图片，再绘制一个"橙色"、"无轮廓"的矩形形状，然后再为幻灯片添加文本，效果如下图所示。

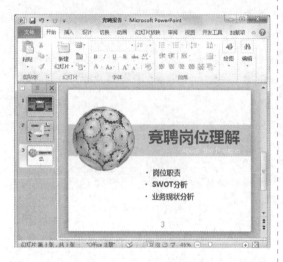

STEP 14 编辑幻灯片基本内容

新建幻灯片，在其中绘制一个"橙色"、"无轮廓"的矩形形状，将其排列在幻灯片左侧，然后根据需要输入文本内容，并设置文本的格式，效果如下图所示。

STEP 15 绘制和设置形状

绘制一个正圆，将其形状轮廓设置为"无轮廓"，在形状上单击鼠标右键，在弹出的快捷菜单中选择"设置形状格式"命令。

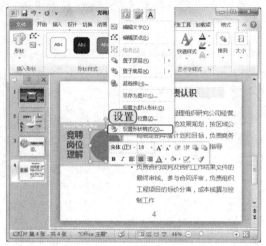

STEP 16 设置形状渐变色

打开"设置形状格式"对话框，选中 ⊙ 渐变填充(G) 单选按钮，在其中将第1、3个渐变光圈的颜色设置为"白色，背景1，深色50"，将第2个渐变光圈设置为"白色，背景1"，并调整光圈位置。

STEP 17 设置形状渐变方向

① 单击"方向"按钮 ▣·，在弹出的下拉列表中选择"线性向下"选项，在"角度"数值框中输入"90"。

② 单击 关闭 按钮。

STEP 18 绘制并设置正圆形状

返回幻灯片编辑区，绘制一个略小的正圆，叠放于第 1 个正圆之上，将其形状轮廓设置为"无轮廓"，如下图所示。

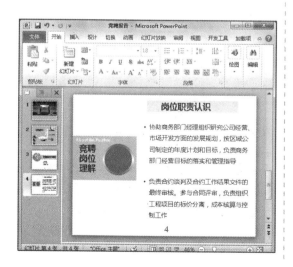

STEP 19 设置形状渐变色

在"设置形状格式"对话框中选中 ◎ 渐变填充(G) 单选按钮，在其中将该正圆的第 1、3 个渐变光圈的颜色设置为"白色，背景 1"，第 2 个渐变光圈设置为"白色，背景 1，深色 50"，并调整光圈位置。

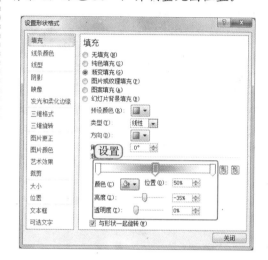

STEP 20 设置形状渐变方向

① 在"角度"数值框中输入"0"，然后单击"方向"按钮 ▣·，在弹出的下拉列表中选择"线性向右"选项。

② 单击 关闭 按钮。

STEP 21 绘制形状透明效果

在渐变光圈栏中分别选择第 1、3 个渐变光圈，并分别在其"透明度"数值框中输入"40"，然后单击 关闭 按钮，返回幻灯片编辑状态，查看效果。

STEP 22 绘制正圆并设置形状

按照该方法再次绘制一个略小的正圆，将其填充效果设置为与第 2 个正圆一样，其线型方向设置为"线性对角 - 右上到左下"，效果如下图所示。

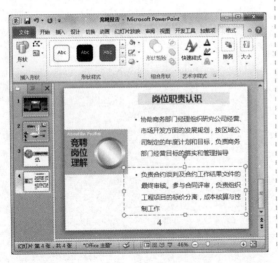

STEP 23 绘制并设置形状

绘制一个正圆形，设置形状轮廓为"无轮廓"，打开"设置形状格式"对话框。选中 ⊙ 渐变填充(G) 单选按钮，在其中分别设置两个渐变光圈的颜色，并在"角度"数值框中输入"315"。

STEP 24 绘制并设置形状

绘制一个略小的正圆，将其渐变填充颜色设置为比上一正圆略浅，且颜色渐变相反，如下图所示。

STEP 25 ▶ 查看效果

返回幻灯片编辑区，即可查看完成后的效果。选择所有正圆，选择【格式】/【排列】组，单击 组合▼ 按钮，将所有正圆组合在一起，如下图所示。

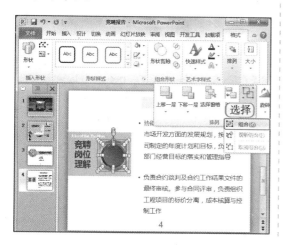

STEP 26 ▶ 编辑其他幻灯片

按照该方法依次在其他幻灯片中进行插入图片、绘制形状、制作按钮和输入文本等操作，完成后的效果如下图所示。

13.2.2 添加和编辑动画效果

下面将根据幻灯片中各对象的特征，为幻灯片制作动画效果，其具体操作如下：

STEP 01 ▶ 为幻灯片添加动画

选择第1张幻灯片，选择【动画】/【动画】组，在其中为幻灯片设置动画效果，然后选择动画，选择【动画】/【计时】组，设置各对象的动画开始方式为"上一动画之后"。

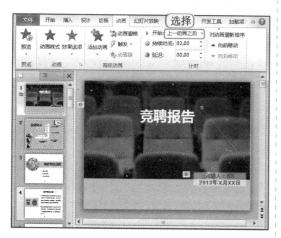

STEP 02 ▶ 添加动画效果

选择第2张幻灯片，为"自我简介"和"About Me"文本框应用自左侧切入的动画效果，并将动画开始方式设置为"上一动画之后"，如下图所示。

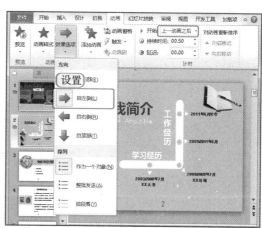

STEP 03 为圆角矩形添加动画

选择横向圆角矩形，为其添加自左侧切入的动画效果，将其动画开始方式设置为"上一动画之后"，然后选择"学习经历"文本框，为其添加"淡出"动画效果，将其动画开始方式设置为"与上一动画同时"。

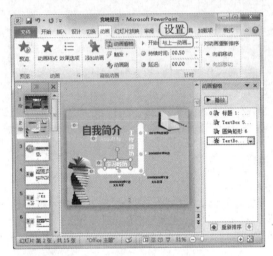

STEP 04 添加动画效果

按照该方法为竖向圆角矩形和"工作经历"文本框应用相同的动画效果，其动画开始方式均为"与上一动画同时"。

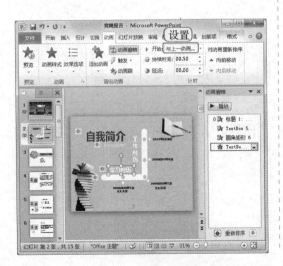

STEP 05 为七角星应用动画

选择七角星，为其添加"缩放"进入动画，将动画开始方式设置为"上一动画之后"，然后选择【动画】/【高级动画】组，单击"添加动画"按钮，在弹出的下拉列表中选择"强调"栏中的"陀螺旋"选项。

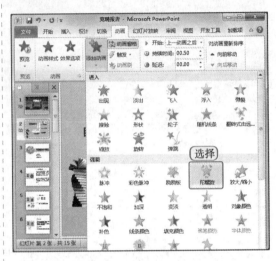

STEP 06 设置动画效果

在"动画窗格"的"陀螺旋"动画上单击鼠标右键，在弹出的快捷菜单中选择"计时"命令，在打开对话框的"开始"下拉列表框中选择"上一动画之后"选项，在"重复"下拉列表框中选择"直到下一次单击"选项。

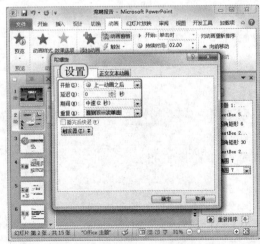

STEP 07 ▶ 为等腰三角形应用动画

选择等腰三角形，为其添加"淡出"进入动画，将其动画开始方式设置为"与上一动画同时"，然后选择【动画】/【高级动画】组，单击"添加动画"按钮★，在弹出的下拉列表中选择"退出"栏中的"淡出"选项，并设置其开始方式为"上一动画之后"。

STEP 08 ▶ 重复添加动画

按照该方法依次为等腰三角形添加"淡出"进入动画、"淡出"退出动画，并将其开始方式统一设置为"上一动画之后"。

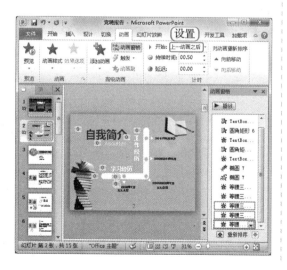

STEP 09 ▶ 为文本框应用动画

选择等腰三角形下方的文本框，为其添加自顶部切入的动画效果，将其动画开始方式设置为"上一动画之后"。设置完成后，依次将七角星、等腰三角形和文本框的动画效果复制到其他对应的图形中。

STEP 10 ▶ 更改动画开始方式

按住"Ctrl"键选择第 2 ~ 4 个七角星形状的缩放动画，将其动画开始方式设置为"单击时"，如下图所示。然后单击"动画窗格"中的 ▶ 播放 按钮，对动画效果进行预览。

为什么这么做？

本例在为七角星形状设置动画效果时，为其设置了重复播放的动画效果，只有在单击鼠标切换动画时，重复播放的动画才会停止。由于本例设计的动画效果为"学习经历"和"工作经历"依次逐条播放，所以将第2～4个缩放动画设置成了"单击时"播放，即单击触发其他动画，并停止上一个重复播放的动画。若用户需让动画一直播放下去，可以将其他动画的播放方式设置为"上一动画之后"，也可将重复播放选项设置为"直到幻灯片结束"。

STEP 11 ▶ 组合文本框并添加动画

按照该方法设置第3张幻灯片的动画效果，然后选择第4张幻灯片，将右侧的文本框组合在一起，为组合图形添加"切入"动画，并将其"效果选项"设置为"自左侧"切入。

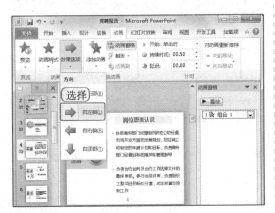

STEP 13 ▶ 打开动画效果对话框

选择组合文本框，在"动画窗格"中的动画效果上单击鼠标右键，在弹出的快捷菜单中选择"计时"命令，打开动画效果对话框。

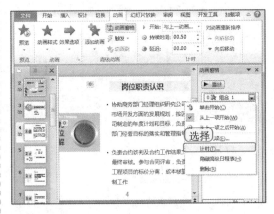

STEP 12 ▶ 为按钮设置动画

选择按钮图示，为其应用"基本缩放"动画效果，并将"效果选项"设置为"缩小"。

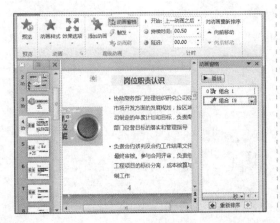

STEP 14 ▶ 设置触发对象

① 单击 触发器 按钮，在展开的选项中选中 ◉ 单击下列对象时启动效果(C)：单选按钮，在其后的下拉列表框中选择"组合19"选项。

② 单击 确定 按钮。

STEP 15 ▶ 添加幻灯片切换效果

按照该方法依次为其他幻灯片对象添加动
画效果，然后选择第1张幻灯片，选择【切
换】/【切换到此幻灯片】组，在"切换方案"
下拉列表中选择"切换"选项。

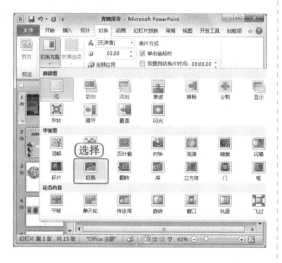

STEP 16 ▶ 设置幻灯片切换声音

选择【切换】/【切换到此幻灯片】组，单击"效
果选项"按钮，在弹出的下拉列表中设
置切换效果选项，然后选择【切换】/【计时】
组，在"声音"下拉列表框中选择"照相机"
选项。

STEP 17 ▶ 放映幻灯片

按照该方法依次为其他幻灯片设置切换动
画，然后选择【幻灯片放映】/【开始放映
幻灯片】组，单击"从头开始"按钮，
进入幻灯片放映状态。

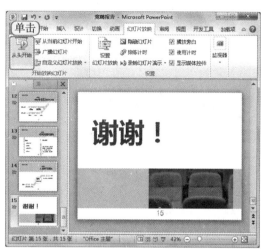

STEP 18 ▶ 查看重复动画放映效果

单击切换幻灯片，在放映第2张幻灯片时，
需单击才可触发重复播放的动画效果。

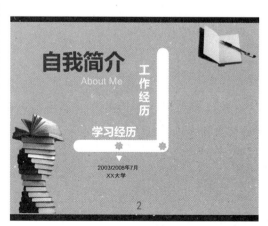

STEP 19 ▶ 查看触发器效果

单击切换幻灯片，在放映第4张幻灯片时，将鼠标光标移动到立体图示上，当其变为手形时，单击可弹出组合文本框动画。

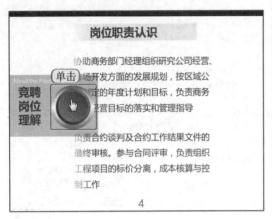

STEP 20 ▶ 退出放映

在完成幻灯片的放映测试，确认放映效果准确无误后，即可退出幻灯片放映状态，单击鼠标右键，在弹出的快捷菜单中选择"结束放映"命令即可。

13.2.3 输出演示文稿

放映结束并确认演示文稿效果无误后，为了防止放映场合未安装 PowerPoint 2010，出现无法放映演示文稿的情况，可将演示文稿打包成文件夹，这样既使未安装 PowerPoint 2010，也可以放映幻灯片。其具体操作如下：

STEP 01 ▶ 选择打包命令

选择【文件】/【保存并发送】命令，在"文件类型"栏中选择"将演示文稿打包成CD"选项，单击"打包成CD"按钮 。

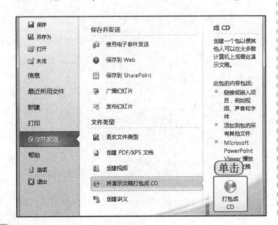

STEP 02 ▶ 打开"打包CD"对话框

打开"打包成CD"对话框，单击 复制到文件夹(F) 按钮。

STEP 03 设置打包选项

① 打开"复制到文件夹"对话框，在"文件夹名称"文本框中输入"竞聘报告"文本，单击 浏览(B)... 按钮，在打开的对话框中选择打包的位置。

② 单击 确定 按钮。

STEP 04 查看打包的文件夹

在打开的提示对话框中单击 是(Y) 按钮，稍等片刻，即可完成文件的打包操作。此时，将自动打开文件打包的文件夹，效果如下图所示。

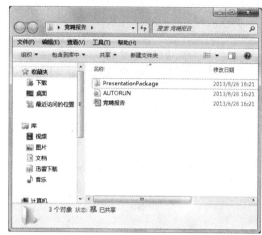

13.2.4 关键知识点解析

关键知识点中"页眉和页脚的应用"、"制作立体图形"和"动画的应用"的相关知识点已经分别在前面的章节中进行了详细讲解，其具体位置分别如下。

⊃ **页眉和页脚的应用**：该知识点的具体位置在第 10 章的 10.1.5 节。

⊃ **制作立体图形**：该知识点的具体位置在第 5 章的 5.2.3 节。

⊃ **动画的应用**：该知识点的具体位置在第 3 章的 3.3.7 节和第 8 章的 8.1.4 节。

||13.3 高手过招

1. 编辑放映同时进行

在使用演讲者放映方式放映幻灯片的过程中，若发现某张幻灯片或某个动画需要修改，一般用户都会选择先退出幻灯片的放映状态，再回到普通视图中进行修改。其实，不退出放映状态也能进行修改，其方法是：选择【幻灯片放映】/【开始放映幻灯片】组，在按住"Ctrl"键不放的同时，单击"从当前幻灯片开始播放"按钮，此时，幻灯片将在保持普通视图不变的状态下，同时打开一个放映窗口，并缩小至屏幕左上角。在普通视图修改幻灯片时，放映窗口将最小化，修改完成后，在任务栏中单击幻灯片放映窗口缩略图，即可再次打开幻灯片放映窗口。

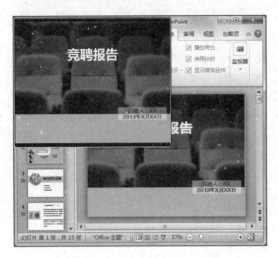 

2. 白屏、黑屏和暂停放映

控制幻灯片放映节奏是演讲中与观众进行交流的非常有用的一个技巧，一个优秀的演讲者，一般都懂得如何控制幻灯片的放映节奏。在使用 PowerPoint 2010 时，若是演讲者希望将观众注意力集中到自己的演说上，可以让演示文稿白屏、黑屏显示，或暂停幻灯片放映。下面介绍让幻灯片白屏、黑屏和暂停放映的快捷方式。

⊃ 黑屏：按下"B"键画面自动变黑，再按即恢复。

⊃ 白屏：按下"W"键画面自动变白，再按即恢复。

⊃ 暂停放映：按下"S"键暂停幻灯片放映，再按即恢复。

PowerPoint不仅可以用于制作商务办公类文档，在企业开展节庆活动时，也可用它制作出具有浓烈节日气氛的演示文稿。本章将主要使用母版、形状、特效动画等知识，讲解制作节庆文化类演示文稿的方法，使用户能轻松制作出具有特效动画效果的幻灯片。

PowerPoint 2010

C第14章
hapter

文化展示

▍14.1 中秋庆团圆贺卡

　　本例制作的中秋庆团圆特效动画演示文稿可在中秋节庆活动开场或结束时播放，不仅可以起到祝福节日的作用，还可以渲染节日气氛，提高参与人员的活动积极性，其最终效果如下图所示。

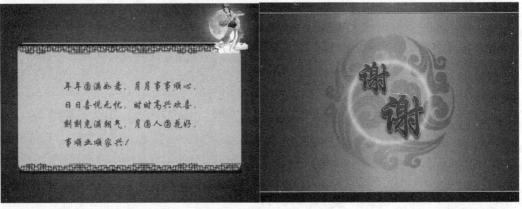

示例
文件

光盘\素材\第 14 章\中秋庆团圆贺卡图片素材
光盘\效果\第 14 章\中秋庆团圆贺卡 .pptx
光盘\实例演示\第 14 章\中秋庆团圆贺卡

◎案例背景◎

　　在中国重大传统节日前，企业一般会开展一些节日活动，以增强员工与员工、员工与管理层之间的互动,增进员工对企业的归属感与认同感,巩固和宣传企业文化,展现企业文化氛围。

　　企业开展的节庆活动大多数并不单纯只是庆祝。这类活动可以让员工充分展现自我,表达自我,可以让员工通过活动切实了解到企业的发展和进步,可以让企业的各层工作者在共同的平台下交流。

　　当然,除此之外,对于企业管理者来说,这类节庆活动也是管理者向下层员工表示感谢、进行激励的平台。本例制作的中秋庆团圆贺卡即主要是用于节庆活动开头或结束时播放,向公司全体员工表示感谢的一种商务文档。同时,为了达到良好的放映效果,为其制作了特效动画。

◎关键知识点◎

　　要完成本例的制作,需要掌握几个关键知识点。这几个关键知识点的内容以及其难易程度如下。

⊃ 动画的应用（★★★）　　　　⊃ 高级日程表的应用（★★★★）

⊃ 排练计时（★★★）

14.1.1　制作月亮东升动画

　　为了衬托中秋月圆的节日氛围,本例将在幻灯片首页制作满月东升的特效动画,其具体操作如下:

STEP 01▶ 设置幻灯片背景

① 新建"中秋庆团圆贺卡"演示文稿,在第1张幻灯片上单击鼠标右键,在弹出的快捷菜单中选择"设置背景格式"命令,打开"设置背景格式"对话框,选中 ◉ 纯色填充(S) 单选按钮。

② 单击"颜色"按钮 🎨▾ ,在弹出的下拉列表中选择"黑色"选项。

③ 单击 关闭 按钮。

STEP 02 插入图片

在第1张幻灯片中插入明月图片，调整图片的大小和位置，使其位于幻灯片正中间。

STEP 03 设置图片的动画

选择图片，选择【动画】/【动画】组，在其中为明月图片应用"淡出"进入动画，将其动画开始方式设置为"上一动画之后"，持续时间设置为"2"，然后单击 动画窗格 按钮，打开"动画窗格"。

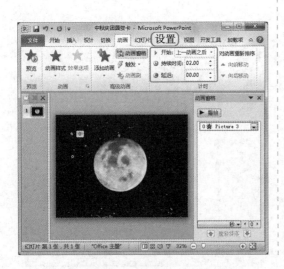

STEP 04 添加动画

选择【动画】/【高级动画】组，单击"添加动画"按钮 ，在弹出的下拉列表中选择"强调"栏中的"放大/缩小"选项。

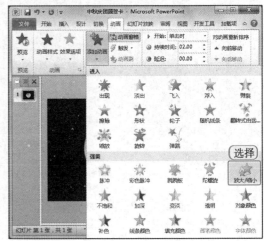

STEP 05 设置强调动画的计时效果

选择"动画窗格"中的强调动画，在其上单击鼠标右键，在弹出的快捷菜单中选择"计时"命令，在打开的对话框中选择"计时"选项卡，在"开始"下拉列表框中选择"上一动画之后"选项，在"期间"下拉列表框中选择"非常快（0.5秒）"选项。

STEP 06 设置强调动画的效果选项

① 选择"效果"选项卡，在"尺寸"下拉列表的"自定义"数值框中输入"77"。

② 单击 确定 按钮。

STEP 07 插入光圈图片

插入光圈图片，调整图片的大小和位置，将其叠放于明月图片之上，然后按住"Alt"键调整光圈图片的位置，使其位于明月图片正中间。

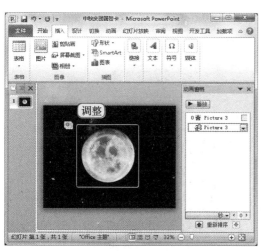

STEP 08 为光圈图片添加动画

选择光圈图片，为其添加"劈裂"进入动画，将效果选项设置为"中央向上下展开"，动画开始方式设置为"上一动画之后"。

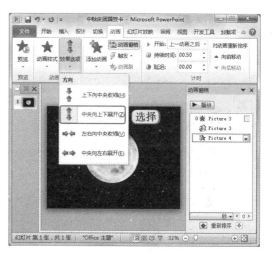

STEP 09 同时缩小对象

拖动鼠标同时选择图片和光圈，选择【动画】/【高级动画】组，单击"添加动画"按钮，为其添加"放大/缩小"强调动画，然后将效果选项设置为"较小"。

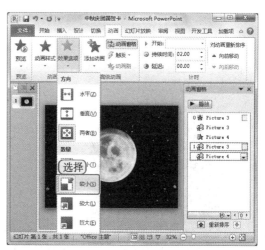

STEP 10 ▶ 设置强调动画开始方式

在"动画窗格"中选择"放大/缩小"强调动画，选择【动画】/【计时】组，在"开始"下拉列表框中选择"上一动画之后"选项。

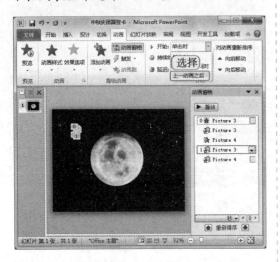

STEP 11 ▶ 为明月图片绘制动作路径

选择明月图片，选择【动画】/【动画】组，为明月图片添加一个直线路径动画，拖动鼠标调整直线动画运动的方向和长度，然后将其动画开始方式调整为"与上一动画同时"，如下图所示。

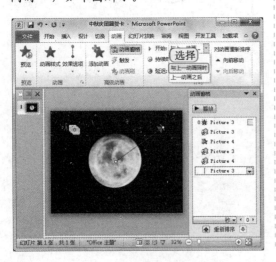

STEP 12 ▶ 为光圈应用退出动画

选择光圈图片，为其添加"淡出"退出动画，然后将其动画开始方式设置为"与上一动画同时"，如下图所示。

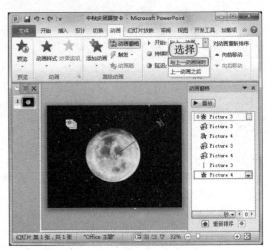

STEP 13 ▶ 插入图片并调整位置

插入花纹图片，将其放置于幻灯片右上角，然后单击"动画窗格"中的 ▶ 播放 按钮，对明月动画效果进行预览，再根据明月运行后的轨迹具体调整图片的位置，效果如下图所示。

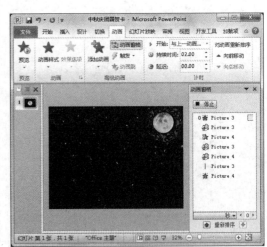

STEP 14 ▶ 设置小花纹图片的进入动画

选择小圆形状花纹图片，为其添加"缩放"进入动画，将效果选项设置为"对象中心"，动画开始方式设置为"上一动画之后"，持续时间设置为"3"。

STEP 16 ▶ 设置大圆环图片的动画效果

选择大圆环状花纹图片，为其添加"淡出"进入动画，将动画开始方式设置为"与上一动画同时"，持续时间设置为"3"，延迟时间设置为"3"。然后为其添加"陀螺旋"强调动画，将动画开始方式设置为"与上一动画同时"，持续时间设置为"3.5"。

STEP 15 ▶ 添加强调动画

保持选择不变，为小圆状花纹图片添加"陀螺旋"强调动画，将动画开始方式设置为"与上一动画同时"，持续时间设置为"3.5"。

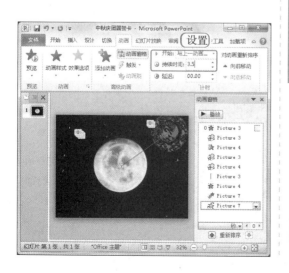

技巧秒杀——选择底层图片

　　在本例中多次出现需选择底层图片的情况，为了不让事先调整好的图片位置发生改变，建议用户在不改变原图片位置的情况下进行选择。其方法是：拖动鼠标选择叠放的两张图片，然后按住"Shift"键并单击，取消选择顶层图片，即可成功地选择底层图片。

 关键提示——时刻预览动画

　　在制作特效动画时，很多动画都是一个个叠加完成的，为了防止出现错误后修改困难，建议用户时刻对动画效果进行预览，以便及时修正。

14.1.2 制作内页动画

完成首页动画制作后，接下来将继续制作中秋贺卡的内页动画，其具体操作如下：

STEP 01 制作背景图片动画

新建一张幻灯片，在其中插入背景图片，为图片设置"淡出"进入动画，将动画开始方式设置为"上一动画之后"，持续时间设置为"2"。

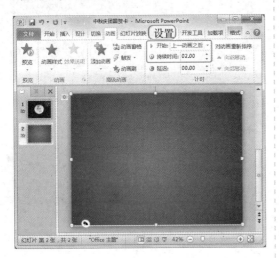

STEP 02 插入图片并添加动画

在幻灯片中插入花纹图片，将其放置于幻灯片底部，然后选择该花纹图片，为其添加"淡出"进入效果，将动画开始方式设置为"上一动画之后"，持续时间设置为"1"。

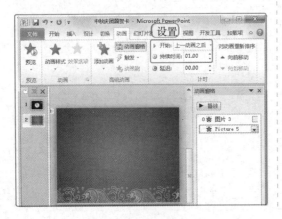

STEP 03 插入并排列图片

在幻灯片中依次插入圆形、圆环图片，然后对其进行排列，使其效果如下图所示。

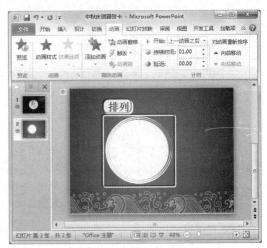

STEP 04 为圆环图片应用动画

拖动鼠标选择所有圆环图片，为其应用"轮子"进入动画，然后统一将它们的效果选项设置为"1轮图案"，持续时间设置为"2"。

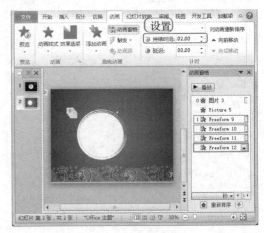

STEP 05 设置第 1 个圆环的开始方式

在"动画窗格"中选择第 1 个圆环进入动画，将其动画开始方式设置为"与上一动画同时"。

STEP 06 设置圆环动画的延迟时间

在"动画窗格"中选择第 2 个圆环动画，在其高级日程表中拖动矩形滑块调整动画的延迟时间，然后依次调整其余圆环动画的延迟时间，如下图所示。

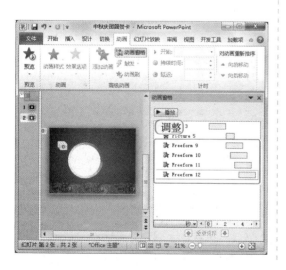

STEP 07 设置圆形动画的动画

选择圆形动画，为其添加"淡出"进入动画，将动画开始方式设置为"与上一动画同时"，持续时间设置为"2"。

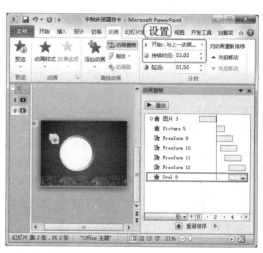

STEP 08 插入图片并设置动画

在幻灯片中插入人物图片，将其排列在幻灯片左侧，然后添加"浮入"进入动画，将动画开始方式设置为"上一动画之后"，持续时间设置为"1"，效果选项设置为"上浮"。

STEP 09 ▶ 绘制动作路径

选择人物图片，为其添加一个向下的直线路径动画，拖动鼠标调整直线动画运动的方向和长度，然后将动画开始方式设置为"与上一动画同时"，持续时间设置为"2"。

STEP 10 ▶ 设置不停运动的动画效果

选择直线路径动画，在其上单击鼠标右键，在弹出的快捷菜单中选择"计时"命令，在打开的对话框中选择"计时"选项卡，在"重复"下拉列表框中选择"直到幻灯片末尾"选项。

STEP 11 ▶ 设置重复运动效果选项

① 选择"效果"选项卡，选中 ☑自动翻转(U) 复选框。

② 单击 确定 按钮。

STEP 12 ▶ 添加退出动画

选择所有圆环和圆形图片，为其应用"淡出"退出动画，然后在"动画窗格"的高级日程表中拖动矩形滑块调整动画的延迟时间，效果如下图所示。

STEP 13 ▶ 插入图片并设置动画

在幻灯片中插入图片，对其进行叠放排列，然后同时为它们添加"淡出"进入动画，将动画开始方式设置为"与上一动画同时"，持续时间设置为"1"，并在"动画窗格"的高级日程表中拖动矩形滑块调整动画的延迟时间。

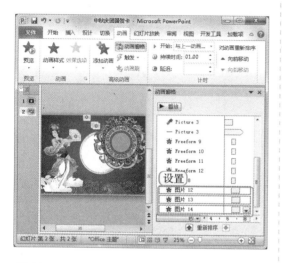

STEP 14 ▶ 添加强调动画

保持选择状态不变，分别为其添加"陀螺旋"强调动画，将动画开始方式设置为"与上一动画同时"，持续时间设置为"2"，并将其延迟时间设置为与上一动画相同。

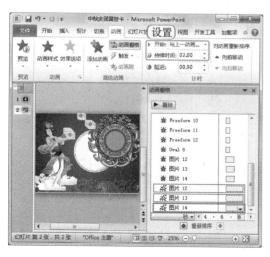

STEP 15 ▶ 调整图片

按照该方法再次在幻灯片中插入"中秋"图片，然后设置其动画效果，设置完成后，选择后插入的几张图片，将其移动到圆环和圆形图片上方。

STEP 16 ▶ 预览动画

在"动画窗格"中单击 ▶ 播放 按钮，对动画效果进行预览，如下图所示。

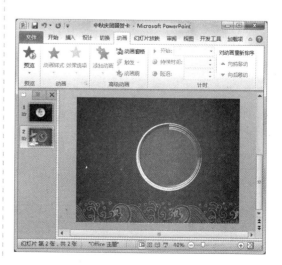

STEP 17 ▶ 插入图片和文本

新建幻灯片,在其中插入图片和复制图片,并对图片的位置、大小和叠放次序等进行调整,然后添加和编辑文本,效果如下图所示。

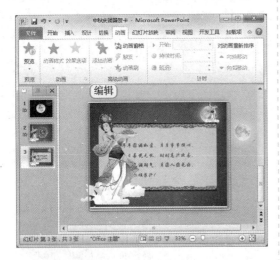

STEP 18 ▶ 绘制路径动画

选择人物图片,为其添加"淡出"进入动画,将动画开始方式设置为"上一动画之后",然后再单击"添加动画"按钮★,在弹出的下拉列表中选择"自定义路径"选项,拖动鼠标绘制路径,如下图所示。

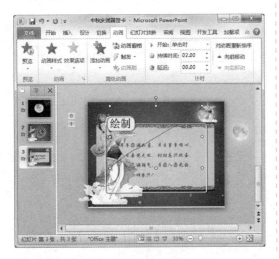

STEP 19 ▶ 添加强调动画

再次单击"添加动画"按钮★,为人物图片添加"放大 / 缩小"强调动画,然后打开"放大 / 缩小"对话框,选择"效果"选项卡,在"尺寸"下拉列表框中选择"30%"选项。

STEP 20 ▶ 设置动画开始方式

保持选择状态不变,再次为人物图片添加"淡出"退出动画,然后在"动画窗格"中选择第 2 ~ 4 个动画效果,在【动画】/【计时】组的"开始"下拉列表框中选择"与上一动画之后"选项。

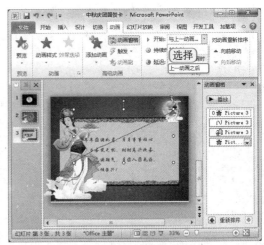

STEP 21 ▶ 调整动画延迟时间

在"动画窗格"的高级日程表中拖动"淡出"退出动画的矩形滑块，调整动画的延迟时间，使其位于上一动画之后，效果如下图所示。

STEP 22 ▶ 设置小人物图片的动画

选择较小的人物图片，为其应用"淡出"进入动画，将其动画开始方式设置为"与上一动画同时"，并在高级日程表中调整延迟时间，如下图所示。

STEP 23 ▶ 为明月图片设置动画

按照该方法依次为幻灯片外的明月图片应用自定义路径动画和"淡出"退出动画，为幻灯片内的明月图片应用"淡出"进入动画，将其动画开始方式全部设置为"与上一动画同时"，然后在高级日程表中调整每个动画的延迟时间，如下图所示。

STEP 24 ▶ 预览动画

选择文本框，为其添加"浮入"进入动画，将其动画开始方式设置为"上一动画之后"，然后在"动画窗格"中单击 ▶ 播放 按钮，对动画效果进行预览。

STEP 25 ▶ 插入图片和文本

新建幻灯片，在其中插入图片，并对图片的大小、位置等进行调整，然后绘制文本框，在其中添加和编辑艺术字，使其效果如下图所示。

STEP 26 ▶ 添加动画

按照前面所讲解的知识为最后一张幻灯片添加动画效果，并在高级日程表中调整动画的延迟时间和持续时间，如下图所示。

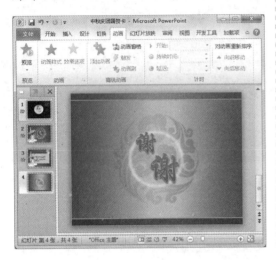 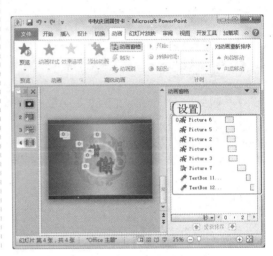

14.1.3　设置幻灯片放映方式并进行放映

制作特效动画幻灯片时，为了达到更好的放映效果，用户可将放映方式设置为不需手动切换幻灯片的连续播放的方式，其具体操作如下：

STEP 01 ▶ 设置排练计时

选择幻灯片，选择【幻灯片放映】/【设置】组，单击🕐排练计时按钮，进入排练计时状态。

STEP 02 ▶ 查看放映时间

此时将打开"录制"对话框，同时，幻灯片将开始进行放映，在"录制"对话框中查看和确认幻灯片放映时间。

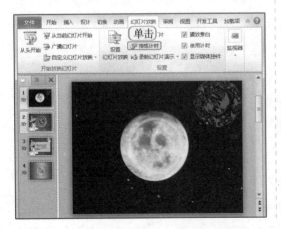 

STEP 03 设置幻灯片换片时间

当前页幻灯片放映结束后，单击"录制"对话框中的"下一项"按钮➡，切换到下一张幻灯片进行放映，放映结束后关闭"录制"对话框，在弹出的提示对话框中单击 确定 按钮。此时，在幻灯片阅读视图中即可查看每张幻灯片的放映时间。

STEP 04 放映幻灯片

按"F5"键进入幻灯片放映状态，即可查看整个演示文稿的播放效果。在放映过程中，无须单击即可自动对幻灯片进行切换。

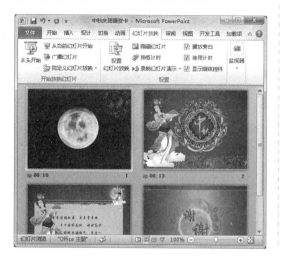

为什么这么做？

本例中，为了让幻灯片自动进行播放，使用了 PowerPoint 2010 的排练计时功能。排练计时是演讲者对幻灯片的放映进行控制的一种手段。除了排练计时之外，用户也可通过选中【切换】/【计时】组中的 ☑ 设置自动换片时间: 复选框，并在其后的数值框中输入放映时间，来自动切换幻灯片，但该方法没有排练计时便捷。

14.1.4 关键知识点解析

关键知识点中"动画的应用"和"高级日程表的应用"的相关知识点已经在前面的章节中进行了详细讲解，关于其具体位置分别如下。

⊃ **动画的应用**：该知识点的具体位置在第 3 章的 3.3.7 节。

⊃ **高级日程表的应用**：该知识点的具体位置在第 8 章的 8.1.4 节。

下面对未讲解的"排练计时"关键知识点进行讲解。

排练计时是指在放映演示文稿前，事先进行一次排练演讲，并将排练时间记录在每一张幻灯片中，这样用户便可通过设置排练计时得到放映整个演示文稿和放映每张幻灯片所需的时间，以便在放映演示文稿时根据排练的时间切换幻灯片，实现演示文稿的自动放映。

设置排练计时的方法很简单，选择【幻灯片放映】/【设置】组，单击"排练计时"按钮，即可进入排练计时模式，且自动开始进行计时。在幻灯片进入排练计时状态后，单击、和按钮，还可进行切换下一个动画、暂停计时和重新排练等操作。若不需保存排练时间，在关闭"录制"对话框时单击按钮即可。

‖14.2 端午佳节贺卡

本例将制作端午节贺卡演示文稿，并将在其中编辑展开卷轴特效和写字特效。该演示文稿主要用于端午节活动场合，其最终效果如下图所示。

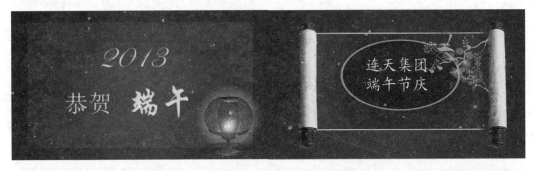

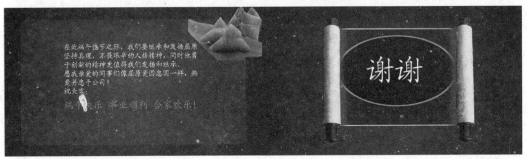

示例文件

光盘\素材\第14章\端午佳节贺卡素材
光盘\效果\第14章\端午佳节贺卡.pptx
光盘\实例演示\第14章\端午佳节贺卡

⦿ **案例背景** ⦿

　　本例制作的端午节贺卡与中秋节贺卡一样，均主要用于节庆场合。与上一例不同的是，本例主要采用了写字动画、展开卷轴和合起卷轴等特效，对活动祝福进行展示。

　　卷轴动画是PPT动画中使用频率较高的一种特效，如管理者寄语、奖励颁发、通报表扬、成就展示等场合，均可使用卷轴动画。为了与卷轴动画相配合，在展示完毕之后，还可使卷轴合起来，使其形成一个完善的特效过程。

　　本例制作的演示文稿，主要通过写字动画、卷轴动画以及逐字出现的文本特效对端午节庆寄语进行了展示。

⦿ **关键知识点** ⦿

　　要完成本例的制作，需要掌握几个关键知识点。这几个关键知识点的内容以及其难易程度如下。

➲ 动画的应用（★★★）　　　　　　➲ 高级日程表的应用（★★★★）

➲ 声音的应用（★★★）

14.2.1　制作写字动画

　　本例将首先在幻灯片首页通过写字动画来引导出节日贺词，其具体操作如下：

STEP 01 页面设置

① 新建"端午佳节贺卡"演示文稿，选择【设计】/【页面设置】组，单击"页面设置"按钮▭，打开"页面设置"对话框。在"幻灯片大小"下拉列表框中选择"全屏显示（16:9）"选项。

② 单击 确定 按钮。

STEP 02 ▶ 设置背景格式

在第1张图片中单击鼠标右键，在弹出的快捷菜单中选择"设置背景格式"命令，在打开的对话框中为图片设置背景效果。

STEP 03 ▶ 插入图片和文本

在幻灯片中插入图片，调整图片的位置和效果，然后绘制文本框，输入文本，再为文本设置艺术字效果，如下图所示。

STEP 04 ▶ 设置图片的动画

选择毛笔图片，为其设置"淡出"进入动画，将动画开始方式设置为"与上一动画同时"，持续时间设置为"0.5"，延迟时间设置为"2"。

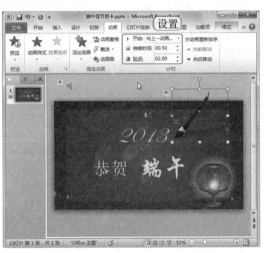

STEP 05 ▶ 绘制动画路径

再次选择毛笔图片，按照"2013"的书写顺序为其绘制一条自定义动画路径，效果如下图所示。

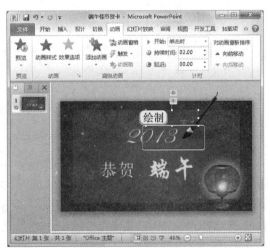

STEP 06 ▶ 设置路径动画播放方式

将该路径动画的开始方式设置为"上一动画之后",持续时间设置为"5"。

STEP 07 ▶ 设置文本动画

选择毛笔图片,为其添加"淡出"退出动画,将其动画开始方式设置为"上一动画之后"。然后选择"2013"文本动画,为其应用"淡出"进入动画,在"动画窗格"中添加动画的持续时间和顺序,如下图所示。

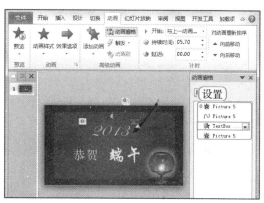

14.2.2 制作卷轴动画

下面将在幻灯片中制作卷轴特效动画,其具体操作如下:

STEP 01 ▶ 插入和排列图片

新建一张幻灯片,在其中插入图片,然后对图片的大小、位置和叠放次序等进行调整,使其效果如下图所示。

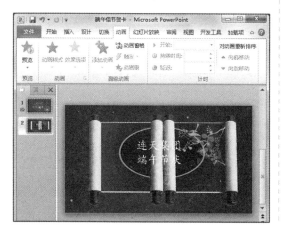

STEP 02 ▶ 打开选择窗格

选择任意图片,选择【格式】/【排列】组,单击🔲选择窗格按钮,打开"选择和可见性"窗格,隐藏暂时不需设置动画效果的图片。

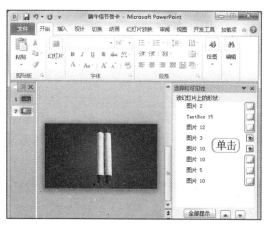

STEP 03 设置进入动画

选择左侧卷轴图片，为其添加"淡出"进入动画，并设置其动画开始方式为"与上一动画同时"。

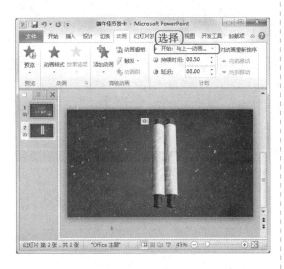

STEP 04 添加路径动画

保持选择状态不变，为其添加向左的直线路径动画，设置其动画开始方式为"与上一动画同时"，然后在"动画窗格"的高级动画日程表中选择路径动画，拖动鼠标调整其持续时间。

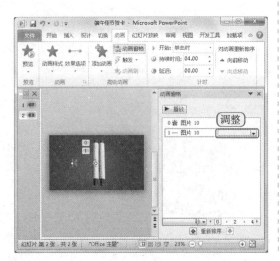

STEP 05 设置右侧卷轴动画

按照该方法依次设置右侧卷轴的进入动画为"淡出"，路径动画为"向右"，并将其动画开始方式和持续时间设置为与左侧卷轴一致。

STEP 06 设置红色背景布动画

在"选择和可见性"窗格中将卷轴的红色背景图片和卷轴背景图片显示出来，然后选择红色背景图片，为其应用"劈裂"进入动画，将动画效果设置为"中央向左右展开"，开始方式为"与上一动画同时"，并在高级动画日程表中调整动画的持续时间。

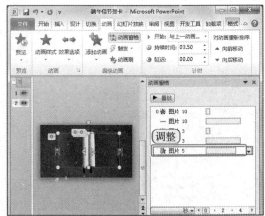

STEP 07 设置卷轴背景布动画

为卷轴背景布设置"劈裂"进入动画，将动画效果设置为"中央向左右展开"，开始方式为"与上一动画同时"，并在高级动画日程表中调整动画的持续时间，然后将路径动画运动的长度调整到与卷轴动画一致，如下图所示。

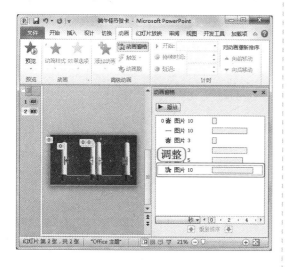

STEP 09 设置其他对象的动画效果

选择未设置动画的图片，为其应用自左侧擦除的进入动画，将动画开始方式设置为"与上一动画同时"，然后在"动画窗格"中依次调整椭圆动画、文本框动画和图片动画的延迟时间和持续时间，效果如下图所示。

STEP 08 设置文本的动画效果

在"选择和可见性"窗格中将剩余图片和文本框显示出来，选择椭圆图片和文本框，为其添加"缩放"动画，将动画开始方式设置为"与上一动画同时"，持续时间设置为"1"。

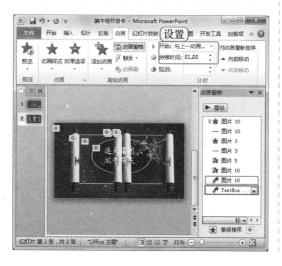

STEP 10 预览动画效果

完成动画的设置后，在"动画窗格"中单击 ▶ 播放 按钮，对动画效果进行预览。然后根据需要在"动画窗格"中对播放效果有偏差的动画效果进行调整。

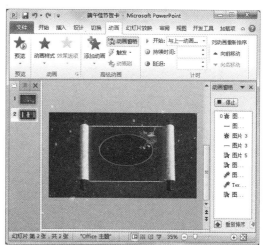

STEP 11 插入和排列图片

新建一张幻灯片，在其中插入图片和文本框，然后对图片的大小、位置和叠放次序等进行调整，再在文本框中输入文本并设置其格式，使其效果如下图所示。

STEP 12 添加动画

依次为文本框和图片添加"随机线条"动画，并将其动画开始方式设置为"与上一动画同时"，持续时间设置为"2"。

STEP 13 添加进入动画

选择第2个文本框，为其应用"出现"进入动画，将动画开始方式设置为"与上一动画同时"。打开"动画窗格"，在该动画上单击鼠标右键，在弹出的快捷菜单中选择"效果选项"命令，打开动画效果对话框。

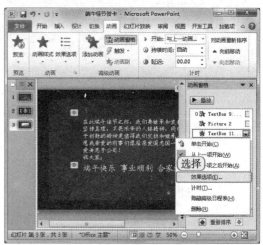

STEP 14 设置逐字出现的动画效果

① 在"动画文本"下拉列表框中选择"按字母"选项，在其下的数值框中输入"0.5"。
② 单击 确定 按钮。

STEP 15 添加强调动画

选择第 2 个文本框，为其添加"字体颜色"强调动画，将动画开始方式设置为"与上一动画同时"，然后打开"字体颜色"对话框。在"字体颜色"下拉列表框中选择"其他颜色"选项，在打开的对话框中设置字体的颜色，如下图所示。

STEP 16 设置渐变色和延迟效果

① 在"样式"下拉列表框中选择自己喜欢的样式，然后在"动画文本"下拉列表框中选择"按字母"选项，在其下的数值框中输入"20"。

② 单击 [确定] 按钮。

STEP 17 调整动画延迟时间

在高级动画日程表中调整当前所设置的文本框动画的持续时间，使其在第 1 个文本动画播放结束后再进行播放，然后将强调动画的播放时间调整成与第 2 个文本框动画一致，如下图所示。

STEP 18 插入图片和文本

新建幻灯片，在其中插入图片和文本，然后根据需要对其位置、大小等进行排列，效果如下图所示。

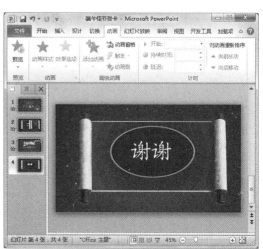

STEP 19 设置动画效果

根据设置展开卷轴动画的方法，通过修改动画的效果选项，添加退出动画等方式，为本页幻灯片设置合起卷轴的动画效果，其高级动画日程表效果如下图所示。

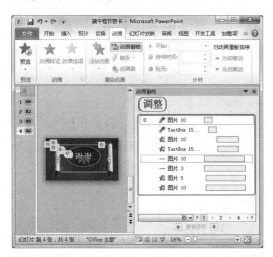

为什么这么做？

在设置展开卷轴动画时，由于卷轴是向两边打开的，所以需将卷轴中对象的动画设置为逐渐进入画面的动画效果。而制作合起卷轴动画时，卷轴是逐渐关闭的，卷轴中的对象将依次退出幻灯片，所以需为其应用退出动画。需要注意的是，为了让退出效果更逼真，还需将图片、文本等动画的退出效果设置为与卷轴一致，即均为"从左右向中央"劈裂的退出动画。此外，为了让动画运动时间一致，可在"动画窗格"中边预览动画效果，边调整动画的延迟时间。

14.2.3　为演示文稿添加背景音乐并放映

为了让特效动画的内容更丰富，还可以为演示文稿添加应景的背景音乐。下面介绍添加背景音乐的方法，其具体操作如下：

STEP 01 插入音频

① 选择第 1 张幻灯片，打开"插入音频"对话框，在左侧窗格中选择音频所在的位置，在右侧列表框中选择"纯音乐 .mp3"音频文件。

② 单击 插入(S) 按钮。

STEP 02 ▶ 设置声音播放方式

① 选择音频图标，选择【播放】/【音频选项】组，在"开始"下拉列表框中选择"跨幻灯片播放"选项。

② 选中☑循环播放，直到停止复选框，并将音频图标拖动到幻灯片外。

STEP 03 ▶ 设置声音播放效果

选择【播放】/【编辑】组，在"淡入"和"淡出"数值框中均输入"2"。

STEP 04 ▶ 设置幻灯片换片方式

选择【切换】/【计时】组，选中☑设置自动换片时间:复选框，并在其后的数值框中输入"10"，然后按照该方法依次设置其他幻灯片的换片时间。

STEP 05 ▶ 放映幻灯片

选择【幻灯片放映】/【开始放映幻灯片】组，单击"从头开始"按钮，进入放映状态，单击即可查看动画效果。完成幻灯片的放映后，再按"Esc"键退出放映。

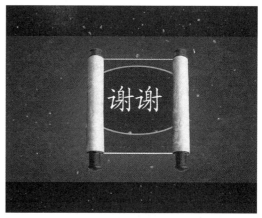

14.2.4　关键知识点解析

关键知识点中"动画的应用"、"高级日程表的应用"和"声音的应用"的相关知识点已经分别在前面的章节中进行了详细讲解，关于其具体位置分别如下。

⊃ 动画的应用：该知识点的具体位置在第 3 章的 3.3.7 节。

⊃ 高级日程表的应用：该知识点的具体位置在第 8 章的 8.1.4 节。

⊃ 声音的应用：该知识点的具体位置在第 5 章的 5.1.6 节。

‖14.3 高手过招

1. 删除动画

完成动画效果的设置后，若用户对其不满意，还可以将动画效果删除，然后重新进行设置。其方法是：选择需重设动画效果的对象，选择【动画】/【动画】组，单击 ▾ 按钮，在弹出的下拉列表中选择"无"选项，即可清除当前所选对象的动画效果。该方法同样适用于删除幻灯片切换动画。

2. 隐藏鼠标

在放映演示文稿的过程中，鼠标可能会影响幻灯片的放映效果，此时，用户可将其隐藏起来。其方法是：在放映演示文稿时单击鼠标右键，在弹出的快捷菜单中选择【指针选项】/【箭头选项】/【永远隐藏】命令，即可将鼠标隐藏起来。将鼠标隐藏后，并不影响鼠标的使用。